智能电网关键技术研究与应用丛书

电网可靠性评估——模型与方法

Electric Power Grid Reliability Evaluation：Models and Methods

［美］沙南·辛格（Chanan Singh）

［泰］潘尼达·吉瑞提加瑞（Panida Jirutitijaroen）著

［美］乔伊迪普·米瑞（Joydeep Mitra）

谢　宁　王承民　黄淳驿　译

机 械 工 业 出 版 社

本书涵盖了电力网络可靠性评估的基本概念和分析方法。全书分为两大部分，共 14 章。第 1 部分为理论基础，其中：第 1 章介绍了可靠性的基本定义、量化方法和决策方法；第 2、3 章分别回顾了与概率论和随机过程相关的基本概念；第 4 章进一步介绍了基于状态转移频率的随机过程分析方法；第 5、6 章分别介绍了在可靠性分析中常用的解析法和蒙特卡洛模拟法。第 2 部分为建模分析方法，其中：第 7 章介绍了如何应用理论概念来分析实际电力系统的可靠性；第 8 章介绍了如何利用离散卷积法来评估发电裕度；第 9 章介绍了如何分析多节点电力系统的可靠性，在此基础上分别阐释了如何评估多区域电力系统的可靠性（第 10 章）和综合电力系统的可靠性（第 11 章）；第 12 章讨论了如何在发电规划中考虑电力系统可靠性；第 13 章则讨论了如何在综合电力系统可靠性评估中考虑具有间歇性特点的可再生能源的接入；第 14 章对全书进行了总结思考，旨在为电力系统可靠性领域的相关研究提供一个更为广阔的视角。书中提供了大量的案例分析以加深读者对基本概念和建模方法的理解，在部分章节后附有简单的题目供读者练习，并且提供了很多参考文献供读者延伸阅读。

本书可供电网可靠性相关领域的科研人员和技术人员阅读，也可供高等院校相关专业本科生和研究生参考。

图书在版编目（CIP）数据

电网可靠性评估：模型与方法/(美）沙南・辛格（Chanan Singh）等著；谢宁，王承民，黄淳驿译. —北京：机械工业出版社，2023. 12

（智能电网关键技术研究与应用丛书）

书名原文：Electric Power Grid Reliability Evaluation：Models and Methods

ISBN 978-7-111-74261-6

Ⅰ. ①电…　Ⅱ. ①沙…　②谢…　③王…　④黄…　Ⅲ. ①电力系统运行-可靠性-研究　Ⅳ. ①TM732

中国国家版本馆 CIP 数据核字（2023）第 222133 号

机械工业出版社（北京市百万庄大街 22 号　邮政编码 100037）

策划编辑：赵玲丽　　责任编辑：赵玲丽

责任校对：张爱妮　梁　静　　封面设计：马精明

责任印制：张　博

北京建宏印刷有限公司印刷

2024 年 4 月第 1 版第 1 次印刷

169mm×239mm · 15. 5 印张 · 316 千字

标准书号：ISBN 978-7-111-74261-6

定价：99. 00 元

电话服务　　网络服务

客服电话：010-88361066　　机　工　官　网：www. cmpbook. com

010-88379833　　机　工　官　博：weibo. com/cmp1952

010-68326294　　金　　书　　网：www. golden-book. com

封底无防伪标均为盗版　　机工教育服务网：www. cmpedu. com

译 者 序

电力系统可靠性分析是理论界常议常新的一个研究课题，而提升电力系统可靠性则是工业界不懈追求的一个技术目标。由 Chanan Singh、Panida Jirutitijaroen、Joydeep Mitra 所著的 *Electric Power Grid Reliability Evaluation*：*Models and Methods* 是一本全面阐述可靠性建模和评估的开山之作。作者均为此领域的权威专家，以一种既朴素又真挚的方式介绍了电力系统可靠性分析的枝枝蔓蔓；“朴素”在于书中没有繁杂的模型和空洞的解释，“真挚”在于书中提供了大量与实际电力系统紧密结合的生动实例和供读者延伸阅读的参考文献。因此对于期望在电力系统可靠性分析领域有所建树的人而言，本书不失为是一个入门指南。另外，本书在结尾处探讨了间歇性可再生能源的接入、物理系统与信息系统的耦合、“源随荷动”运行模式到“荷随源动”运行模式的演变、储能的集成等新特征对可靠性分析所带来的影响和挑战，也为研究新型电力系统可靠性分析相关的新技术、新策略提供了来自专业视角的思考和展望。

感谢我所在课题组的负责人王承民教授，如果没有他的引荐，我根本不会有机会翻译这本书。感谢课题组 2019、2020 级的研究生们对一些章节的翻译提供了帮助，他们是王梓珺（第 3、4 章）、张瀛（第 5、6 章）、赵鹏臻（第 7~10 章）、方逸航（第 11~14 章）；初稿的第一遍校核以及书中所有公式的输入均由张瀛完成，由衷感谢这些同学为此付出的时间和精力。感谢我的先生，如果没有他替我分担很多生活杂务和不遗余力的督促，本书付梓将遥遥无期；此外，他还对很多译文提供了来自“路人视角”的宝贵意见。感谢 ChatGPT 为一些译文提供了来自“AI 视角”的有趣对比，让我确信通过机器代码编辑和组合、冷冰冰的译文永远无法替代经过人类大脑推敲和雕琢、有温度的译文。

我长期从事电气工程领域的教学和科研工作，但对于电力系统可靠性分析一直是门外汉，因此翻译这本书也在一定程度上填补了我的一项知识空白。在个人阅读方面，我一直比较注重译文质量，例如《呼啸山庄》必须看杨苡版、《飘》必须看傅东华版、《尤利西斯》必须看金隄版等，并不是因为他们的译文“绝对”好——实际上世上并不存在所谓“最好的”译文——而是因为我信赖这些翻译大家的严谨态度，所以轮到我作译者时，也会要求自己以老一辈翻译家们的工匠精神为楷模，在输出译文时始终以“信、达、雅”为目标、以准确无误表达专业概念为约束。但是，个人的水平和能力毕竟有限，所以译文中的不妥和错误之处恳请读者批评指正。真诚希望本书的翻译质量没有辜负作者，也没有辜负读者。

谢宁

2023 年 10 月于上海

原书前言

在过去很多年，电网经历了转型式的改变，其动因来自于减少碳排放、配置更多能提高状态感知程度的监测设备、赋予用户更多的选择和参与能力等需求，转型直接的结果是电网越来越复杂。随着系统内置越来越多的智能设备和功能，为电网以前所未有的新方式运行提供了契机，但这些设备和功能也可能带来更多的问题，从而导致故障波及范围更广。

电网是一个随时间不断发展的基础设施，所涉及的决策在大多数情况下都是不可逆转的，例如建设一条输电线或一个风、光电场，这些都是无法轻易撤销或改变的决策，所以对新设施的功能及其对整个系统的影响进行仿真计算一直都是电力系统规划和运行工作的一部分，因此成熟的分析和仿真工具也一直都是这些工作流程的一部分；为了适应新时势，这些工具还会随时间不断发生改变。

对电网可靠性分析而言也是如此。可靠性的量化评估使得我们能够在成本、碳排放量和其他因素之间进行合理权衡，做出理性的决策。随着我们拥有的计算能力越来越强大，电力系统可靠性评估方法也在随着时间不断演进、完善。

本书源自我们的研究生和本科生（主要来自得克萨斯 A&M 大学、密歇根州立大学和新加坡国立大学）授课资料，这些资料通过长期教学不断完善，我们也在针对工业界和其他学术机构的短期课程教学中使用过这些资料。我们在内容选择和呈现方式上都基于这样一个理念，即坚实的基础知识背景对于理解、正确使用可靠性分析算法并对其进行改进至关重要。随着电力系统越来越复杂，其基本特征由于可再生能源的接入而发生质的变化，这一理念尤为重要。为了适应新态势的发展需求，在计算方法上需要进行更多的创新。

本书内容分为两部分，共 14 章。第 1 部分为理论基础，包括综述概率论、随机过程以及一个基于频率理解随机过程的方法，这些概念都通过电力系统的相关案例进行了阐释；其次，介绍了通用的解析法和蒙特卡洛法；第 1 部分可作为普适的可靠性课程教学资料。第 2 部分介绍了在电网可靠性分析方面已开发的算法，包括发电充裕度法和多节点分析法，后者涵盖了多区域以及综合电力系统的可靠性评估；最后两章分别展示如何在能源规划中使用这些方法以及与具有间歇性特点的可再生能源接入相关的讨论。

Chanan Singh
Panida Jirutitijaroen
Joydeep Mitra

致 谢

诸多人士以各种方式为本书做出了贡献，我们对他们表示万分感谢。

本书的部分内容是通过很多学生参加我们的课程、提供反馈意见、参与研究形成的，因为无法对他们一个个表示感谢，我们只能对这一群体的贡献表示感谢。感谢同仁、其他现场研究人员和从业人员，我们通过和他们交流以及跟踪他们的研究成果受益良多，他们使我们的专业知识更加丰富完善。

最后也是最重要的，我们要感谢家人，感谢他们在我们写书期间所给予的鼓励、支持和耐心，感谢我们的妻子 Gurdeep、Wasu 和 Padmini，感谢我们的孩子 Khenu Singh、Praow Jirutitijaroen、Ranadeep Mitra、Rukmini Mitra 和 Rajdeep Mitra，感谢我们的孙子 Kiran Parvan Singh 和 Saorise Vela Singh。

Chanan Singh

Panida Jirutitijaroen

Joydeep Mitra

目　录

第2部分　电力系统可靠性建模和分析方法

第 1 部分

系统可靠性的概念和方法

第1章

可靠性概述

1.1 引言

“可靠性”这一术语通常用来指系统实现其预期功能的能力，如果更明确一些，也可以将该术语作为衡量可靠性的一个指标，表示一段时间（称为“工作时间”）内不会发生失效的概率。除非另有说明，本书使用第一个含义。规划人员和设计人员通常关注“定性的”可靠性，但定性的可靠性无法帮助我们理解、处理复杂状况并做出决策；而当将可靠性定义为一个“定量的”参数时，就可以将它与其他参数（如成本、碳排放量）放在一起进行权衡决策。

对可靠性进行量化有很多理由。在某些情况下，我们希望知道量化的可靠性水平，例如，在军事或太空应用领域中，由于事关人命，我们必须知道具体的可靠性有多高；在商业应用领域中，可靠性与成本之间一般有明确的权衡结果。因此我们需要一个可以量化可靠性的决策工具，以下举例说明。

例 1.1 某系统总负荷为 500MW（为简单起见，假设负荷为常数），以下方案均可满足该负荷需求：

1）5 台发电机供电，每台 100MW；

2）6 台发电机供电，每台 100MW；

3）12 台发电机供电，每台 50MW。

从设计和运行的角度来看，我们需要回答以下问题：

上述哪个方案的可靠性最高？

稍加思考就会发现，如果没有补充这些发电机组在失效和修复方面的随机行为特性数据，我们无法回答这个问题，而一旦获得这些数据，我们就可以针对上述三种情形构建定量的可靠性模型，即可回答该问题。

1.2 可靠性的量化

可靠性建模多应用于稳态域中，或者是考虑某种长期平均行为特性。如果系统在任意时刻的行为特性用其状态来描述，则将系统所有可能的状态集合称为状态空间，记为 S。

在可靠性分析中，可将系统状态分为两大类——正常状态或失效状态。系统在正常状态下能履行其预期功能，在失效状态下则做不到，我们更加关注系统在失效状态下如何表现。用于表征稳态域的基本指标如下：

1. 失效概率

失效概率指系统在稳态运行时处于失效状态或不可接受状态的概率，记为 p_f，也可定义为从长期来看系统处于失效状态下的时间占比。系统所有失效状态概率之和即为其失效概率，如式（1.1）所示：

$$p_f = \sum_{i \in Y} p_i \tag{1.1}$$

式中，p_f 为系统不可用率或失效概率；Y 为失效状态集合，$Y \subset S$；S 为系统状态空间。

2. 失效频率

失效频率指单位时间（如每年）的预期失效次数，记为 f_f，该指标通过计算系统从正常状态转换到失效状态的期望次数得到，第 4 章将给出明确的计算方法，通过确定在失效状态子集 Y 边界上发生的状态转换次数期望值即可获得该指标。

3. 平均周期时间

平均周期时间指系统处于相继两个失效状态之间的平均时间，记为 T_f，计算如式（1.2）所示，该指标即为失效频率指标的倒数：

$$T_f = \frac{1}{f_f} \tag{1.2}$$

4. 平均中断时间

平均中断时间指系统在每次发生失效事件时相继两个处于失效状态的平均时间，换言之，系统状态在每个可用-中断周期内处于 Y 的期望时间，记为 T_D，由式（1.3）计算：

$$T_D = \frac{p_f}{f_f} \tag{1.3}$$

5. 平均可用时间

平均可用时间指系统在其失效前处于可用状态的平均时间，记为 T_U，由式（1.4）计算：

$$T_U = T_f - T_D \tag{1.4}$$

第 5 章将讨论以上述指标为函数而得到的另外一些指标。

可靠性建模也可应用于时域（$[0,T]$）中，例如，在 0 时刻我们想知道在 T 时刻的发电不足概率，以确定是否启用备用容量，此时可使用以下指标：

1）T 时刻失效概率：表征系统在 T 时刻处于失效状态的概率，这并非意味系统在 T 时刻之前没有失效，而是系统可能在 T 时刻之前失效过但已修复，所以该指标仅仅表示系统在 T 时刻正处于某种失效状态的概率。

2）T 时刻可靠性：表征系统截至 T 时刻为止尚未失效的概率。

3）$[0,T]$ 区间内的间隔频率：表征在 $[0,T]$ 区间内的预期失效次数。

4）非持续工作概率：表征系统在 $[0,T]$ 时段内处于失效状态的平均概率。

衡量可靠性最常见的计算指标可分为以下三类：

1）期望值指标：包括期望缺供功率（Expected Power Not Supplied，EPNS）或期望缺供电量（Expected Unserved Energy，EUE）。

2）概率指标：如缺电概率（Loss of Load Probability，LOLP）或缺电期望（Loss of Load Expectation，LOLE）。

3）频率和持续时间指标：如缺电频率（Loss of Load Frequency，LOLF）或缺电持续时间（Loss of Load Duration，LOLD）。

1.3　考虑可靠性的基本决策方法

在对可靠性各种属性进行量化之后，下一步就是看如何能将其纳入决策过程中，虽然有很多方法可以实现，但本节只介绍最常用的一种。需要牢记的是，进行可靠性建模和分析的目的并非为了不断追求更高的可靠性，而是为了实现必要的或最优的可靠性。

1.3.1　可靠性作为约束之一

迄今为止，最常见的一种实现考虑可靠性的方式就是将其作为一个约束，在其限制范围内改变或优化其他参数，例如，在发电可靠性中，针对 10 年期内一天的缺电概率就有一个业内广为认可的标准。

1.3.2　可靠性作为总优化成本之一

图 1.1 从概念上解释了成本和可靠性之间的关系。总成本为投资成本和用户故障成本之和。如果要求较高的可靠性水平，投资成本会趋于增加，但从另一方面来看，随着可靠性水平的增加，用户的故障成本也会趋于下降。综合这两个成本得到总成本，如图中实线所示，可见存在一个最小值，其所对应的可靠性即可被视为是最优水平，其左侧的点主要受制于用户的满意度，右侧的点则主要受制于对投资成本的考虑。

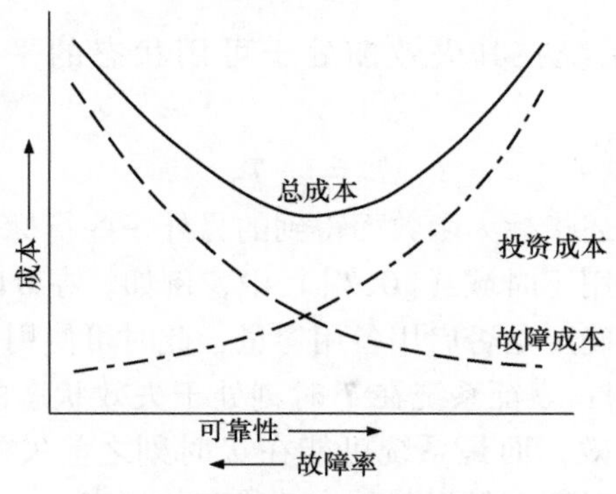

图 1.1　可靠性和成本之间的权衡

显然，在这类分析中需要计算可靠性的价值，也就是说，用户认为电力中断会给他们造成多大的损失，有一种方法是通过用户损失函数来计算，如图 1.2 所示。

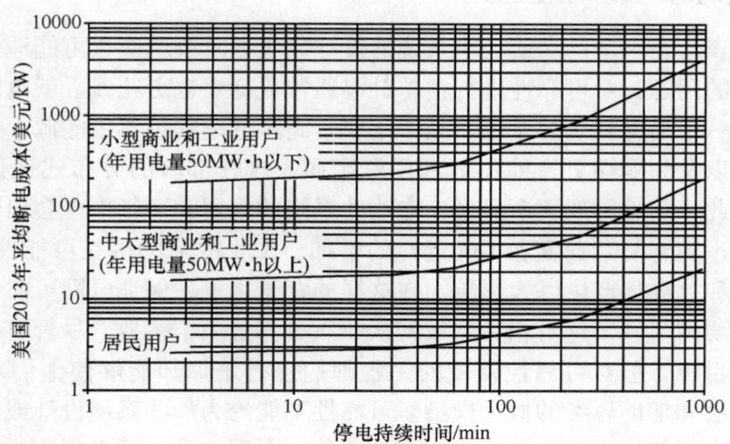

图 1.2 用户损失函数（数据改编自参考文献［1］）

用户损失函数给出了停电持续时间和断电成本（美元/kW）之间的关系，该函数随用户类型的不同而不同。显然，损失函数与停电持续时间之间非线性相关，停电时间越长，断电成本的增长速度也越快。断电成本可由前节所定义的频率、持续时间等指标由式（1.5）计算得到。

$$IC = \sum_{i=1}^{n} L_i f_i c_i(d_i) \tag{1.5}$$

式中，n 为系统负荷点个数；L_i 为负荷点 i 所需的功率（kW）；f_i 为负荷点 i 的故障频率（故障发生次数/年）；$c_i(d_i)$为负荷点 i 在停电持续时间为 d_i 时的用户损失成本（美元/kW）；d_i 为负荷点 i 的停电持续时间（h）。

1.3.3 多目标优化和帕累托最优

一般而言，需要满足或优化的多个目标是相互矛盾的，例如，成本和可靠性就是相互矛盾的目标。多目标优化（也称为多准则或多属性优化）是对两个或多个相互矛盾的目标在满足一定约束条件的情况下同时进行优化的过程，在多目标优化中通常得到的是帕累托最优解，即对一个目标的优化必然引起其他至少一个目标的劣化。如图 1.3 所示，如果数值越小越好，那么 C 点就不在帕累托前沿上，

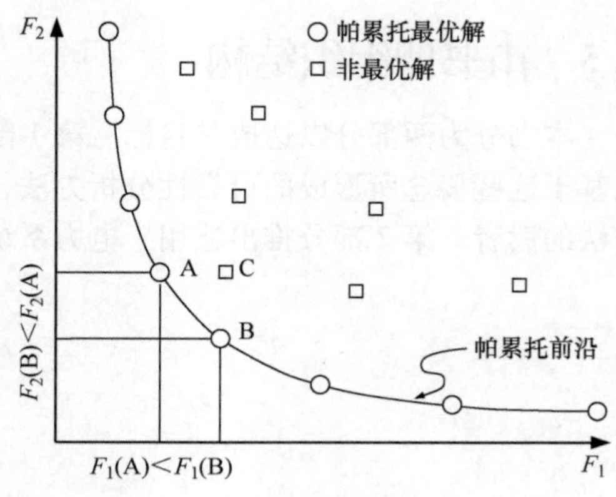

图 1.3 多目标优化

这是因为 A 点和 B 点都比它要好，A 点和 B 点即为非劣解。

1.4 本书的目标和范围

一般而言，在一个产品或一个系统的设计或规划阶段就应尽可能地去考虑构建可靠性模型的问题，对可靠性进行亡羊补牢通常更麻烦也更花钱。就电网而言，甫一出现就是一个高度复杂的系统，其中集成了高渗透率的可再生能源、集中式和分布式储能，以及为能够更智能化地利用资源而大规模部署的分布式通信和计算技术。不仅如此，随着网架逐渐显形，在这些系统的规划和运行中也会出现越来越多的不确定性；随着复杂程度和不确定性的增加，发生故障的潜在可能性大大增加，对工业集群和社会将产生巨大影响。在这样的背景之下，保证电网可靠性和经济性就是非常重要的目标，这对相关领域的从业人员将是一个挑战。尽管有很多途径可以达成这些目标，但对可靠性领域的工程师们进行培训却能够使他们掌握分析工具、权衡方法和辅助思考的概念模型。可靠性不能沦为那些系统设计或规划人员的美好意愿，也不能作为这些设计或规划流程的一个副产品，而必须作为大电网及其子系统中的一项工程来系统地、慎重地进行建设；在此过程中最重要的一步是针对设计、规划和运行决策对系统可靠性所产生的影响进行建模、分析和预测，因此亟需面向新兴的复杂信息-物理系统提供一个全方位覆盖可靠性建模和评估方法的培训资料。

本书旨在介绍用于系统可靠性建模和分析的前沿方法，这些内容无论对那些想使用这些方法的人，还是对那些想进一步研究的人来说都是有用的，他们可以利用这些知识在可靠性、成本、环境问题和其他需要考虑的因素之间进行权衡。

为了实现这一目标，本书首先详实地介绍了与可靠性相关的通用背景知识，加深读者对这些知识的理解，从而能够开发满足特定需求的工具。其次，本书利用这些基本概念来构建电力系统分析工具，因此本书可供那些希望掌握可靠性分析工具和希望在电力系统可靠性方面成为专家的人使用。

1.5 本书的组织结构

本书分为两部分以达成其目标。第 1 部分侧重基础，包括概率论、随机过程以及基于这些概念所形成的可靠性分析方法，该部分适用于那些只想泛泛了解可靠性方法的读者。第 2 部分推出适用于电力系统可靠性具体需求的模型和方法。

第 2 章

概率论综述

2.1 引言

与概率相关的知识对电力系统可靠性建模和分析至关重要，是理解可靠性工程问题中随机现象的基础。对于系统中发生的随机事件，只要其行为符合概率法则，均可用概率论来描述或建模。本章综述了基本概率理论，并侧重介绍其在电力系统中的应用。

2.2 状态空间和事件

样本空间或状态空间是某个随机现象产生的所有可能结果的一个集合，通常记为 S。举例如下：

1）单次抛一枚硬币的结果：$S=\{\mathrm{Head},\mathrm{Tail}\}$；

2）掷一个骰子的结果：$S=\{1,2,3,4,5,6\}$；

3）一台发电机的状态：$S=\{\mathrm{Up},\mathrm{Down}\}$；

4）两条输电线的状态：$S=\{(1U,2U),(1U,2D),(1D,2U),(1D,2D)\}$，其中 U 表示某条输电线正常运行（处于 Up 状态），D 表示该输电线失效（处于 Down 状态），如图 2.1 所示。

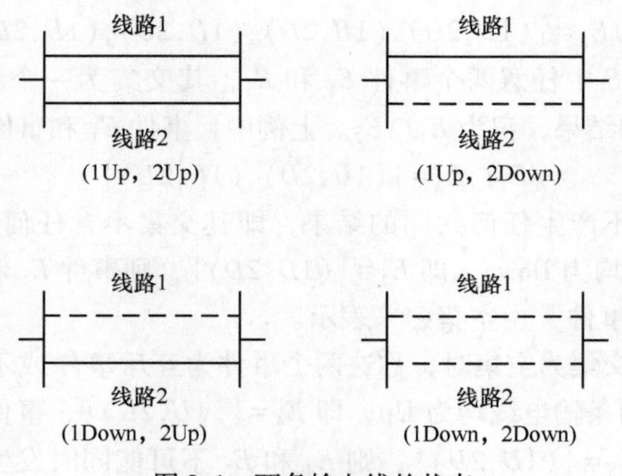

图 2.1　两条输电线的状态

在电力系统的各种应用中，我们侧重于分析状态空间的特定场景，以两条输电线为例，我们可能只关心至少一条输电线正常运行的情况，这就引出了所谓的事件。一个事件指某个随机现象的一组结果，是样本空间的一个子集，例如：

1）掷一个骰子的结果为“1”：$E=\{1\}$；

2）一台发电机失效：$E=\{\text{Down}\}$；

3）至少有一条输电线正常运行，$E=\{(1U,2U),(1U,2D),(1D,2U)\}$；

4）只有一条输电线失效，$E=\{(1U,2D),(1D,2U)\}$，如图 2.2 所示。

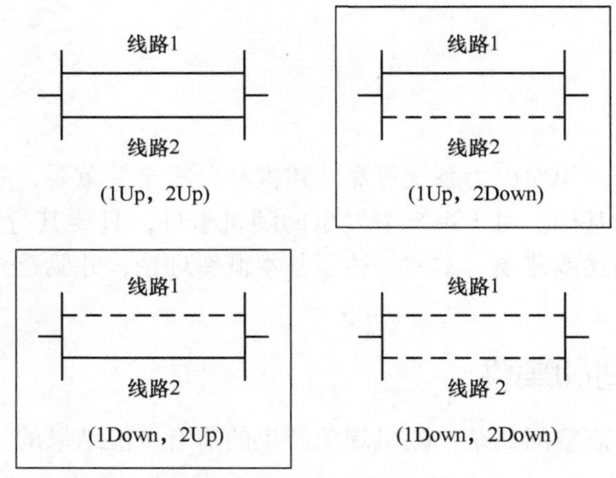

图 2.2　只有一条输电线失效的事件

对于状态空间 S 中任意两个事件 E_1 和 E_2，其并集为一个新事件，要么包含 E_1 的结果，要么包含 E_2 的结果，要么两者的结果均包含在内，记为 $E_1\cup E_2$。例如，如果事件 E_1 代表至少一条输电线为 Up，即 $E_1=\{(1U,2U),(1U,2D),(1D,2U)\}$，事件 E_2 代表至少一条输电线为 Down，即 $E_2=\{(1U,2D),(1D,2U),(1D,2D)\}$，则事件 E_1 和事件 E_2 的并集为

$$E_1\cup E_2=\{(1U,2U),(1U,2D),(1D,2U),(1D,2D)\}$$

对于状态空间 S 中任意两个事件 E_1 和 E_2，其交集为一个新事件，既包含 E_1 的结果也包含 E_2 的结果，记为 $E_1\cap E_2$。上例中，事件 E_1 和事件 E_2 的交集为

$$E_1\cap E_2=\{(1U,2D),(1D,2U)\}$$

有时两个事件不产生任何共同的结果，即其交集不含任何结果。例如，事件 E_3 代表两条输电线均为 Down，即 $E_3=\{(1D,2D)\}$，则事件 E_1 和 E_3 的交集不含任何结果，这一“零事件”由空集$\varnothing$来表示。

当两个事件的交集为空集时，称这两个事件为*互斥事件*或*不相交事件*。例如，如果事件 E_4 代表两条输电线均为 Up，即 $E_4=\{(1U,2U)\}$，事件 E_5 代表两条输电线均为 Down，即 $E_5=\{(1D,2D)\}$，则 E_4 和 E_5 不可能同时发生，两者交集为空：

$E_4 \cap E_5 = \varnothing$。我们称 E_4 和 E_5 互斥，其维恩图如图 2.3 所示。

上述并集和交集的概念可以推广到多个事件。如果 $E_1, E_2, \cdots, E_n$ 是状态空间 S 中的一系列事件，则其并集包含 $E_1, E_2, \cdots, E_n$ 中任何一个事件的结果，记为 $\bigcup_{i=1}^{n} E_i$；类似地，其交集只包含 $E_1, E_2, \cdots, E_n$ 所有事件的共同结果，记为 $\bigcap_{i=1}^{n} E_i$。当 n 趋于无穷时，这一概念仍然成立。

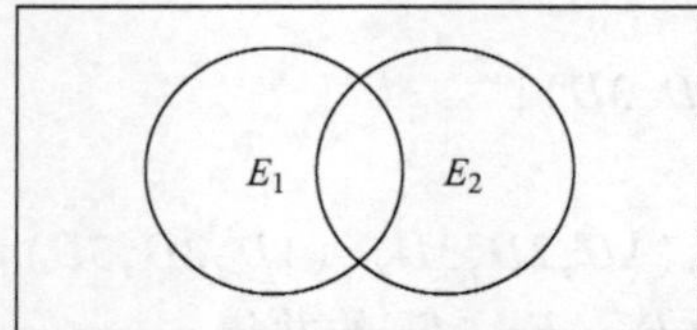

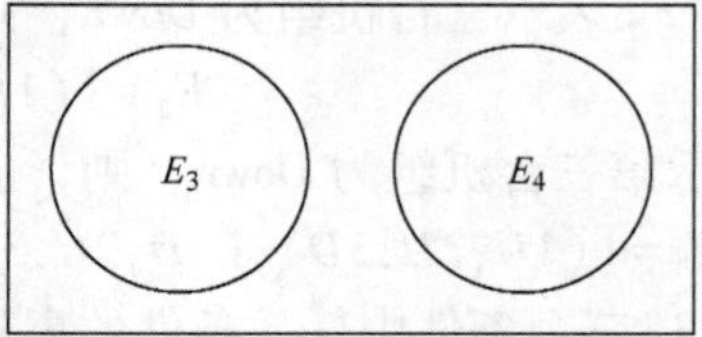

图 2.3　两个相容事件和互斥事件的维恩图

例 2.1　如图 2.4 所示，某三机系统与一个负荷相连，假设每台发电机有两个状态：要么处于正常运行状态（Up），要么处于失效状态（Down）。现确定在此问题中发电机可能的状态结果（状态空间）、一台发电机正常运行的事件以及满足以下任一条件的事件：

1）一台发电机正常运行；

2）三台发电机失效；

3）第三台发电机失效。

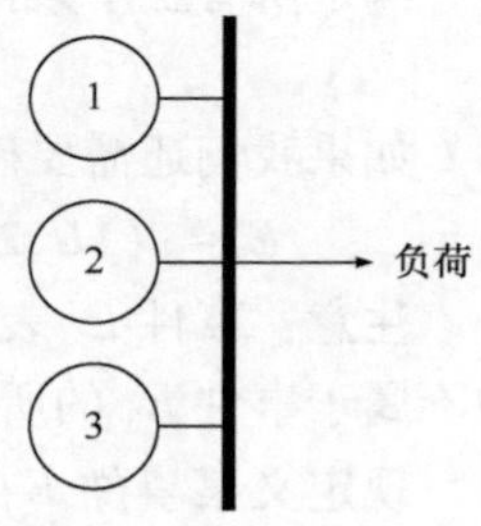

图 2.4　例 2.1 中的三机系统

最后，确定满足上述所有条件的事件。此问题对应的状态空间如图 2.5 所示。

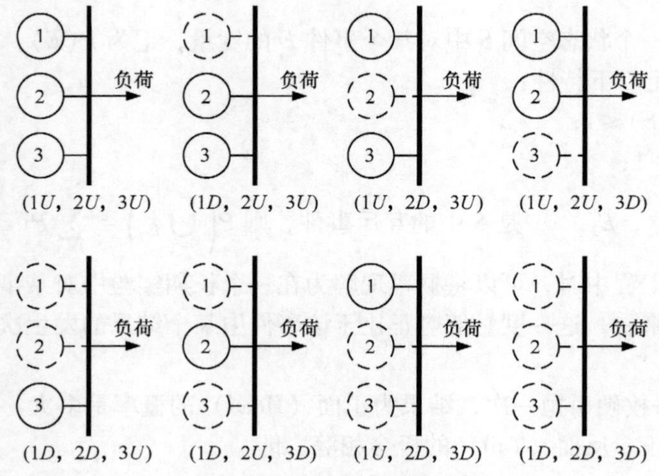

图 2.5　例 2.1 中三机系统的状态空间

令 S 表示三台发电机组的一个状态空间，则：

$$S=\{(1U,2U,3U),(1U,2U,3D),(1U,2D,3U),(1D,2U,3U),(1D,2U,3D),(1D,2D,3U),(1U,2D,3D),(1D,2D,3D)\}$$

其中，U 表示某台机组正常运行，D 表示某台机组失效。状态空间 S 包含了此问题所有可能的结果。

令事件 E_1 表示一台机组为 Up，则

$$E_1=\{(1D,2U,3D),(1D,2D,3U),(1U,2D,3D)\}$$

令事件 E_2 表示三台机组为 Down，则

$$E_2=\{(1D,2D,3D)\}$$

事件 E_3 表示第三台机组为 Down，则

$$E_3=\{(1U,2U,3D),(1D,2U,3D),(1U,2D,3D),(1D,2D,3D)\}$$

满足上述三个条件中任一条件的事件为 E_1、E_2、E_3 的并集：

$$E_1\cup E_2\cup E_3=\{(1U,2U,3D),(1D,2U,3D),(1D,2D,3U),(1U,2D,3D),(1D,2D,3D)\}$$

满足所有三个条件的事件为 E_1、E_2、E_3 的交集：

$$E_1\cap E_2\cap E_3=\{(1D,2D,3D)\}$$

如果我们还需要确定第三台机组为 Up 的事件，记为 E_3^c，则

$$E_3^c=\{(1U,2U,3U),(1U,2D,3U),(1D,2U,3U),(1D,2D,3U)\}$$

注意：事件 E_3 表示第三台机组为 Down 的结果，而事件 E_3^c 则包含在状态空间中不属于事件 E_3 的所有可能的结果。

现定义某事件 E 的*互补事件*，记为 E^c，指在状态空间 S 中不属于事件 E 的那些结果的集合，这意味着只要不发生事件 E，就会发生事件 E^c，即 E 和 E^c 是互斥的（$E\cap E^c=\varnothing$），两者的并集即为整个状态空间，$E\cup E^c=S$。

2.3 概率量和相关定理

概率指在一个状态空间 S 中对某个事件 E 的度量，记为 $P(E)$，称为一个事件 E 的概率，满足以下特性：

1）$0\leqslant P(E)\leqslant 1$；

2）$P(S)=1$；

3）如果 E_1，E_2，… 是 S 中的互斥事件，则 $P\left(\bigcup_{i=1}^{\infty}E_i\right)=\sum_{i=1}^{\infty}P(E_i)$。

当应用于工程中时，可以将概率理解为在一个长期实验中对某事件发生频率的度量，直观地来看，这一度量值应正比于该事件中某个结果的发生次数除以总的实验次数。例如：

1）如果一枚硬币抛一次，结果为正面（Head）的概率是多大？如果硬币没做手脚，则出现正、反面（Tail）的机会相等，即

$$P(\{\text{Head}\})=P(\{\text{Tail}\})$$

由于 $S=\{\text{Head},\text{Tail}\}$ 且 $P(S)=1$，出现正面（Head）的概率为

$$P(\{\text{Head}\})=1/2$$

2）如果一个骰子掷一次，结果为“1”的概率是多大？如果骰子没做手脚，则出现每个数字的机会相等：

$$P(\{1\})=P(\{2\})=P(\{3\})=P(\{4\})=P(\{5\})=P(\{6\})$$

利用特性 2）和特性 3），可得

$$P(\{i\})=1/6, i\in\{1,2,\cdots,6\}$$

掷出“1”的概率为

$$P(\{1\})=1/6$$

3）如果一个骰子掷一次，结果为奇数的概率是多大？

奇数事件集合为$\{1,3,5\}$，由于这些事件互斥，利用特性 3）可得

$$P(\{1,3,5\})=P(\{1\})+P(\{2\})+P(\{3\})=1/2$$

任何集合 E 与其补集 E^c 的并集就是状态空间，即 $E\cup E^c=S$。由于 E 和 E^c 始终相斥，根据特性 2）和特性 3），可得 $P(E\cup E^c)=P(E)+P(E^c)=P(S)=1$，这意味着 $P(E^c)=1-P(E)$。当应用于某些问题时，计算一个事件的互补事件的概率比计算该事件本身的概率更容易，因此可以利用这一特性来确定一个事件的概率，此特性称为*互补律*。

我们还可以推导另一个重要的定理——*加法律*，以确定两个事件的联合概率。如果两个事件互斥，则可以得到和特性 3）相同的结果；现通过下例来考虑两个非互斥事件的情形并介绍相关概念。

例 2.2 假设某系统中有两条输电线，如果事件 E_1 表示至少一条输电线是 Up，则 $E_1=\{(1U,2U),(1U,2D),(1D,2U)\}$，事件 E_2 表示至少一条输电线是 Down，则 $E_2=\{(1U,2D),(1D,2U),(1D,2D)\}$；那么两个事件的并集为

$$E_1\cup E_2=\{(1U,2U),(1U,2D),(1D,2U),(1D,2D)\}$$

两个事件的交集为

$$E_1\cap E_2=\{(1U,2D),(1D,2U)\}$$

如果将事件 E_1 的概率和事件 E_2 的概率相加，可得

$$P(E_1)+P(E_2)=P(\{(1U,2U),\underline{(1U,2D),(1D,2U),(1U,2D),(1D,2U)},(1D,2D)\})$$

注意：事件$\{(1U,2D),(1D,2U)\}$出现了两次，重新整理可得

$$P(E_1)+P(E_2)=P(\{(1U,2U),(1U,2D),(1D,2U),(1D,2D)\})+P(\{(1D,2U),(1U,2D)\})$$

也即

$$P(E_1)+P(E_2)=P(E_1\cup E_2)+P(E_1\cap E_2)$$

任意两个事件的联合概率都可以计算如下：

$$P(E_1\cup E_2)=P(E_1)+P(E_2)-P(E_1\cap E_2) \tag{2.1}$$

注意：如果 E_1 和 E_2 是互斥的，则根据特性 3）可得 $P(E_1\cup E_2)=P(E_1)+P(E_2)$，

这意味着 $P(E_1 \cap E_2)=0$；由于 $E_1 \cap E_2=\varnothing$，可知 $P(\varnothing)=0$。

一般地，n 个事件的联合概率可计算如下：

$$P(E_1 \cup E_2 \cup \cdots \cup E_n)=\sum_i P(E_i)-\sum_{i<j} P(E_i \cap E_j)+\sum_{i<j<k} P(E_i \cap E_j \cap E_k)-\cdots+(-1)^{n-1} P(E_1 \cap E_2 \cap \cdots \cap E_n) \tag{2.2}$$

我们再来考虑有两条输电线的系统，假设第一条输电线失效，如何确定第二条输电线也失效的概率。令事件 E_1 表示第一条输电线失效，即 $E_1=\{(1D,2U),(1D,2D)\}$，那么在第一条输电线已经失效的情况下，第二条输电线也失效这一事件用 $E_2|E_1$ 表示。第二条输电线失效的事件 $E_2=\{(1U,2D),(1D,2D)\}$，但是由于第一条输电线已经失效，在此问题中不可能出现 $(1U,2D)$ 的情况。此时我们关注的是在给定事件 E_1 已经发生的情况下，计算事件 E_2 发生的*条件概率*，记为 $P(E_2|E_1)$。

直观地来看，当 E_1 已经发生时，我们只能考虑在状态空间中伴随 E_1 已经发生的那些状态，这意味着状态空间缩减为集合 E_1，E_2 中的事件必须和 E_1 中的事件有交集，这引出条件概率的公式如下：

$$P(E_2 | E_1)=\frac{P(E_2 \cap E_1)}{P(E_1)} \tag{2.3}$$

只有当 $P(E_1)>0$ 时，该公式才有意义。

例 2.3 以例 2.2 中的系统为例，此问题的状态空间为 $S=\{(1U,2U),(1U,2D),(1D,2U),(1D,2D)\}$，每个事件的概率如表 2.1 所示，现计算在第一条输电线已经失效的情况下，第二条输电线失效的概率。

表 2.1 例 2.3 中一个事件的概率

事件	概率
$(1U,2U)$	0.81
$(1U,2D)$	0.09
$(1D,2U)$	0.09
$(1D,2D)$	0.01

令事件 E_1 表示第一条输电线失效，$E_1=\{(1D,2U),(1D,2D)\}$，事件 E_2 表示第二条输电线失效，$E_2=\{(1U,2D),(1D,2D)\}$，我们需要计算 $P(E_2|E_1)$。此例的状态空间如图 2.6 所示。

由于 $E_2 \cap E_1=\{(1D,2D)\}$，$P(E_2 \cap E_1)=0.01$ 且 $P(E_1)=0.09+0.01=0.1$，可得

$$P(E_2 | E_1)=\frac{P(E_2 \cap E_1)}{P(E_1)}=\frac{0.01}{0.1}=0.1$$

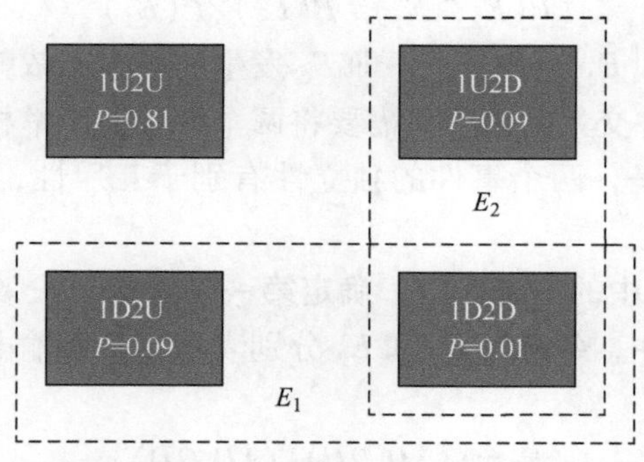

图 2.6　例 2.3 中两条输电线的状态空间

实际上，条件概率定理是帮助我们确定状态空间中某事件概率的一个非常强大的工具。为说明如何使用该方法，首先将状态空间分为两个互斥的集合，即 $S=B_1\cup B_2$，$B_1\cap B_2=\varnothing$，该状态空间中某个事件 E 要么和事件 B_1 相容，要么和事件 B_2 相容，表示为 $E=(E\cap B_1)\cup(E\cap B_2)$。

利用加法律：

$$P(E)=P(E\cap B_1)+P(E\cap B_2)-P(E\cap E\cap B_1\cap B_2)$$

由于 $B_1\cap B_2=\varnothing$，可知 $P(E\cap E\cap B_1\cap B_2)=0$。根据条件概率定理，有

$$P(E\cap B_1)=P(E\mid B_1)\times P(B_1)$$
$$P(E\cap B_2)=P(E\mid B_2)\times P(B_2)$$

则有

$$P(E)=P(E\mid B_1)\times P(B_1)+P(E\mid B_2)\times P(B_2)$$

可将此表达式解释为在发生某个事件的前提下，对 E 的条件概率进行加权平均，其中权重是令 E 发生的前提事件的概率。

对于 n 个互斥的事件 B_i，有 $\bigcup_{i=1}^{n} B_i=S$，通过以下*贝叶斯定理*可以获得任一事件 E 的概率。

$$P(E)=\sum_{i=1}^{n} P(E\mid B_i)\times P(B_i) \tag{2.4}$$

例如，如果将状态空间划分为 5 个互斥的事件 B_1，$B_2,\cdots,B_5$，则某个事件 E 的概率可由其在每个不相交事件发生下的条件概率获得，如图 2.7 所示。

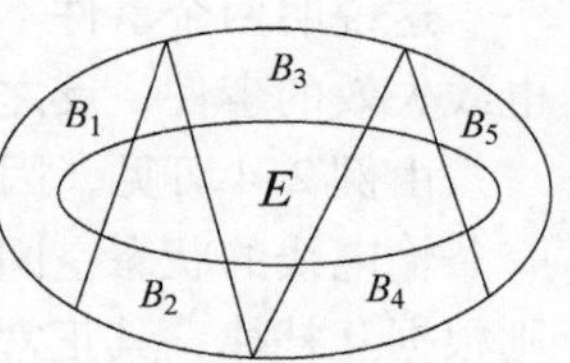

图 2.7　用图形表示的贝叶斯定理

也可以用条件概率定理计算事件交集的概率。对任意两个事件：

$$P(E_2\cap E_1)=P(E_2\mid E_1)\times P(E_1)$$

现定义另一个重要的特性——两个事件的*独立性*。当且仅当满足以下条件时，两个事件是独立的

$$P(E_2 \cap E_1) = P(E_2) \times P(E_1) \tag{2.5}$$

这也意味着 $P(E_2 \mid E_1) = P(E_2)$，即 E_2 发生的概率不依赖于 E_1 是否已经发生。利用该特性，两个事件交集的概率只需要将两个事件的概率相乘即可得到，此称为乘法律。应该注意的是，两个事件的独立性有别于互斥性，是无法用维恩图来表示的。

例 2.4 以例 2.3 中的系统为例，确定第一条输电线失效和第二条输电线失效是否为相互独立的事件。令事件 E_1 和 E_2 分别表示第一条输电线失效和第二条输电线失效，则

$$E_1 = \{(1D,2U),(1D,2D)\}$$
$$E_2 = \{(1U,2D),(1D,2D)\}$$

可得 $P(E_1) = 0.09+0.01 = 0.1$，$P(E_2) = 0.09+0.01 = 0.1$。

由于 $E_2 \cap E_1 = \{(1D,2D)\}$，$P(E_2 \cap E_1) = 0.01$，则有 $P(E_2 \cap E_1) = P(E_2) \times P(E_1) = 0.01$。

这说明在此问题中，第一条输电线失效和第二条输电线失效是相互独立的事件。

如果改变此例中状态空间的概率，如表 2.2 所示，这时两个事件是否仍然独立?

表 2.2 例 2.4 中一个事件的概率

事件	概率
$(1U,2U)$	0.80
$(1U,2D)$	0.10
$(1D,2U)$	0.09
$(1D,2D)$	0.01

在此情况下，$P(E_1) = 0.09+0.01 = 0.1$，$P(E_2) = 0.10+0.01 = 0.11$，$P(E_2 \cap E_1) = 0.01$，则

$$P(E_2 \cap E_1) = 0.01 \neq P(E_2) \times P(E_1) = 0.011$$

这说明两个事件不独立，也就意味着第一条输电线失效的事件依赖于第二条输电线失效的事件，反之亦然。

由例 2.4 可见，因为可以假设一条输电线的状态要么是 Up，要么是 Down，即一条输电线的状态空间为 $S = \{U,D\}$，这就意味着如果其失效概率为 $P(D) = 0.1$，则根据互补律，其正常运行的概率为 $P(U) = 1-P(D) = 0.9$。

如果一个系统中有两条完全一样的输电线，令事件 E 表示第一条输电线正常运行且第二条输电线失效，则 $E = \{(1U,2D)\}$；如果两条输电线的正常运行或失效状态是相互独立的，那么该事件的概率可由乘法律得到：

$$P(E)=P(1U\cap 2D)=P(1U)\times P(2D)=0.09$$

这与例2.3所示是一致的。

例2.5 如例2.1所示，某三机系统与一个负荷相连，假设每台发电机容量为50MW，失效概率为0.01且每台发电机发生失效是相互独立的，现计算当负荷分别为0MW、50MW、100MW和150MW时的系统供电概率，以及当负荷分别为50MW、100MW或150MW，概率分别为0.20、0.75和0.05时的缺电概率。

首先定义如下事件：

E_1——系统供电0MW；

E_2——系统供电50MW；

E_3——系统供电100MW；

E_4——系统供电150MW。

这些事件集合如下：

$E_1=\{(1D,2D,3D)\}$

$E_2=\{(1U,2D,3D),(1D,2U,3D),(1D,2D,3U)\}$

$E_3=\{(1U,2U,3D),(1D,2U,3U),(1U,2D,3U)\}$

$E_4=\{(1U,2U,3U)\}$

为了计算每个事件的概率，要关注每台发电机的失效概率为0.01；由于所有发电机的失效互不影响，利用乘法律可得

$$P(E_1)=P(1D\cap 2D\cap 3D)=P(1D)\times P(2D)\times P(3D)=0.00001$$

$$\begin{aligned}P(E_2)&=P\{(1U,2D,3D)\cup(1D,2U,3D)\cup(1D,2D,3U)\}\\&=P(1U\cap 2D\cap 3D)+P(1D\cap 2U\cap 3D)+P(1D\cap 2D\cap 3U)\\&=\{P(1U)\times P(2D)\times P(3D)\}+\{P(1D)\times P(2U)\times P(3D)\}+\\&\quad\{P(1D)\times P(2D)\times P(3U)\}\\&=0.000297\end{aligned}$$

$$\begin{aligned}P(E_3)&=P\{(1U,2U,3D)\cup(1D,2U,3U)\cup(1U,2D,3U)\}\\&=P(1U\cap 2U\cap 3D)+P(1D\cap 2U\cap 3U)+P(1U\cap 2D\cap 3U)\\&=\{P(1U)\times P(2U)\times P(3D)\}+\{P(1D)\times P(2U)\times P(3U)\}+\\&\quad\{P(1U)\times P(2D)\times P(3U)\}\\&=0.029403\end{aligned}$$

$$\begin{aligned}P(E_4)&=P(1U\cap 2U\cap 3U)\\&=P(1U)\times P(2U)\times P(3U)\\&=0.970299\end{aligned}$$

此例中，缺电将在三个互斥的负荷场景（负荷为50MW、100MW或150MW）中发生。首先，定义以下事件：

F——缺电；

B_1——负荷为 50MW；

B_2——负荷为 100MW；

B_3——负荷为 150MW。

则缺电概率可用贝叶斯定理计算如下：

$$P(F)=P(F\mid B_1)\times P(B_1)+P(F\mid B_2)\times P(B_2)+P(F\mid B_3)\times P(B_3)$$

若负荷为 50MW，则当所有机组失效时才会发生缺电事件，如图 2.8 所示，所以 $P(F\mid B_1)=P(1D\cap 2D\cap 3D)=P(E_1)=0.00001$。

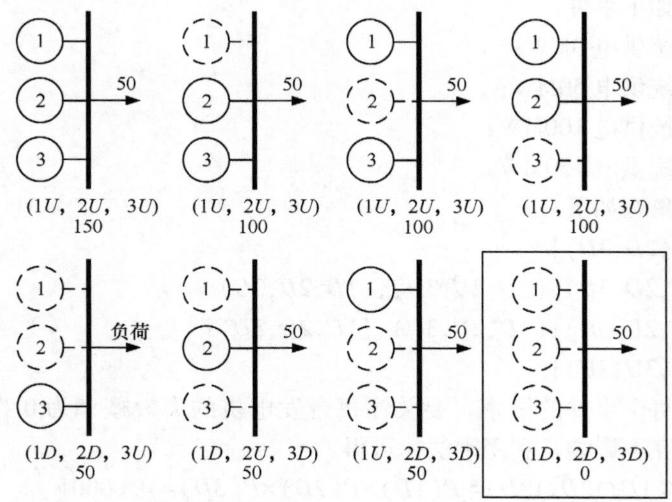

图 2.8　当负荷为 50MW 时缺电事件的状态空间示意图

若负荷为 100MW，则至少有两台机失效才会发生缺电事件，如图 2.9 所示，因此 $P(F\mid B_2)=P\{(1U,2D,3D)\cup(1D,2U,3D)\cup(1D,2D,3U)\cup(1D,2D,3D)\}=P(E_2)+P(E_1)=0.000298$。

若负荷为 150MW，则至少有一台机失效才会发生缺电事件，如图 2.10 所示，这与所有机组正常运行时不会发生缺电的情形等同，利用互补律，$P(F\mid B_3)=1-P(1U,2U,3U)=1-P(E_4)=0.029701$。

利用贝叶斯定理可计算缺电概率如下：

$$P(F)=P(F\mid B_1)\times 0.20+P(F\mid B_2)\times 0.75+P(F\mid B_3)\times 0.05=0.00170875$$

此例将不同负荷大小作为前提条件，我们也可以将三台发电机所能提供的容量作为前提条件，利用贝叶斯定理来计算缺电概率。

由例 2.5 可见，我们关注的是知道系统的总发电容量，而不是每台发电机的状态，这一实数量对我们的分析更为重要，因为我们关注的是事件结果的某个*函数*（发电容量）而不是事件结果本身（每台发电机的状态），该实数量是在样本空间中定义的一个实值函数，称为*随机变量*。

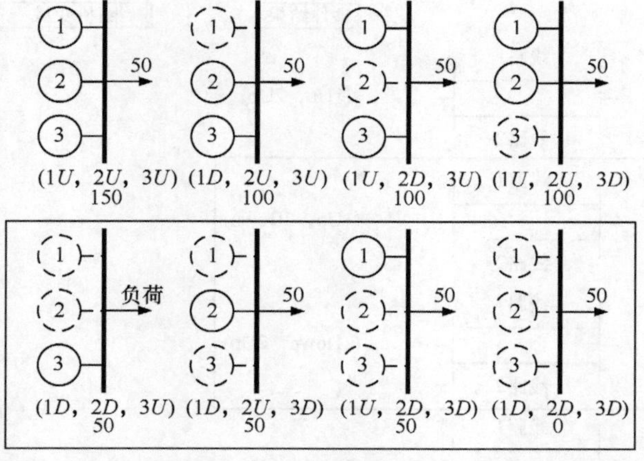

图 2.9　当负荷为 100MW 时缺电事件的状态空间示意图

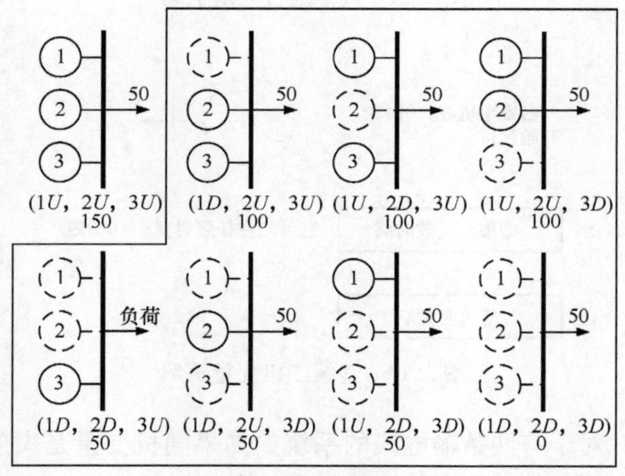

图 2.10　当负荷为 150MW 时缺电事件的状态空间示意图

2.4　随机变量

一个随机变量就是一个实值函数，给状态空间中的所有结果赋值；它既可以是离散的实数，也可以是连续的实数，我们将前者称为离散随机变量，后者称为连续随机变量。例如：

1）离散随机变量：系统中失效输电线的条数，如图 2.11 所示，图中还给出了该系统两条输电线的状态空间。

2）连续随机变量：一台发电机的失效时间，如图 2.12 所示。

由于每个事件结果都关联一个概率量，我们可以给随机变量的任何取值赋予相

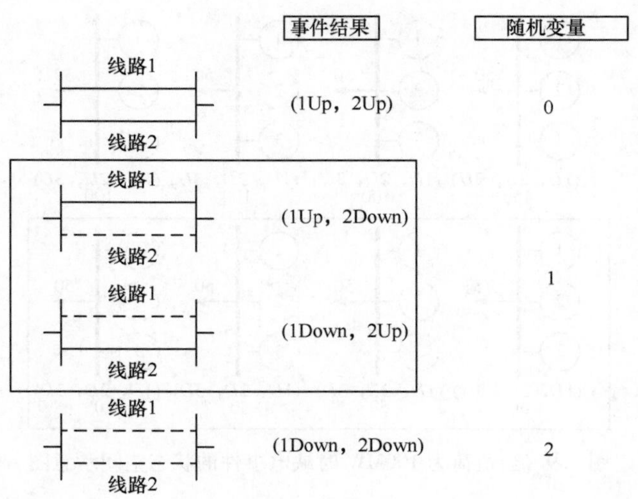

图 2.11　离散随机变量示例

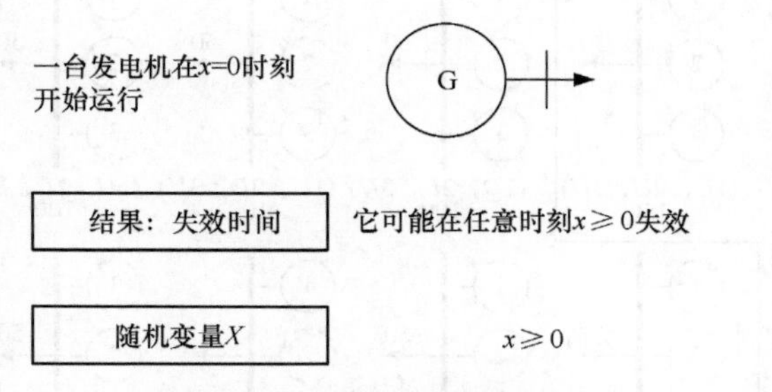

图 2.12　连续随机变量示例

应的概率。例如，对于有两条输电线的系统，如果随机变量是失效输电线的条数，那么事件结果的概率与例 2.3 中给出的一样，则

$$P\{X=0\}=P(\{(1U,2U)\})=0.81$$

$$P\{X=1\}=P(\{(1U,2D),(1D,2U)\})=0.09+0.09=0.18$$

$$P\{X=2\}=P(\{(1D,2D)\})=0.01$$

注意：$P\{X=0\}+P\{X=1\}+P\{X=2\}=1$。

2.4.1　概率密度函数

一般认为一个离散随机变量就是实数集合中的一系列可枚举的离散值 $x_1,x_2,\cdots,x_n$，与一个离散随机变量 X 所有可能取值相关联的*概率*由*概率质量函数*来确定，记为

$$p(x)=P\{X=x\} \tag{2.6}$$

一个离散随机变量的概率质量函数具有以下特性：

1）$0\leqslant p(x_i)\leqslant 1$，$i=1,2,\cdots,n$；

2）如果 $i \notin \{1,2,\cdots,n\}$，则 $p(x_i)=0$；

3）$\sum_{i=0}^{\infty} p(x_i) = \sum_{i=0}^{\infty} P\{X=x_i\} = 1$。

一个随机离散变量的概率质量函数如图 2.13 所示，在此例中，离散随机变量可以是 1、2、3、4、5 中的任何一个值，相应的概率分别为 0.1、0.2、0.3、0.3、0.1。

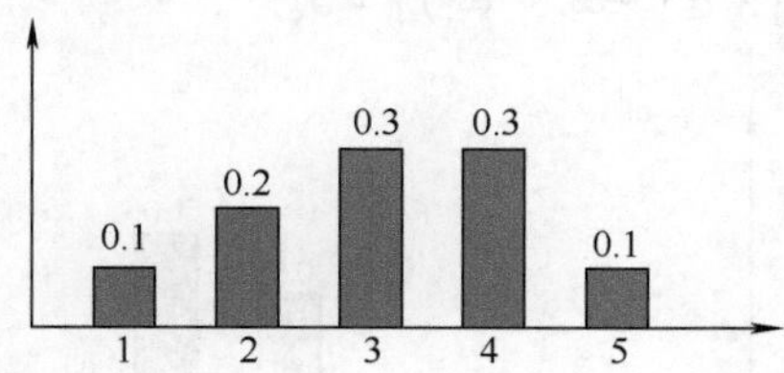

图 2.13　一个随机离散变量的概率质量函数示例

类似地，对于一个包含所有实数 $x \in (-\infty, \infty)$ 的连续随机变量 X 也可以定义一个非负函数 $f(x)$，称之为*概率密度函数*。对任意集合 A 中的实数 x，$x \in A$，函数 $f(x)$ 必须满足以下条件：

$$\int_A f(x)\,\mathrm{d}x = P\{X \in A\} \tag{2.7}$$

一个连续随机变量给状态空间中的所有事件结果赋予相应的实值，因此，所有实值的概率之和必然为 1，即

$$\int_{-\infty}^{\infty} f(x)\,\mathrm{d}x = P\{X \in (-\infty, \infty)\} = 1 \tag{2.8}$$

例 2.6　令一个连续随机变量 X 表示一台发电机的失效时间（以天计），其概率密度函数为 $f(x)$，那么该发电机将在第二天和第三天内（$A=[2,3]$）失效的概率是多少？

此概率可由下式计算：

$$P\{X \in [2,3]\} = P\{2 \leqslant X \leqslant 3\} = \int_2^3 f(x)\,\mathrm{d}x$$

注意：根据这一定义，如果一个连续随机变量是任何一个具体的值 a，则其概率为零，因为 $P\{X=a\} = \int_a^a f(x)\,\mathrm{d}x = 0$。

2.4.2　概率分布函数

*累积分布函数*或*分布函数* $F(a)$ 表征了一个随机变量 X 的取值小于等于某个实数 a 的概率，即

$$F(a) = P\{X \leqslant a\} \tag{2.9}$$

对于一个离散随机变量，有

$$F(a) = \sum_{x_i \leqslant a} P\{X = x_i\} = \sum_{x_i \leqslant a} p(x_i) \tag{2.10}$$

某个分布函数如图 2.14 所示，在此例中，离散随机变量的值可以是 1、2、3、

4 或 5，相应的概率分别为 0.1、0.2、0.3、0.3、0.1。

对于一个连续随机变量，其分布函数

$$F(a)=P\{X\in(-\infty,a)\}=\int_{-\infty}^{a} f(x)\,\mathrm{d}x \tag{2.11}$$

由上式可见，分布函数 $F(a)$ 是 a 的非递减函数，$\lim\limits_{a\to\infty}F(a)=F(\infty)=P\{X\in(-\infty,\infty)\}=1$ 且 $\lim\limits_{a\to-\infty}F(a)=F(-\infty)=P\{X\in(-\infty,-\infty)\}=0$。

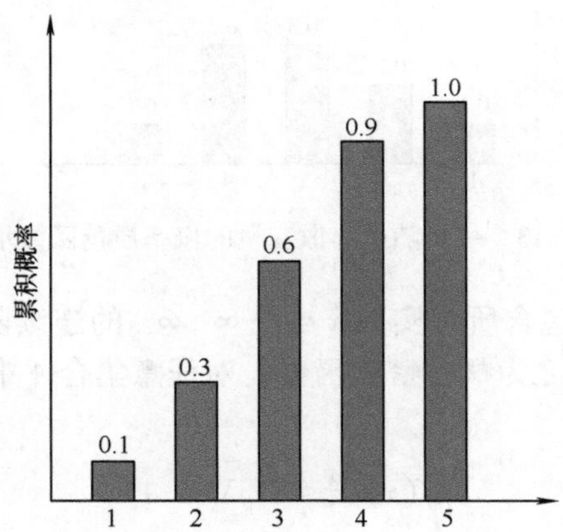

图 2.14　某个离散随机变量的分布函数示例

例 2.7　令一个连续随机变量 X 表示一台发电机的失效时间（以天计），其分布函数为 $F(x)$，那么该发电机将在第二天和第三天内($A=[2,3]$)失效的概率是多少？

此概率可由下式计算：

$$\begin{aligned}P\{X\in[2,3]\}&=P\{2\leqslant X\leqslant 3\}\\&=P\{X\in(-\infty,3)\}-P\{X\in(-\infty,2)\}\\&=F(3)-F(2)\end{aligned}$$

对式（2.11）两边求导可得

$$\frac{\mathrm{d}F(a)}{\mathrm{d}a}=F'(a)=f(a) \tag{2.12}$$

这表示通过对分布函数求导可以得到概率密度函数，相当于

$$f(a)=\lim_{\Delta a\to 0}\frac{F(a+\Delta a)-F(a)}{\Delta a}=\lim_{\Delta a\to 0}\frac{P\{a\leqslant X\leqslant a+\Delta a\}}{\Delta a} \tag{2.13}$$

2.4.3　残存函数

如果一个连续随机变量表示某元件的失效时间，则其概率密度函数 $f(x)$ 可以确定该元件在某个特定时间失效的概率，其概率分布函数 $F(a)$ 则确定了该元件在 a 时内失效的概率。在可靠性分析中，有时候更关注元件在超过某个指定时间后失

效的概率，在这种情况下用与分布函数互补的所谓*残存函数*来计算更方便。

残存函数确定了一个元件在超过 a 时后仍正常运转的概率，记为 $R(a)$

$$R(a)=P\{X>a\} \tag{2.14}$$

式中，X 为表示该元件失效时间的随机变量。

残存函数既可以由概率密度函数计算，也可以由概率分布函数计算：

$$R(a)=P\{X>a\}=1-P\{X\leqslant a\}=1-F(a) \tag{2.15}$$

$$R(a)=P\{X>a\}=\int_a^{\infty} f(x)\,\mathrm{d}x \tag{2.16}$$

由式（2.12）可得

$$\frac{\mathrm{d}(1-R(a))}{\mathrm{d}a}=-R'(a)=f(a) \tag{2.17}$$

密度函数、分布函数或残存函数中任意一个都可以由其他两个来确定，换言之，我们可以互换地用这三个函数之一来表示某个随机变量。

2.4.4　风险率函数

在可靠性分析中另一个广泛使用的函数是*风险率函数*，记为 $h(a)$，经常用来描述表示某个元件失效时间的随机变量 X。

若某个元件在役时长为 a，则风险率函数定义了该元件在 a 时的失效率，由在 a 时故障的条件概率比率来计算，如式（2.18）所示：

$$h(a)=\lim_{\Delta a\to 0}\frac{P\{a\leqslant X\leqslant a+\Delta a \mid X>a\}}{\Delta a} \tag{2.18}$$

随着 $\Delta a\to 0$，风险率函数可写为 $h(a)\Delta a=P\{a\leqslant X\leqslant a+\Delta a \mid X>a\}$，表示当一个随机变量的值大于 a 时，其在区间$[a,a+\Delta a]$内取值的条件概率。若 X 表示一个元件的失效时间，则 $h(a)\Delta a$ 表示在元件截至 a 时都是正常运行（没有失效）的情况下，其在区间$[a,a+\Delta a]$内会发生失效的概率。

风险率函数在不同使用场合中有不同的名称，例如，不同寿命失效率、失效率、修复率以及死亡力等。该函数可由密度函数和残存函数计算如下，根据条件概率定理：

$$\begin{aligned}h(a)&=\lim_{\Delta a\to 0}\frac{P\{a\leqslant X\leqslant a+\Delta a\cap X>a\}}{\Delta a}\times\frac{1}{P\{X>a\}}\\&=\lim_{\Delta a\to 0}\frac{P\{a\leqslant X\leqslant a+\Delta a\}}{\Delta a}\times\frac{1}{P\{X>a\}}\\&=\frac{f(a)}{R(a)}\end{aligned} \tag{2.19}$$

根据式（2.17）：

$$h(a)=\frac{-R'(a)}{R(a)}=-\frac{\mathrm{d}}{\mathrm{d}a}[\ln R(a)] \tag{2.20}$$

对式（2.20）积分，可得

$$R(a) = \mathrm{e}^{-\int_0^a h(x)\mathrm{d}x} \tag{2.21}$$

此外

$$f(a) = h(a)\mathrm{e}^{-\int_0^a h(x)\mathrm{d}x} \tag{2.22}$$

我们可以根据式（2.21）和式（2.22）利用风险率函数唯一地确定概率密度函数和残存函数。三个函数可以用来相互计算，三者之间可以相互推导，数学关系如图 2.15 所示。

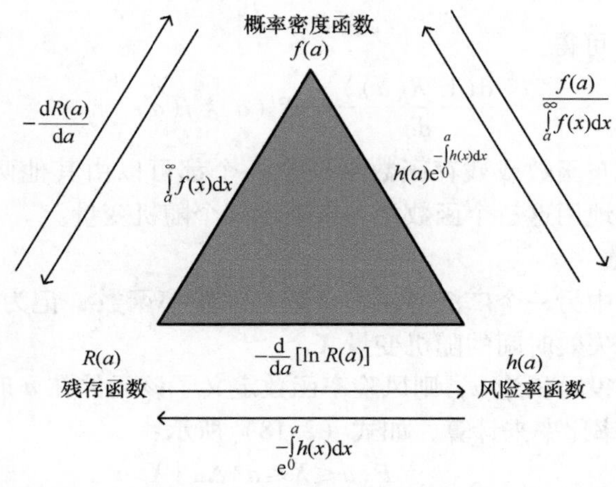

图 2.15　概率密度函数、残存函数和风险率函数定义之间的三角关系

2.5 联合分布的随机变量

前节只考虑了单随机变量，但有时我们还需要考虑两个或多个随机变量的联合概率特性。以一个由发电机和输电线组成的电力系统为例，发电容量和线路容量都具有概率特性，如果想知道系统总的可用容量，就必须用由某些分布函数所定义的两个随机变量来体现这两种不确定性，从而引发我们考虑存在两个或多个随机变量的情形。

如果考虑两个随机变量 X 和 Y，其联合概率分布函数定义如下：

$$F(a,b)=P\{X\leqslant a,Y\leqslant b\} \tag{2.23}$$

式中，a，$b\in(-\infty,\infty)$。

与单随机变量情形类似，两个离散随机变量 X 和 Y 的联合概率密度函数定义如下：

$$p(x,y)=P\{X=x,Y=y\} \tag{2.24}$$

如果是两个连续随机变量 X 和 Y，可定义一个对所有实数 x，$y\in(-\infty,\infty)$ 均成立的非负联合概率密度函数 $f(x,y)$；对任何集合 A、B 中的实数 $x\in A$，$y\in B$，函数 $f(x,y)$ 都必须满足以下条件：

$$\int_B \int_A f(x,y)\,\mathrm{d}x\mathrm{d}y = P\{X \in A, Y \in B\} \tag{2.25}$$

如果已知 X 和 Y 的联合概率密度函数，由于 $y \in (-\infty, \infty)$，可以求得 X 的概率密度函数为

$$f(x) = \int_{-\infty}^{\infty} f(x,y)\,\mathrm{d}y \tag{2.26}$$

类似地，Y 的概率密度函数为

$$f(y) = \int_{-\infty}^{\infty} f(x,y)\,\mathrm{d}x \tag{2.27}$$

如果两个随机变量相互独立，那么根据式（2.5）可得

$$F(a,b) = P\{X \leqslant a, Y \leqslant b\} = P\{X \leqslant a \cap Y \leqslant b\} = P\{X \leqslant a\}P\{Y \leqslant b\}$$

这意味着 $f(x,y) = f(x)f(y)$。

2.6 期望、方差、协方差和相关系数

一个随机变量可由密度函数、残存函数或风险率函数来表示，通过这些函数可以求得代表状态空间中不同结果的某个实值变量所对应的概率，但在有些情况中则倾向于用一个值来表示一个随机变量 X，该值被称为*期望*或*期望值*，表示为 $E[X]$ 或 μ。

某个随机变量的期望值是在一个长期实验中该变量随机取的所有可能实值的均值。对于一个离散随机变量 X，有

$$E[X] = \sum_i x_i P\{X = x_i\} \tag{2.28}$$

因此，期望是所有离散实值 x_i 的加权和，每个 x_i 的权重是当 X 值为 x_i 时的概率。

对于一个连续随机变量 X，若其密度函数为 $f(x)$，则有

$$E[X] = \int_{-\infty}^{\infty} x f(x)\,\mathrm{d}x \tag{2.29}$$

由式（2.28）、式（2.29）可以证明：对于一个随机变量 X，有 $E[aX+b] = aE[X]+b$。随机变量之和的期望值计算如下：

$$E\Big[\sum_i X_i\Big] = \sum_i E[X_i] \tag{2.30}$$

如果需要计算随机变量 X 的某个函数 $g(\cdot)$ 的期望值，由于该函数也是一个随机变量 $g(X)$，我们可以通过以下公式求得 $g(X)$ 的期望值。

对于一个离散随机变量：

$$E[g(X)] = \sum_i g(x_i) P\{X = x_i\} \tag{2.31}$$

对于一个连续随机变量：

$$E[g(X)] = \int_{-\infty}^{\infty} g(x) f(x)\,\mathrm{d}x \tag{2.32}$$

期望值只是一个描述某个随机变量的实值，但两个具有相同期望值的随机变量可能具有不同的变化特征，这由随机变量 X 的方差来度量，记为 $\mathrm{Var}(X)$ 或 σ^2，计算公式如下，为一个实值与其期望值 $E[X]$ 之差的平方的期望值：

$$\mathrm{Var}(X)=E[(X-E[X])^2] \tag{2.33}$$

对于一个离散随机变量：

$$\mathrm{Var}[X]=\sum_i (x_i-E[X])^2 P\{X=x_i\} \tag{2.34}$$

对于一个连续随机变量：

$$\mathrm{Var}[X]=\int_{-\infty}^{\infty}(x-E[X])^2 f(x)\,\mathrm{d}x \tag{2.35}$$

根据式（2.33），方差还可以计算如下：

$$\begin{aligned}\mathrm{Var}(X)&=E[X^2]-2E[XE[X]]+E[(E[X])^2]\\&=E[X^2]-2E[X]E[X]+(E[X])^2\\&=E[X^2]-(E[X])^2\end{aligned} \tag{2.36}$$

方差度量了一个随机变量与其均值 μ 的加权偏差，如果随机变量的实值是大概率远离 μ 的，则方差大；而如果随机变量的实值接近 μ，则方差小。

方差的平方根称为标准差，记为 σ。我们还可以计算联合分布随机变量的期望值。如果有两个随机变量 X 和 Y，其联合概率密度函数为 $f(x,y)$，则两个随机变量的函数 $g(X,Y)$ 的期望值可计算如下。

对于离散的 X 和 Y：

$$E[g(X,Y)]=\sum_i\sum_j g(x_i,y_j)P\{X=x_i,Y=y_j\} \tag{2.37}$$

对于连续的 X 和 Y：

$$E[g(X,Y)]=\int_{-\infty}^{\infty}\int_{-\infty}^{\infty}g(x,y)f(x,y)\,\mathrm{d}x\mathrm{d}y \tag{2.38}$$

如果 $g(X,Y)=aX+bY$，则可由式（2.39）求得其期望值：

$$\begin{aligned}E[g(X,Y)]&=\int_{-\infty}^{\infty}\int_{-\infty}^{\infty}(ax+by)f(x,y)\,\mathrm{d}x\mathrm{d}y\\&=\int_{-\infty}^{\infty}\int_{-\infty}^{\infty}axf(x,y)\,\mathrm{d}x\mathrm{d}y+\int_{-\infty}^{\infty}\int_{-\infty}^{\infty}byf(x,y)\,\mathrm{d}x\mathrm{d}y\\&=a\int_{-\infty}^{\infty}xf(x)\,\mathrm{d}x+b\int_{-\infty}^{\infty}yf(y)\,\mathrm{d}y\\&=aE[X]+bE[Y]\end{aligned} \tag{2.39}$$

一般地，对于 n 个随机变量，式（2.40）成立：

$$E[a_1X_1+a_2X_2+\cdots+a_nX_n]=a_1E[X_1]+a_2E[X_2]+\cdots+a_nE[X_n] \tag{2.40}$$

如果 $g(X,Y)=XY$，可得式（2.41）：

$$E[XY]=\int_{-\infty}^{\infty}\int_{-\infty}^{\infty}xyf(x,y)\,\mathrm{d}x\mathrm{d}y \tag{2.41}$$

如果 X 和 Y 是相互独立的，那么 $f(x,y)=f(x)f(y)$，期望值计算如下：

$$E[XY]=\int_{-\infty}^{\infty}\int_{-\infty}^{\infty}xyf(x)f(y)\,\mathrm{d}x\mathrm{d}y$$
$$=\left(\int_{-\infty}^{\infty}xf(x)\,\mathrm{d}x\right)\left(\int_{-\infty}^{\infty}yf(y)\,\mathrm{d}y\right)$$
$$=E[X]E[Y] \tag{2.42}$$

如果有两个随机变量 X 和 Y，其联合概率密度函数为 $f(x,y)$，这两个随机变量与各自期望值的偏差由所谓的协方差来度量，记为 $\mathrm{Cov}(X,Y)$，计算如下：

$$\mathrm{Cov}(X,Y)=E[(X-E[X])(Y-E[Y])] \tag{2.43}$$

即

$$\mathrm{Cov}(X,Y)=E[(X-E[X])(Y-E[Y])]$$
$$=E[XY-YE[X]-XE[Y]+E[X]E[Y]]$$
$$=E[XY]-E[X]E[Y]-E[Y]E[X]+E[X]E[Y]$$
$$=E[XY]-E[X]E[Y] \tag{2.44}$$

注意：如果 X 和 Y 是相互独立的，则有 $E[XY]=E[X]E[Y]$，$\mathrm{Cov}(X,Y)=0$。

对于联合离散随机变量：

$$\mathrm{Cov}(X,Y)=\sum_i\sum_j(x_i-E[X])(y_j-E[Y])P\{X=x_i,Y=y_j\} \tag{2.45}$$

对于联合连续随机变量：

$$\mathrm{Cov}(X,Y)=\int_{-\infty}^{\infty}\int_{-\infty}^{\infty}(x-E[X])(y-E[Y])f(x,y)\,\mathrm{d}x\mathrm{d}y \tag{2.46}$$

从协方差能看出两个变量一起变化的趋势，其含义是如果 X 和 Y 变化趋势相同，那么两个方差的符号相同——要么为正，要么为负，计算所得的协方差为正。如果 X 和 Y 变化趋势相反，那么两个变量的方差符号不同，协方差为负。然而，当 X 和 Y 相互独立时，协方差为零。由式（2.33）可见，$\mathrm{Var}(X)=E[(X-E[X])^2]$，也就是说 $\mathrm{Var}(X)=\mathrm{Cov}(X,X)$。

对任何随机变量 X、Y 和 Z，有

$$\mathrm{Cov}(X,Y+Z)=E[X(Y+Z)]-E[X]E[Y+Z]$$
$$=E[XY]+E[XZ]-E[X]E[Y]-E[X]E[Z]$$
$$=\mathrm{Cov}(X,Y)+\mathrm{Cov}(X,Z) \tag{2.47}$$

可利用此特性计算若干随机变量 X_i 之和的方差：

$$\mathrm{Var}\left(\sum_i X_i\right)=\mathrm{Cov}\left(\sum_i X_i,\sum_j X_j\right)$$
$$=\sum_i\sum_j\mathrm{Cov}(X_i,X_j)$$
$$=\sum_i\mathrm{Cov}(X_i,X_i)+2\sum_i\sum_{j<i}\mathrm{Cov}(X_i,X_j)$$
$$=\sum_i\mathrm{Var}(X_i)+2\sum_i\sum_{j<i}\mathrm{Cov}(X_i,X_j) \tag{2.48}$$

注意：当所有 X_i 是相互独立的时候，$\mathrm{Cov}(X_i,X_j)=0$，$\mathrm{Var}\left(\sum_i X_i\right)=\sum_i\mathrm{Var}(X_i)$。

另一个同样可以用来计算两个随机变量趋势的量是*相关系数*，记为 Corr(X,Y) 或 $\rho_{X,Y}$，相关系数没有量纲，其定义为

$$\operatorname{Corr}(X,Y)=\frac{\operatorname{Cov}(X,Y)}{\sqrt{(\operatorname{Var}(X)\operatorname{Var}(Y)}}=\frac{\operatorname{Cov}(X,Y)}{\sigma_X\sigma_Y} \tag{2.49}$$

由柯西-施瓦茨不等式可知，相关系数取值区间为$[-1,1]$，可以将其视为两个随机变量的协方差以各自标准方差的乘积为基准进行归一化后的值，它只能表明两个随机变量之间的线性相关性。如果两个随机变量相互独立，协方差为零，则相关系数也为零，但反之不成立，即如果相关系数为零，不能由此推断两个随机变量是相互独立的。

2.7 矩母函数

显然，如果有一个简单的随机变量函数 $g(X)=X^k$，计算当 $k=1$ 和 2 时的期望值，就可以得到该随机变量的期望值 $E[X]$ 和方差 $\operatorname{Var}(X)=E[X^2]-(E[X])^2$，函数 $g(X)$ 的期望值称为 X 的 k 阶*初始矩*或*原始矩*，记为 μ_k，定义为

$$\mu_k=E[X^k] \tag{2.50}$$

对于一个离散随机变量 X，有

$$\mu_k=\sum_i x_i^k P\{X=x_i\} \tag{2.51}$$

对于一个密度函数为 $f(x)$ 的连续随机变量 X，有

$$\mu_k=\int_{-\infty}^{\infty} x^k f(x)\mathrm{d}x \tag{2.52}$$

一个随机变量的一阶初始矩为其期望值，即 $\mu_1=E[X]$；类似地，可定义 X 的 *k 阶中心矩*，记为 μ_k'，如式（2.53）所示：

$$\mu_k'=E[(X-E[X])^k] \tag{2.53}$$

对于一个离散随机变量 X，有

$$\mu_k'=\sum_i (x_i-E[X])^k P\{X=x_i\} \tag{2.54}$$

对于一个密度函数为 $f(x)$ 的连续随机变量 X，有

$$\mu_k'=\int_{-\infty}^{\infty}(x-E[X])^k f(x)\mathrm{d}x \tag{2.55}$$

一个随机变量的二阶中心矩为其方差，即 $\mu_2'=E[(X-E[X])^2]$。

如果一个随机变量以其期望值为轴对称分布，则其奇数阶中心距为零。随机变量分布的非对称性可由奇数阶中心距来检测，通过以下所谓*倾斜度*的表达式来评估：

$$\text{Skew}=\frac{\mu_3'}{\sqrt{\mu_2'^3}} \tag{2.56}$$

可将原始矩转换成中心矩，反之亦然。类似地，计算两个或多个随机变量

$X_i(i=1,2,\cdots,n)$的矩如下：

$$\mu(k_1,k_2,\cdots,k_n)=E[X_1^{k_1}X_2^{k_2}\cdots X_n^{k_n}]$$

$$\mu'(k_1,k_2,\cdots,k_n)=E[(X_1-E[X_1])^{k_1}(X_2-E[X_2])^{k_2}\cdots(X_n-E[X_n])^{k_n}] \tag{2.57}$$

矩是一种强大的工具，可以用来映射两种分布，也可以将原始数据拟合成某种分布，或者将一个离散的分布近似为一个连续的分布。一个随机变量 X 的矩可由一个*矩母函数*生成，记为 $\phi(t)$，定义为

$$\phi(t)=E[e^{tX}] \tag{2.58}$$

该函数对时间进行一阶求导：

$$\phi'(t)=\frac{d}{dt}\phi(t)=\frac{d}{dt}E[e^{tX}]=E\left[\frac{d}{dt}e^{tX}\right]=E[Xe^{tX}] \tag{2.59}$$

该函数对时间进行二阶求导：

$$\phi''(t)=\frac{d^2}{dt}\phi(t)=\frac{d}{dt}E[Xe^{tX}]=E\left[\frac{d}{dt}Xe^{tX}\right]=E[X^2e^{tX}] \tag{2.60}$$

若令 $t=0$，则有 $\phi'(0)=E[X]$，$\phi''(0)=E[X^2]$，这意味着只要对矩母函数相继求导，令 $t=0$ 就可以求出各阶矩。

一般地

$$E[X^k]=\phi^{(k)}(0) \tag{2.61}$$

两个独立随机变量之和$(X+Y)$的矩也可以用矩母函数来计算，此时矩母函数如式（2.62）所示：

$$\phi_{X+Y}(t)=E[e^{t(X+Y)}]=E[e^{tX}e^{tY}]=E[e^{tX}]E[e^{tY}]=\phi_X(t)\phi_Y(t) \tag{2.62}$$

一般地，令 $Y=\sum_i X_i$ 为独立随机变量 $X_i(i=1,2,\cdots,n)$之和，其矩母函数可利用式（2.63）求得：

$$\phi_Y(t)=E[e^{t\sum_i X_i}]=E\left[\prod_i e^{tX_i}\right]=\prod_i E[e^{tX_i}]=\prod_i \phi_{X_i}(t) \tag{2.63}$$

注意：矩母函数唯一地确定了分布函数。

可靠性分析中经常要处理表示时间的随机变量 X，也就是说随机变量的值只可能从零到无穷大，这时随机变量的矩可用其密度函数 $f(x)$的拉普拉斯变换来计算，记为$\bar{f}(s)$，其中 s 为复变量。

$$L[f(x)]=\bar{f}(s)=\int_0^\infty f(x)e^{-sx}dx=E[e^{-sX}] \tag{2.64}$$

式（2.64）与式（2.58）定义的矩母函数相似，区别仅在于变量 s 前有个负号。

k 阶初始矩可以由密度函数的拉普拉斯变换来计算：

$$E[X^k]=(-1)^k\bar{f}^{(k)}(0) \tag{2.65}$$

分布函数也可以用矩来辅助构建，利用式（2.64）的泰勒展开以及 $e=\sum_{k=0}^{\infty}\frac{\alpha^k}{k!}$，有

$$\begin{aligned}\bar{f}(s) &= E\left[\sum_{k=0}^{\infty}\frac{(-sX)^k}{k!}\right]\\ &= E\left[\sum_{k=0}^{\infty}\frac{(-1)^k s^k X^k}{k!}\right]\\ &= \sum_{k=0}^{\infty}(-1)^k\frac{s^k}{k!}E[X^k]\\ &= \sum_{k=0}^{\infty}(-1)^k\frac{s^k}{k!}\mu_k\end{aligned} \tag{2.66}$$

如果已知一个随机变量的各阶矩，我们就可以利用式（2.66）来构建一个分布函数。

2.8 随机变量函数

本节讨论电力系统可靠性领域中经常用到的一些随机变量，包括离散变量和连续变量。

2.8.1 服从伯努利分布的随机变量

服从伯努利分布的随机变量 X 是一个离散随机变量，其结果只可能是“成功”或“失败”，也称为伯努利试验。在电力系统可靠性分析中，经常用这种分布来表示一条输电线的状态（Up 或 Down），如果是 Down，则离散随机变量值为 0；如果是 Up，则为 1。服从伯努利分布的随机变量用以下概率质量函数表征：

$$P\{X=0\}=1-p \tag{2.67}$$

$$P\{X=1\}=p \tag{2.68}$$

式中，p 表示“成功”的概率，其值在 0、1 之间。

显然，伯努利分布只考虑了一个元件的两种可能的结果，下一类分布将考虑多个元件的多个结果。

2.8.2 服从二项分布的随机变量

如果一个发电系统中有 n 台相同的发电机，每台发电机独立运行，正常运行（“成功”）的概率为 p，则发生失效的概率为 $1-p$。我们关注的是有多少台机组正常运行。令 X 为 n 台发电机中正常运行的机组台数，取值为 $0,1,2,\cdots,n$。

如果认为一个离散随机变量 X 服从参数为(n,p)的二项分布，则其概率质量函数如式（2.69）所示：

$$P\{X=a\}=\binom{n}{a}p^a(1-p)^{n-a} \tag{2.69}$$

式中，$\binom{n}{a}=\dfrac{n!}{a!(n-a)!}$。

X 的期望值 $E[X]=np$，方差 $\mathrm{Var}[X]=np(1-p)$。

例 2.8 若一个系统中有三台相同且独立运行的发电机，每台正常运行的概率

为 0.9，则两台发电机正常运行的概率为多少？

此例中，随机变量 X 服从参数为(3,0.9)的二项分布，两台发电机正常运行的概率为

$$P\{X=2\}=\binom{3}{2}0.9^2(1-0.9)=0.243$$

通常，n 次独立试验的结果用二项分布来描述，每个试验结果要么是“成功”，概率为 p；要么是“失败”，概率为 $1-p$；一个服从二项分布的随机变量 X 则表示了在 n 次独立试验中“成功”的次数。

考虑一种试验了很多次、并且成功概率较小的情形，令 Λ 为 n 次独立试验中成功的次数，成功的概率可近似用 $p=\Lambda/n$ 来计算，则

$$\begin{aligned}P\{X=a\}&=\binom{n}{a}p^a(1-p)^{n-a}\\&=\frac{n!}{a!(n-a)!}\left(\frac{\Lambda}{n}\right)^a\left(1-\frac{\Lambda}{n}\right)^{n-a}\end{aligned}\tag{2.70}$$

当 $n\to\infty$ 时，利用二项式数列 $(1+\gamma)^\alpha=\sum_{k=0}^{\infty}\binom{\alpha}{k}\gamma^k$ 以及泰勒展开 $e^\alpha=\sum_{k=0}^{\infty}\frac{\alpha^k}{k!}$，可得近似表达式

$$\begin{aligned}\left(1-\frac{\Lambda}{n}\right)^{n-a}&\approx\left(1-\frac{\Lambda}{n}\right)^n\\&=1+\binom{n}{1}\frac{-\Lambda}{n}+\binom{n}{2}\left(\frac{-\Lambda}{n}\right)^2+\cdots\\&\approx1-\Lambda+\frac{\Lambda^2}{2!}-\frac{\Lambda^3}{3!}+\cdots\\&=e^{-\Lambda}\end{aligned}\tag{2.71}$$

则概率利用式（2.72）计算：

$$\begin{aligned}P\{X=a\}&=\frac{(n(n-1)\cdots(n-a+1)(n-a)!)}{a!(n-a)!}\frac{\Lambda^a}{n^a}e^{-\Lambda}\\&=\frac{(n(n-1)\cdots(n-a+1))}{a!}\frac{\Lambda^a}{n^a}e^{-\Lambda}\end{aligned}\tag{2.72}$$

当 $n\to\infty$ 时，$n(n-1)\cdots(n-a+1)\approx n^a$，则式（2.73）成立：

$$P\{X=a\}=\frac{\Lambda^a}{a!}e^{-\Lambda}\tag{2.73}$$

式（2.73）表明当试验次数非常多时，成功 a 次的概率可以用经过长期试验得到的成功次数的平均值 Λ 来计算，这就引出了下一个分布——泊松分布。

2.8.3　服从泊松分布的随机变量

服从泊松分布的随机变量 X 是一个离散随机变量，取值为 0,1,2,……，参数

为 $\Lambda(\Lambda>0)$，其概率质量函数如式（2.74）所示：

$$P\{X=a\}=\frac{\Lambda^a}{a!}\mathrm{e}^{-\Lambda} \tag{2.74}$$

X 的期望值 $E[X]=\Lambda$，方差 $\mathrm{Var}[X]=\Lambda$。

假设发生某个结果（成功或者失败）的次数的平均值或期望值为 Λ，那么在固定的一段时间内，该结果发生的次数常常用服从泊松分布的随机变量来描述。例如，在可靠性分析中，若已知一个元件的平均失效次数为 Λ，则通常用服从泊松分布的随机变量来描述该元件在一定时间内的失效次数。

例 2.9 一条输电线每年平均失效 2 次，如果失效次数服从泊松分布，则该输电线在 5 年内发生 2 次失效的概率是多大？在 10 年内发生 3 次失效的概率是多大？

如果令一个服从泊松分布的随机变量 X_5 表示 5 年内的失效次数，其 5 年内发生失效的期望值或平均值为 $\Lambda_5=2\times5=10$ 次，则该随机变量的概率质量函数为

$$P\{X_5=a\}=\frac{10^a}{a!}\mathrm{e}^{-10}$$

5 年内发生 2 次失效的概率为 $P\{X_5=2\}=\frac{10^2}{2!}\mathrm{e}^{-10}=0.00227$。

类似地，令服从泊松分布的随机变量 X_{10} 表示 10 年内的失效次数，其 10 年内发生失效的期望值或平均值为 $\Lambda_{10}=2\times10=20$ 次，则该随机变量的概率质量函数为

$$P\{X_{10}=a\}=\frac{20^a}{a!}\mathrm{e}^{-20}$$

10 年内发生 3 次失效的概率为 $P\{X_{10}=3\}=\frac{20^3}{3!}\mathrm{e}^{-20}=4.12\times10^{-7}$。

如果在进行过长期试验之后发现，一段时间 t 内的失效次数为 Λ，则平均失效次数为 $\lambda=\frac{\Lambda}{t}$，这就是单位时段内失效发生的平均次数，概率质量函数如式（2.75）所示：

$$P\{X=a\}=\frac{(\lambda t)^a}{a!}\mathrm{e}^{-\lambda t} \tag{2.75}$$

如果在此时段内失效次数为零，则

$$P\{X=0\}=\mathrm{e}^{-\lambda} \tag{2.76}$$

本章后面将会看到，式（2.76）就是众所周知的连续随机变量分布函数——指数分布函数。

2.8.4 服从均匀分布的随机变量

如果一个连续随机变量的概率密度函数如式（2.77）所示，则称其是在区间 (α,β) 上均匀分布的：

$$f(x)=\begin{cases}\dfrac{1}{\beta-\alpha} & 如果\ \beta<x<\alpha \\ 0 & 其他\end{cases} \tag{2.77}$$

概率分布函数如式（2.78）所示：

$$f(x)=\begin{cases}0 & 如果\ a\leqslant\beta \\ \dfrac{a-\alpha}{\beta-\alpha} & 如果\ \beta<a<\alpha \\ 1 & 如果\ a\geqslant\beta\end{cases} \tag{2.78}$$

进行蒙特卡洛仿真时经常用均匀分布来生成随机数。

2.8.5　服从指数分布的随机变量

服从指数分布的随机变量 X 是 $[0,\infty)$ 上的一个非负随机变量，其概率密度函数如式（2.79）所示：

$$f(x)=\lambda e^{-\lambda x} \tag{2.79}$$

式中，λ 为常数且 $\lambda>0$。

概率分布函数为

$$F(a)=1-e^{-\lambda a} \tag{2.80}$$

如果进行拉普拉斯变换如下，就可以由矩母函数式（2.81）求得各阶矩 s_j：

$$E[X^k]=(-1)^k\bar{f}^{(k)}(0) \tag{2.81}$$

其中

$$L[f(x)]=\bar{f}(s)=\int_0^\infty f(x)e^{-sx}dx=\frac{\lambda}{\lambda+s} \tag{2.82}$$

一阶矩即期望值，由式（2.83）求得：

$$E[X]=-\frac{d\bar{f}(s)}{ds}\bigg|_{s=0}=\frac{\lambda}{(\lambda+s)^2}\bigg|_{s=0}=\frac{1}{\lambda} \tag{2.83}$$

类似地，二阶矩由式（2.84）求得：

$$E[X^2]=-\frac{d^2\bar{f}(s)}{ds}\bigg|_{s=0}=\frac{2\lambda}{(\lambda+s)^3}\bigg|_{s=0}=\frac{2}{\lambda^2} \tag{2.84}$$

则方差可由式（2.85）求得：

$$\mathrm{Var}(X)=E[X^2]-(E[X])^2=\frac{1}{\lambda^2} \tag{2.85}$$

如果 X 表示一个元件的失效时间，则 X 的期望值就是该元件失效时间的期望值，λ 称为该元件的失效率。残存函数如式（2.86）所示：

$$R(a)=\int_a^\infty f(x)dx=e^{-\lambda a} \tag{2.86}$$

风险率函数由式（2.87）求得：

$$h(a)=\frac{f(a)}{R(a)}=\lambda \tag{2.87}$$

前已述及，假设元件在役时长为 a，风险率函数定义了该元件在 a 时失效的条件概率比率。随着 $\Delta a \to 0$，风险率函数可写为 $h(a)\Delta a = P\{a \leqslant X \leqslant a+\Delta a \mid X>a\}$。如果风险率为常数，则意味着一个元件无论已经运行了多长时间，它都会以一定的比率发生故障，该特性被称为无记忆性，可以通过计算元件的剩余寿命来证明。

若一个随机变量 X 表示一个元件的失效时间，假设该元件截至 t 时都是无故障运行，令 $Y=X-t$ 表示该元件的剩余寿命，则

$$F_Y(a)=\Pr\{Y \leqslant a \mid X>t\} \tag{2.88}$$

式（2.88）为随机变量 Y 的分布函数 $F_Y(a)$，表示该元件的剩余寿命，根据条件概率定律，有

$$\begin{aligned} F_Y(a) &= \Pr\{Y \leqslant a \mid X>t\} \\ &= \Pr\{X-t \leqslant a \mid X>t\} \\ &= \frac{\Pr\{t<X \leqslant a+t\}}{\Pr\{X>t\}} \\ &= \frac{\int_t^{a+t} \lambda \mathrm{e}^{-\lambda x}\mathrm{d}x}{\mathrm{e}^{-\lambda t}} \\ &= 1-\mathrm{e}^{-\lambda a} \end{aligned} \tag{2.89}$$

由于 X 服从指数分布，其概率分布函数 $F_X(a)$ 如式（2.80）所示，和式(2.89）完全相同，这意味着剩余寿命 Y 也是服从指数分布的，即一个元件剩余寿命的分布不依赖于其已经运行的时间，元件不会因为自身逐渐劣化而失效，而是随机地失效；也就是说，该元件不会老化。因为风险率函数唯一地确定了分布函数，根据式（2.87）可知，指数分布是唯一一种具有无记忆特性的分布。

泊松分布与指数分布有一定关联。前已述及，假设发生某个结果（成功或者失败）的次数的平均值或期望值为 Λ，那么在固定的时间 t 内该结果发生的次数常常服从泊松分布。令随机变量 X 表示在时段$(0,t)$内发生失效的次数且服从泊松分布，则该时段内的平均失效次数为 $\lambda=\frac{\Lambda}{t}$。由式（2.76）可知，若该时段内失效次数为零，则概率为 $P\{X=0\}=\mathrm{e}^{-\lambda t}$。换言之，如果一个系统在时段（$0,t$）内无故障运行，也就意味着该系统将在 t 时之后发生故障。

令 Y 表示该系统发生故障的时间，则 $\Pr\{Y>t\}=\mathrm{e}^{-\lambda t}$，可得

$$F_Y(t)=\Pr\{Y \leqslant t\}=1-\Pr\{Y>t\}=1-\mathrm{e}^{-\lambda t}$$

上式说明随机变量 Y 服从指数分布，因此可以得出结论：对于一个服从泊松分布的随机变量 X，如果我们关注的是故障发生相隔的时间，并将其用一个连续随机变量 Y 来表示，则 Y 是服从指数分布的。

2.8.6 服从正态分布的随机变量

服从正态分布的随机变量 X 是在 $(-\infty,\infty)$ 区间上的一个连续随机变量，参数为 μ 和 σ^2，可表示为 $X\sim N(\mu,\sigma^2)$；概率密度函数如式（2.90）所示。

$$f(x)=\frac{1}{\sigma\sqrt{2\pi}}\mathrm{e}^{\frac{-(x-\mu)^2}{2\sigma^2}},\ x\in(-\infty,\infty) \tag{2.90}$$

正态分布是一个以随机变量均值 μ 为中心对称分布的钟形曲线，该随机变量的方差为 $\mathrm{Var}[X]=\sigma^2$。

概率分布函数如式（2.91）所示：

$$F(x)=\frac{1}{\sigma\sqrt{2\pi}}\int_{-\infty}^{x}\mathrm{e}^{\frac{-(x-\mu)^2}{2\sigma^2}}\mathrm{d}x \tag{2.91}$$

令 $z=\frac{(x-\mu)}{\sigma}$，$\mathrm{d}x=\sigma\mathrm{d}z$，可得

$$F(x)=\frac{1}{2\pi}\int_{-\infty}^{\frac{x-\mu}{\sigma}}\mathrm{e}^{-\frac{z^2}{2}}\mathrm{d}z \tag{2.92}$$

式（2.92）中的积分无法显式表达，其值只能用数值积分法求得（列表形式）。

我们还可以用矩母函数计算均值和方差如下：

$$\phi(t)=E[\mathrm{e}^{tX}]=\frac{1}{\sigma\sqrt{2\pi}}\int_{-\infty}^{\infty}\mathrm{e}^{tx-\frac{(x-\mu)^2}{2\sigma^2}}\mathrm{d}x \tag{2.93}$$

令 $z=\frac{(x-\mu)}{\sigma}$，$\mathrm{d}x=\sigma\mathrm{d}z$，可得

$$\begin{aligned}\phi(t)&=\frac{1}{\sigma\sqrt{2\pi}}\int_{-\infty}^{\infty}\mathrm{e}^{t(\sigma z+\mu)-\frac{z^2}{2}}\mathrm{d}z\\&=\frac{\mathrm{e}^{t\mu}}{\sqrt{2\pi}}\int_{-\infty}^{\infty}\mathrm{e}^{-\frac{(z-\sigma t)^2}{2}+\frac{\sigma^2t^2}{2}}\mathrm{d}z\\&=\mathrm{e}^{t\mu+\frac{\sigma^2t^2}{2}}\frac{1}{\sqrt{2\pi}}\int_{-\infty}^{\infty}\mathrm{e}^{-\frac{(z-\sigma t)^2}{2}}\mathrm{d}z\end{aligned}$$

令 $w=z-\sigma t$，$\mathrm{d}w=\mathrm{d}z$，可得

$$\phi(t)=\mathrm{e}^{t\mu+\frac{\sigma^2t^2}{2}}\frac{1}{\sqrt{2\pi}}\int_{-\infty}^{\infty}\mathrm{e}^{-\frac{w^2}{2}}\mathrm{d}w=\mathrm{e}^{t\mu+\frac{\sigma^2t^2}{2}} \tag{2.94}$$

一阶矩为 $\phi'^{(0)}=E[X]=\mu$，二阶矩为 $\phi''^{(0)}=E[X^2]=\mu^2+\sigma^2$；均值和方差与前述相同。

当该函数均值为 0、方差为 1 时，得到正态分布随机变量的特殊形式：$Z\sim N(0,\sigma^2)$，该随机变量 Z 称为服从标准正态分布，密度函数为

$$f(z)=\frac{1}{\sqrt{2\pi}}\mathrm{e}^{-\frac{z^2}{2}},\ z\in(-\infty,\infty) \tag{2.95}$$

需要注意的是，服从正态分布的随机变量可以取实轴上的任意值，当随机变量 $X\sim N(\mu,\sigma^2)$ 表示一个元件的运行时间时，需要对该函数进行修改，以体现实际的运行时间只能为正，这可以通过截取正态分布实现，如式（2.96）所示：

$$f(x)=\frac{1}{\alpha\sigma\sqrt{2\pi}}\mathrm{e}^{-\frac{(x-\mu)^2}{2\sigma^2}},\ x\in[0,\infty) \tag{2.96}$$

式中，α 为一个归一化的参数，$\alpha=\frac{1}{\sigma\sqrt{2\pi}}\int_0^\infty \mathrm{e}^{-\frac{(x-\mu)^2}{2\sigma^2}}\mathrm{d}x$。

残存函数和风险率函数可由式（2.16）和式（2.20）求得，需要注意的是，正态分布的风险率函数是单调递增的，如图 2.16 所示。

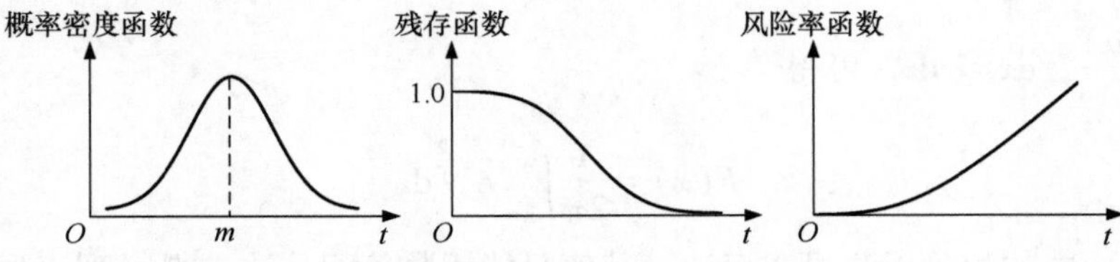

图 2.16　一个正态分布随机变量的特征

2.8.7　服从对数正态分布的随机变量

服从对数正态分布的随机变量 X 是在 $(0,\infty)$ 区间上的一个连续随机变量，参数为 μ 和 σ^2；并且 $Y=\log X$ 也服从正态分布，参数也为 μ 和 σ^2。由于对数是非递减函数

$$F_X(x)=\Pr\{X\leqslant x\}=\Pr\{\log X\leqslant \log x\}=\Pr\{Y\leqslant y\}=F_Y(y)$$

利用链式求导

$$\begin{aligned} f_X(x)&=\frac{\mathrm{d}}{\mathrm{d}x}F_X(x)\\ &=\frac{\mathrm{d}}{\mathrm{d}x}F_Y(y)\\ &=f_Y(y)\frac{\mathrm{d}y}{\mathrm{d}x}\\ &=f_Y(\log x)\frac{\mathrm{d}y}{\mathrm{d}x}\\ &=\frac{1}{x}f_Y(\log x) \end{aligned}$$

X 的概率密度函数为

$$f(x)=\frac{1}{x\sigma\sqrt{2\pi}}\mathrm{e}^{-\frac{(\log x-\mu)^2}{2\sigma^2}}\qquad x\in(0,\infty) \tag{2.97}$$

此随机变量的均值和方差可由矩母函数求得。由于 $Y=\log X$ 服从正态分布，其矩母函数如式（2.94）所示，由于 $X=\mathrm{e}^Y$，可得

$$E[X]=E[\mathrm{e}^Y] \tag{2.98}$$

根据 $\phi_Y(t)=E[\mathrm{e}^{tY}]=\mathrm{e}^{t\mu+\frac{\sigma^2t^2}{2}}$，令 $t=1$，可以得到 X 的均值 $E[X]=\mathrm{e}^{\mu+\frac{\sigma^2}{2}}$。类似地，根据 $E[X^2]=E[\mathrm{e}^{2Y}]$，令 $t=2$，可得 $E[X^2]=\mathrm{e}^{2\mu+2\sigma^2}$。方差可由式（2.99）求得：

$$\mathrm{Var}(X)=E[X^2]-(E[X])^2=\mathrm{e}^{2(\mu+\sigma^2)}-\mathrm{e}^{2\mu+\sigma^2} \tag{2.99}$$

对数正态分布的风险率函数如图 2.17 所示，表明该函数不是单调递增的，这显然无法模拟一个物理元件的寿命，但在有些情况下，这种分布很好地拟合了修复时间。

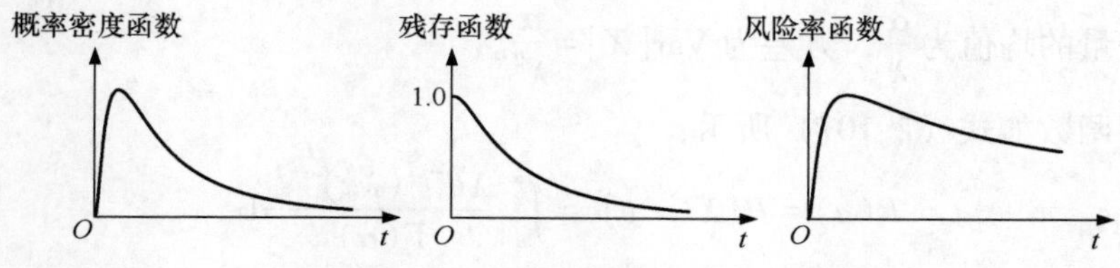

图 2.17　一个对数正态分布随机变量的特征

2.8.8　服从伽马分布的随机变量

服从伽马分布的随机变量 X 是在 $(0,\infty)$ 区间上的一个连续随机变量，参数为 $\lambda>0$，$\alpha>0$，概率密度函数如式（2.100）所示：

$$f(x)=\frac{\lambda\mathrm{e}^{-\lambda x}(\lambda x)^{\alpha-1}}{\Gamma(\alpha)} \qquad x\in[0,\infty) \tag{2.100}$$

式中，$\Gamma(\alpha)$ 是伽马函数，由式（2.101）定义：

$$\Gamma(\alpha)\equiv\int_0^\infty z^{\alpha-1}\mathrm{e}^{-z}\mathrm{d}z \tag{2.101}$$

注意：当 α 是一个正整数的时候，可将 $\Gamma(\alpha)$ 写为 $\Gamma(\alpha)=(\alpha-1)!$，因此 $\Gamma(1)=\Gamma(2)=1$；利用分部积分可得，$\Gamma(\alpha+1)=\alpha\Gamma(\alpha)$。

概率分布函数计算如下：

$$F(a)=\frac{1}{\Gamma(\alpha)}\int_0^a\lambda\mathrm{e}^{-\lambda x}(\lambda x)^{\alpha-1}\mathrm{d}x$$

代入 $z=\lambda x$，$\mathrm{d}z=\lambda\mathrm{d}x$，可得：

$$F(a)=\frac{1}{\Gamma(\alpha)}\int_0^{\lambda a}\mathrm{e}^{-z}z^{\alpha-1}\mathrm{d}z \tag{2.102}$$

当 α 是整数时，可利用分部积分求得分布函数

$$F(a)=1-\sum_{k=0}^{\alpha-1}\frac{\lambda\mathrm{e}^{-\lambda a}(\lambda a)^k}{k!} \quad (\alpha\text{ 为整数}) \tag{2.103}$$

X 的 k 阶矩可直接计算如下：

$$E[X^k]=\int_0^{\infty}\frac{\lambda e^{-\lambda x}x^k(\lambda x)^{\alpha-1}}{\Gamma(\alpha)}dx$$

代入 $z=\lambda x$，$dz=\lambda dx$，可得

$$E[X^k]=\frac{1}{\lambda^k\Gamma(\alpha)}\int_0^{\infty}e^{-z}z^{k+\alpha-1}dz=\frac{\Gamma(k+\alpha)}{\lambda^k\Gamma(\alpha)} \tag{2.104}$$

一阶、二阶矩可计算如下：

$$E[X]=\frac{\Gamma(\alpha+1)}{\lambda\Gamma(\alpha)}=\frac{\alpha\Gamma(\alpha)}{\lambda\Gamma(\alpha)}=\frac{\alpha}{\lambda} \tag{2.105}$$

$$E[X^2]=\frac{\Gamma(\alpha+2)}{\lambda^2\Gamma(\alpha)}=\frac{\alpha^2}{\lambda^2} \tag{2.106}$$

此随机变量的均值为$\frac{\alpha}{\lambda}$，方差为 $\mathrm{Var}[X]=\frac{\alpha}{\lambda^2}$。

残存函数如式（2.107）所示：

$$R(a)=P\{X>a\}=\int_a^{\infty}\frac{\lambda e^{-\lambda x}(\lambda x)^{\alpha-1}}{\Gamma(\alpha)}dx \tag{2.107}$$

服从伽马分布的随机变量的风险率函数为

$$h(a)=\frac{f(a)}{R(a)}=\frac{1}{\int_a^{\infty}e^{-\lambda(x-a)}\left(\frac{x}{a}\right)^{\alpha-1}dx}$$

令 $z=x-a$，$dz=dx$，则

$$h(a)=\frac{1}{\int_0^{\infty}e^{-\lambda z}\left(1+\frac{z}{a}\right)^{\alpha-1}dz} \tag{2.108}$$

注意：如果 $\alpha=1$，则 $\int_0^{\infty}e^{-\lambda z}dz=\lambda$ 是一个常数。如果 $\alpha>1$，则风险率函数递增；如果 $0<\alpha<1$，则风险率函数递减，如图 2.18 所示。

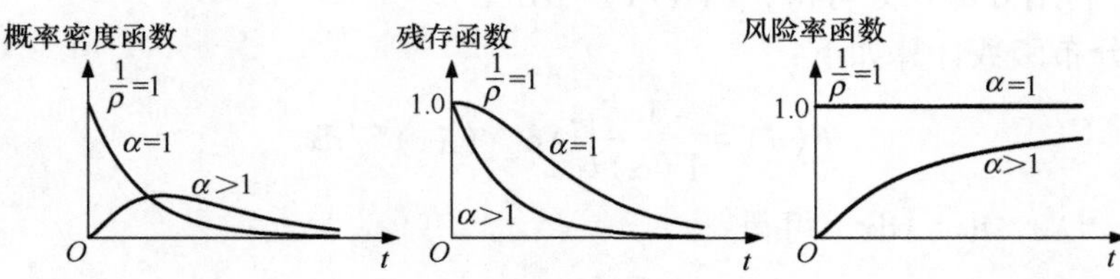

图 2.18 一个伽马分布随机变量的特征

2.8.9 服从威布尔分布的随机变量

服从威布尔分布的随机变量 X 是在$(0,\infty)$区间上的一个连续随机变量，参数

为 $\lambda>0$，$\alpha>0$；如果 Y 是服从参数为 λ 的指数分布，则 $X=Y^{\frac{1}{\alpha}}$ 或 $Y=X^{\alpha}$，这意味着指数分布随机变量是威布尔分布随机变量在 $\alpha=1$ 时的特例。由于 $\alpha>0$：

$$F_X(x)=\Pr\{X\leqslant x\}=\Pr\{X^{\alpha}\leqslant x^{\alpha}\}=\Pr\{Y\leqslant y\}=F_Y(y)$$

因此，概率分布函数如式（2.109）所示：

$$F_X(x)=1-\mathrm{e}^{-\lambda y}=1-\mathrm{e}^{-\lambda x^{\alpha}} \quad x\in(0,\infty) \tag{2.109}$$

利用链式求导，可得

$$\begin{aligned} f_X(x) &= \frac{\mathrm{d}}{\mathrm{d}x}F_X(x) \\ &= \frac{\mathrm{d}}{\mathrm{d}x}F_Y(y) \\ &= f_Y(y)\frac{\mathrm{d}y}{\mathrm{d}x} \\ &= f_Y(x^{\alpha})\frac{\mathrm{d}y}{\mathrm{d}x} \\ &= \alpha x^{\alpha-1}f_Y(x^{\alpha}) \end{aligned}$$

X 的概率密度函数如式（2.110）所示，也可以通过对式（2.109）求导得到：

$$f(x)=\alpha\lambda x^{\alpha-1}\mathrm{e}^{-\lambda x^{\alpha}} \quad x\in(0,\infty) \tag{2.110}$$

对于一个威布尔分布随机变量，更简单的做法是直接计算 k 阶矩如下：

$$E[X^k]=\int_0^{\infty}x^k\alpha\lambda x^{\alpha-1}\mathrm{e}^{-\lambda x^{\alpha}}\mathrm{d}x$$

代入 $z=\lambda x^{\alpha}$，$\mathrm{d}z=\alpha\lambda x^{\alpha-1}\mathrm{d}x$，可得

$$E[X^k]=\frac{1}{\lambda^{\frac{k}{\alpha}}}\int_0^{\infty}z^{\frac{k}{\alpha}}\mathrm{e}^{-z}\mathrm{d}z$$

如前所述，$\Gamma(\alpha)=\int_0^{\infty}z^{\alpha-1}\mathrm{e}^{-z}\mathrm{d}z$，我们可以利用伽马函数计算矩如下：

$$E[X^k]=\frac{1}{\lambda^{\frac{k}{\alpha}}}\Gamma\left(1+\frac{k}{\alpha}\right) \tag{2.111}$$

当 $k=1$ 时，得到期望值

$$E[X]=\frac{1}{\lambda^{\frac{1}{\alpha}}}\Gamma\left(1+\frac{1}{\alpha}\right) \tag{2.112}$$

当 $k=2$ 时，得到二阶矩：$E[X^2]=\frac{1}{\lambda^{\frac{2}{\alpha}}}\Gamma\left(1+\frac{2}{\alpha}\right)$。方差可通过一阶、二阶矩直接计算如下：

$$\mathrm{Var}[X]=\frac{1}{\lambda^{\frac{2}{\alpha}}}\Gamma(1+2/\alpha)-\left(\Gamma\left(1+\frac{2}{\alpha}\right)\right)^2 \tag{2.113}$$

残存函数如式（2.114）所示：

$$R(a)=P\{X>a\}=1-F(a)=\mathrm{e}^{-\lambda a^{\alpha}} \tag{2.114}$$

因此，风险率函数如式（2.115）所示：

$$h(x)=\frac{f(x)}{R(x)}=\frac{\alpha\lambda x^{\alpha-1}\mathrm{e}^{-\lambda x^{\alpha}}}{\mathrm{e}^{-\lambda x^{\alpha}}}=\alpha\lambda x^{\alpha-1} \tag{2.115}$$

由式（2.115）可见，如果 $\alpha=1$，则风险率函数为常数；如果 $\alpha>1$，则风险率函数递增；如果 $\alpha<1$，则风险率函数递减。因为这种灵活性，常常用服从威布尔分布的随机变量来模拟一个元件的失效时间。如图 2.19 所示为该分布的特征。

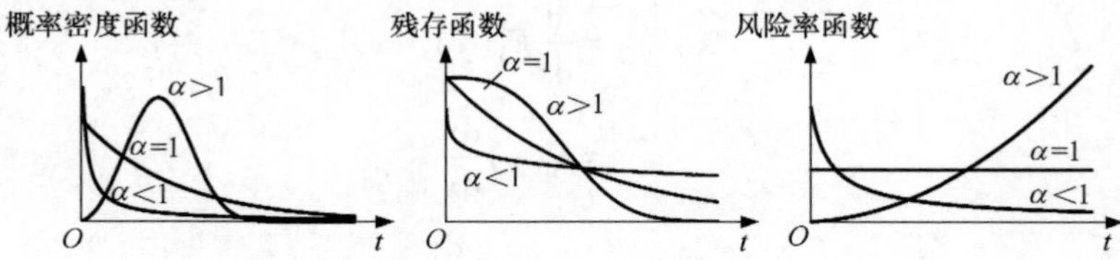

图 2.19　一个威布尔分布随机变量的特征

练习

2.1　如果一条输电线上发生故障的次数是一个服从泊松分布的随机变量，且每年平均故障 3 次，则两年内无故障发生的概率是多少？五年内至少发生 2 次故障的概率是多少？

2.2　假设一台变压器的寿命 t（年）服从均匀分布，当 $0<t\leqslant 4$ 时 $f(t)=a$，当 t 取其他值时 $f(t)=0$。求：①该变压器的风险率函数；②该变压器从刚投运到运行一年之间会发生失效的概率。

第 3 章

随机过程综述

3.1 引言

本章介绍随机过程的基本概念，主要侧重于离散马尔可夫过程和连续马尔可夫过程在电力系统可靠性分析中的应用。

如果有一个系统 A，假设由两条输电线组成，在第 2 章中我们用离散随机变量来描述两条输电线路的状态，如图 3.1 所示。

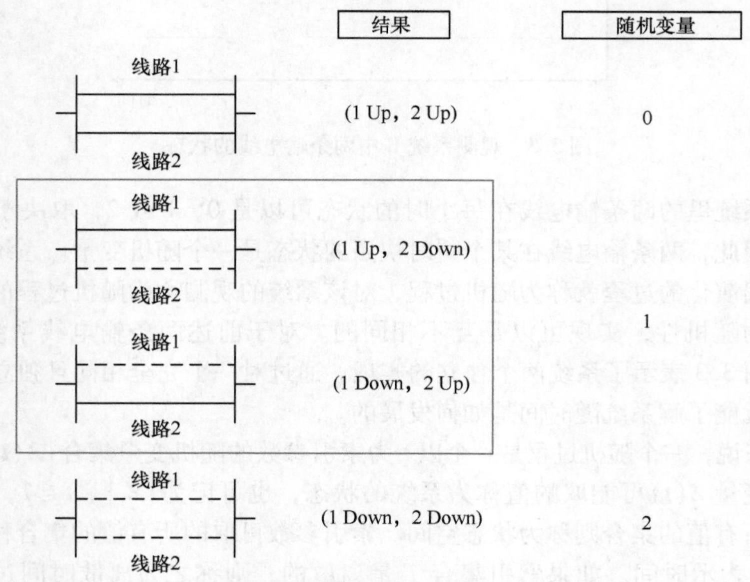

图 3.1　两条输电线的某个状态

我们可以在一段时间内观测两条输电线的状态，并将其离散随机变量随时间变化的函数值绘制成曲线，如图 3.2 所示。

如果另有一个完全相同的系统 B，其两条输电线的运行情况不依赖于系统 A。由于两个系统中的两条输电线完全相同，我们也可以观测系统 B 中两条输电线的状态，如图 3.3 所示。

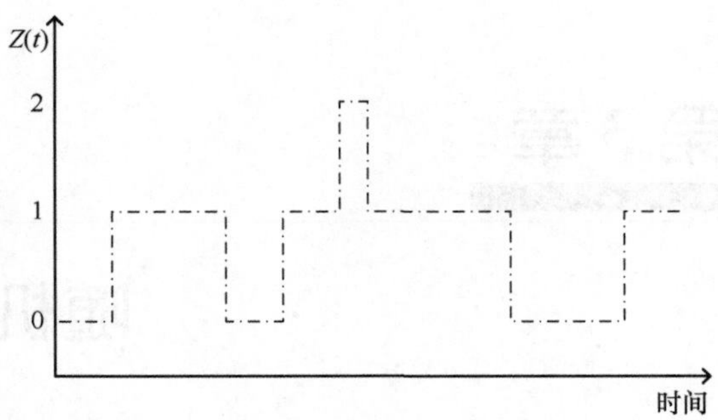

图 3.2　观测系统 A 中两条输电线的状态

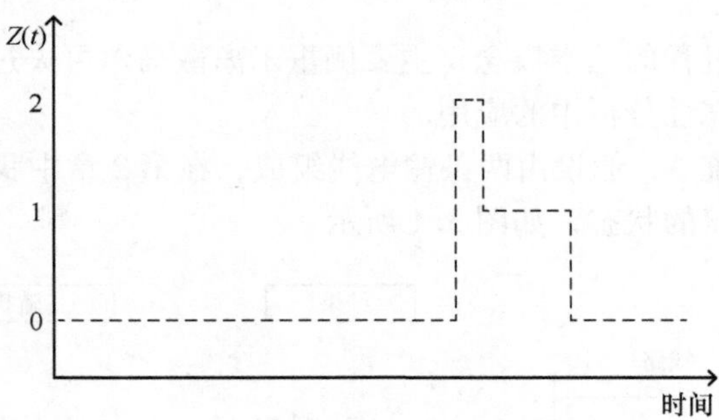

图 3.3　观测系统 B 中两条输电线的状态

两个系统里的两条输电线在每小时的状态可以是 0、1 或 2，取决于其随机行为特征，因此，两条输电线在某个瞬时快照的状态是一个随机变量。系统中的随机变量随时间演化的过程就称为随机过程，对该系统的观测称为随机过程的实现。由于过程中的随机性，实现可以是互不相同的。对于前述两条输电线系统 A 和 B，图 3.2 和图 3.3 表示了系统两个独立的实现。通过对一个完全相同且独立的过程给予实现，就能了解系统随时间是如何发展的。

一般来说，一个随机过程是一个以 t 为索引参数的随机变量集合 $\{Z(t)\}$，$t\in T$。所有随机变量 $Z(t)$ 可能取的值称为系统的状态，也可记为 $\{Z_t\}$，$t\in T$，该随机变量可取的所有值的集合则称为状态空间。索引参数可取的所有值的集合称为参数空间 T，通常表示时间。如果索引集合 T 是离散的，则称之为离散时间过程，记为 $\{Z_n\}$，$n=0,1,2,\cdots$；如果索引集合 T 是连续的，则称之为连续时间过程，记为 $\{Z_t\}$，$t\geqslant 0$。

根据随机变量和索引参数的性质可以将随机过程分为以下 4 类。在电力系统可靠性分析中，无论时间是连续的还是离散的，我们主要关注离散随机变量。

1）在一个连续时间过程中的连续随机变量，例如，太阳能光伏全天的发电量；发电量可以是任何正实数，时间则是一个连续的索引参数。

2）在一个离散时间过程中的连续随机变量，例如，每小时观测到的一个电力负荷值。

3）在一个连续时间过程中的离散随机变量，例如，系统中某设备全年的状态。

4）在一个离散时间过程中的离散随机变量，例如，发电机在整点时的状态。

在上一章中，我们回顾了随机变量的概念，它是一个给状态空间中所有事件结果赋值的函数。我们还定义了概率密度函数，它给出了随机变量所有可能取值相对应的概率。在随机过程中，随机变量随时间不断演化，我们的主要目的是 $\forall t \in T$ 确定 $\{Z(t)\}$ 在各个时间的*概率分布*。例如，图 3.4 和图 3.5 分别展示了在离散时间随机过程和连续时间随机过程中一个离散随机变量的概率分布，我们主要关注求解离散时间过程中 Z_{n+1} 的概率或者连续时间过程中 Z_t 的概率。

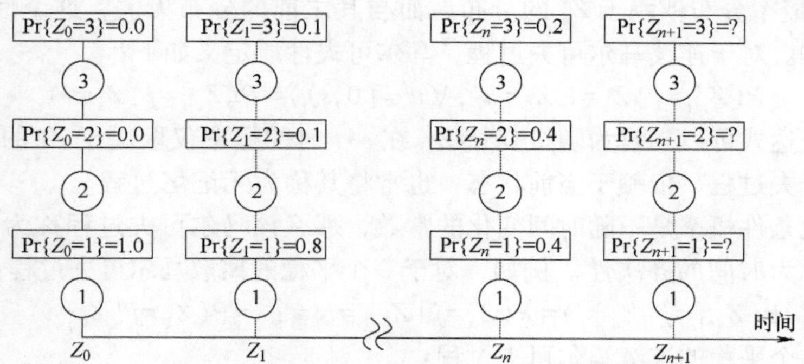

图 3.4　一个离散随机变量、离散时间的随机过程示例

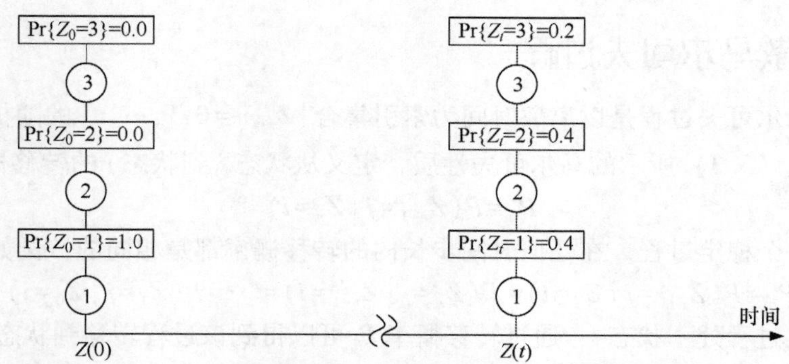

图 3.5　一个离散随机变量、连续时间的随机过程示例

如果直接进行计算，则需要知道 $\{Z(t)\}$，$\forall t \in T$ 的联合概率分布，但这在实际中很难获取；另一种方式就是利用贝叶斯定理基于条件概率思想来求解概率分布 Z_t。如果考虑电力系统中一个随时间变化的电力负荷小时量测值，当前的负荷值很可能取决于过程到当前为止所处的状态，而这可以通过离散时间过程的条件概率求得，举例如下：

$$P(Z_{n+1}=j \mid Z_n=i, Z_{n-1}=k, \cdots, Z_0=a_0) \tag{3.1}$$

适当假设过程随时间的变化方式可以简化此表达式。如果假设随机过程是一个*独立过程*，则此条件概率变为

$$P(Z_{n+1}=j \mid Z_n=i, Z_{n-1}=k, \cdots, Z_0=a_0)=P(Z_{n+1}=j) \tag{3.2}$$

上述简化使得过程的当前状态与其演化方式无关，这种独立性假设尽管简化了概率计算，却无法充分代表现实的物理系统，因此需要在能充分体现真实物理系统的相关性假设和概率模型的易处理性之间达到一个平衡，众所周知的一类随机过程——*马尔可夫过程*就能充分实现这种平衡：令随机过程的某个未来状态 Z_{n+1} 仅仅依赖于其当前状态 Z_n，而不是整个历史状态。一个离散马尔可夫过程的示例如下：

$$P(Z_{n+1}=j \mid Z_n=i, Z_{n-1}=k, \cdots, Z_0=a_0)=P(Z_{n+1}=j \mid Z_n=i) \tag{3.3}$$

Z_{n+1} 的概率分布依赖于 Z_n 的分布，而与其之前的分布无关，这个性质称为*马尔可夫性质*。对于连续马尔可夫过程，马尔可夫性质定义如下：

$$P(Z_{s+t}=j \mid Z_s=i, Z_u=a_u, \forall u \in [0,s))=P(Z_{s+t}=j \mid Z_s=i) \tag{3.4}$$

上述表达式可以理解为随机变量 Z_{s+t} 在 $s+t$ 时的概率仅取决于 Z_s 的当前状态。由于马尔可夫过程只依赖于当前状态，也常将其称为*无记忆过程*。

如果此条件概率是不随时间变化的常数，那么该马尔可夫过程称为*稳定过程*，这种性质称为*时间的齐次性*。例如，对于一个平稳的离散马尔可夫过程：

$$P(Z_{n+1}=j \mid Z_n=i)=P(Z_n=j \mid Z_{n-1}=i)=\cdots=P(Z_1=j \mid Z_0=i) \tag{3.5}$$

对于一个平稳的连续马尔可夫过程：

$$P(Z_{s+t}=j \mid Z_s=i)=P(Z_t=j \mid Z_0=i) \tag{3.6}$$

本章的后面几节将重点讨论离散稳定马尔可夫链和连续稳定马尔可夫链。

3.2 离散马尔可夫过程

离散马尔可夫过程是以离散时间为索引集合 $\{Z_n, n=0,1,\cdots,n\}$ 的随机过程。

根据式（3.3）所示的马尔可夫性质，定义从状态 i 到状态 j 的转移概率

$$P_{ij}=P(Z_{n+1}=j \mid Z_n=i) \tag{3.7}$$

对于一个稳定过程，在任何时间步长内的转移概率都是相同的，例如：

$$P_{ij}=P(Z_{n+1}=j \mid Z_n=i)=P(Z_n=j \mid Z_{n-1}=i)=\cdots=P(Z_1=j \mid Z_0=i)$$

假设某过程处于状态 i，通过转移概率 P_{ij} 可以得到该过程转移到状态 j 的概率；由于 P_{ij} 为概率值，$0 \leqslant P_{ij} \leqslant 1$。一个过程必然会转移到状态空间中的某个状态，这意味着

$$\sum_{j=0}^{\infty} P_{ij}=1, i=0,1,2,\cdots \tag{3.8}$$

3.2.1 转移概率矩阵

状态空间中每个状态之间转移的概率可以写成矩阵形式，记为 $\boldsymbol{P}$，称为转移概率矩阵：

$$\boldsymbol{P}=[P_{ij}]=\begin{bmatrix} P_{00} & P_{01} & \cdots \\ P_{10} & P_{11} & \cdots \\ \vdots & \vdots & \vdots \end{bmatrix} \tag{3.9}$$

该矩阵给出了从一种状态经过一个时间步长转移到另一种状态的概率。由于是稳定过程，转移概率矩阵为常数阵。在工程应用中，离散齐次马尔可夫过程可以用*状态转移图*来表示，给出所有可能的状态和转移概率。图3.6为一个三态系统的状态转移图示例。

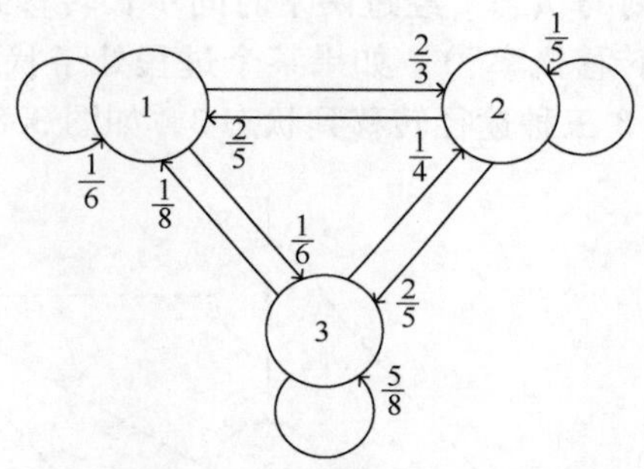

图3.6　一个三态系统的状态转移图

例3.1　一个人在练习打靶，如果他没击中目标，下一枪命中的概率是$\frac{1}{2}$；但如果他击中目标，下一枪命中的概率是$\frac{3}{4}$。此过程可以模拟为一个两状态的离散马尔可夫过程。绘制状态转移图并写出该过程的转移概率矩阵。

分别用状态0和状态1表示命中和未命中，状态转移图如图3.7所示。

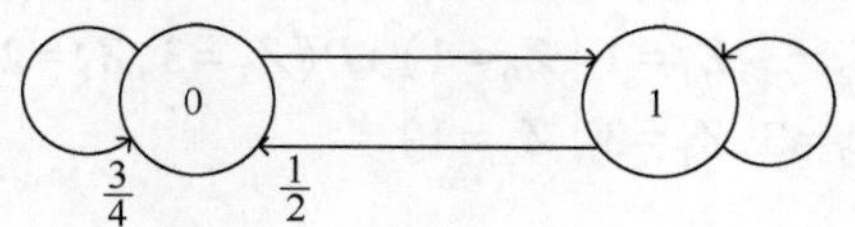

图3.7　例3.1的状态转移图

已知的转移概率为$P_{00}=\frac{3}{4}$和$P_{10}=\frac{1}{2}$，利用式（3.8）可求得其他转移概率：$P_{01}=1-P_{00}=\frac{1}{4}$，$P_{11}=1-P_{10}=\frac{1}{2}$。转移概率矩阵如下所示：

$$\boldsymbol{P}=\begin{bmatrix} \frac{3}{4} & \frac{1}{4} \\ \frac{1}{2} & \frac{1}{2} \end{bmatrix}$$

经过两个时间步长的转移概率，记为 $P_{ij}^{(2)}$，也可以用一个时间步长的转移概率来计算。

以下演示针对一个三态系统的计算：如果系统有 1、2、3 三个状态，则该系统的转移概率矩阵为

$$\boldsymbol{P}=\begin{bmatrix} P_{11} & P_{12} & P_{13} \\ P_{21} & P_{22} & P_{23} \\ P_{31} & P_{32} & P_{33} \end{bmatrix}$$

下面来计算从 0 时刻的状态 1 经过两个时间步长转移到 $n=2$ 时刻的状态 3 的概率（简称为“两时步转移概率”）。如果某个过程处于状态 1，那么它在 $n=1$ 时刻可以经由状态 1、2 或 3 三种途径转移到状态 3，如图 3.8 所示。

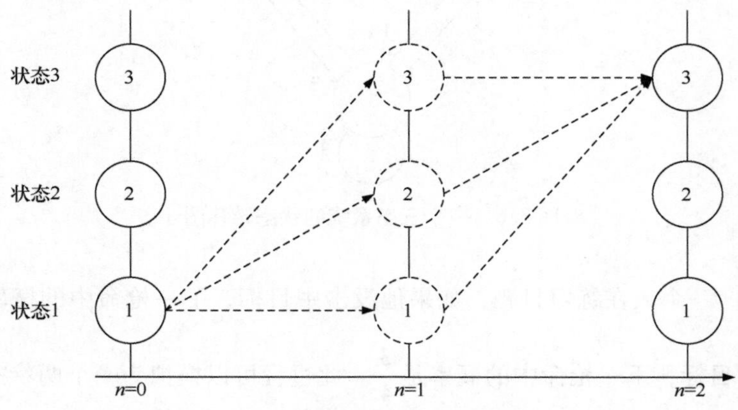

图 3.8　一个三态系统从状态 1 到状态 3 的转移

利用条件概率定义，从状态 1 到状态 3 的两时步转移概率可写为

$$P_{13}^{(2)}=P(Z_2=3,Z_1=1\mid Z_0=1)+P(Z_2=3,Z_1=2\mid Z_0=1)+P(Z_2=3,Z_1=3\mid Z_0=1)$$

由于

$$\begin{aligned} P(Z_2=3,Z_1=1\mid Z_0=1) &= P(Z_2=3\mid Z_1=1,Z_0=1)\times P(Z_1=1\mid Z_0=1) \\ &= P_{13}P_{11} \end{aligned}$$

利用马尔可夫性质和时间齐次性，有

$$P_{13}^{(2)}=P_{11}P_{13}+P_{12}P_{23}+P_{13}P_{33}$$

类似可以求得其他所有的转移概率。注意：将转移概率矩阵的第一行与其第三列相乘就可以得到上述表达式。两时步转移概率的矩阵形式如下所示：

$$\boldsymbol{P}^{(2)}=\begin{bmatrix} P_{11} & P_{12} & P_{13} \\ P_{21} & P_{22} & P_{23} \\ P_{31} & P_{32} & P_{33} \end{bmatrix}\times\begin{bmatrix} P_{11} & P_{12} & P_{13} \\ P_{21} & P_{22} & P_{23} \\ P_{31} & P_{32} & P_{33} \end{bmatrix}=\boldsymbol{P}^2$$

一般地，定义 n 时步转移概率矩阵为 $\boldsymbol{P}(n)$，矩阵中的每一项定义如下：

$$P_{ij}^{(n)}=P(Z_{n+m}=j \mid Z_m=i),n\geqslant 0,i,j\geqslant 0 \tag{3.10}$$

式中 $P_{ij}^{(1)}=P_{ij}$。注意：根据此定义，$\boldsymbol{P}^{(0)}$ 为经过 0 时步转移（即过程没有做任何转移）的概率矩阵，这说明从状态 i 转移到状态 j 的概率为

$$P_{ij}^{(0)}=P(Z_n=j \mid Z_n=i)=0$$

由于过程没有做任何转移，从状态 i 转移到状态 i 本身的概率为

$$P_{ii}^{(0)}=P(Z_n=i \mid Z_n=i)=1$$

因此，我们可以得出结论：$\boldsymbol{P}^{(0)}=\boldsymbol{I}$，即为一个单位阵。

式（3.10）表示某个过程在 n 时步内从状态 i 转移到状态 j 的概率。类似地

$$P_{ij}^{(n+m)}=P(Z_{n+m}=j \mid Z_0=i)$$

假设在 m 时刻该过程处于状态 k，则

$$\begin{aligned}P_{ij}^{(n+m)} &= \sum_{k=0}^{\infty} P(Z_{n+m}=j,Z_m=k \mid Z_0=i) \\ &= \sum_{k=0}^{\infty} P(Z_{n+m}=j \mid Z_m=k,Z_0=i) \times P(Z_m=k \mid Z_0=i)\end{aligned}$$

利用马尔可夫性质和时间齐次性，可得

$$P_{ij}^{(n+m)} = \sum_{k=0}^{\infty} P(Z_{n+m}=j \mid Z_m=k)P(Z_m=k \mid Z_0=i)$$

这说明 $n+m$ 时步转移概率可计算如下：

$$P_{ij}^{(n+m)} = \sum_{k=0}^{\infty} P_{ik}^{m}P_{kj}^{n} \tag{3.11}$$

式（3.11）称为 *Chapman-Kolmogorov* 方程，用于计算 n 时步转移概率。令 $n=m=1$：

$$P_{ij}^{(2)} = \sum_{k=0}^{\infty} P_{ik}P_{kj}$$

其矩阵形式为 $\boldsymbol{P}^{(2)}=\boldsymbol{P}^2$。一般而言，经过 n 时步的转移概率矩阵可由式（3.12）求得：

$$\boldsymbol{P}^{(n)}=\boldsymbol{P}^n \tag{3.12}$$

转移概率只反映了某个过程在任何一个时间步长内从状态 i 转移到状态 j 的概率。

3.2.2 第 n 个时间步长的概率分布

确定过程 Z_n 在任何时刻的概率分布也很关键。如果已知 0 时刻的初始分布 Z_0，利用转移概率这一概念就可以确定任何时刻的概率分布。0 时刻的概率分布如式（3.13）所示：

$$\boldsymbol{p}^{(0)}=[p_0^{(0)},p_1^{(0)},\cdots,p_k^{(0)},\cdots] \tag{3.13}$$

注意：$p_k^{(0)}$ 是该过程在0时以状态 k 启动的概率，即 $p_k^{(0)}=P(Z_0=k)$ 且 $\sum_{k=0}^{\infty} p_k^{(0)}=1$。

一旦知道了初始分布和转移概率，此过程在任何时刻的概率分布即可通过条件概率式（3.14）求得：

$$P(Z_n=j)=\sum_{i=0}^{\infty} P(Z_n=j \mid Z_0=i)\times P(Z_0=i)=\sum_{i=0}^{\infty} P_{ij}^{(n)} p_i^{(0)} \tag{3.14}$$

式（3.14）为在第 n 个时间步长所对应的概率分布，其矩阵形式如下：

$$\boldsymbol{p}^{(n)}=\boldsymbol{p}^{(0)}\boldsymbol{P}^{(n)} \tag{3.15}$$

现利用式（3.15）来计算在任意时间步长内的概率分布。因为 $\boldsymbol{P}^{(n)}$ 是一个方阵，对其进行分解得到 $\boldsymbol{P}=\boldsymbol{VDV}^{-1}$ 和 $\boldsymbol{P}^n=\boldsymbol{VD}^n\boldsymbol{V}^{-1}$，其中 $\boldsymbol{D}$ 是由特征值组成的对角阵，$\boldsymbol{V}$ 的每一列是相应的特征向量。利用此分解式就可以得到该过程分布函数随时间变化的闭式表达式了。

例 3.2 续例 3.1，假设第一枪命中，那么第四枪命中的概率是多少？求此过程在第 n 个时间步长内的概率分布。

打第四枪需要经过 3 个时间步长，而 3 步的转移概率矩阵为

$$\boldsymbol{P}^3=\begin{bmatrix} \frac{3}{4} & \frac{1}{4} \\ \frac{1}{2} & \frac{1}{2} \end{bmatrix}^3=\begin{bmatrix} \frac{43}{64} & \frac{21}{64} \\ \frac{21}{32} & \frac{11}{32} \end{bmatrix}$$

假设第一枪命中，初始概率分布是 $\boldsymbol{p}(0)=[1 \quad 0]$，则第四枪命中的概率由式（3.15）求得，即

$$\boldsymbol{p}^{(3)}=\boldsymbol{p}^{(0)}\boldsymbol{P}^3=[1 \quad 0]\times\begin{bmatrix} \frac{43}{64} & \frac{21}{64} \\ \frac{21}{32} & \frac{11}{32} \end{bmatrix}$$

也就是说第四枪命中的概率为$\frac{43}{64}$。

以下计算特征值，由于 $\boldsymbol{P}=\begin{bmatrix} \frac{3}{4} & \frac{1}{4} \\ \frac{1}{2} & \frac{1}{2} \end{bmatrix}$，并且

$$\det(\boldsymbol{P}-d\boldsymbol{I})=\begin{vmatrix} \frac{3}{4}-d & \frac{1}{4} \\ \frac{1}{2} & \frac{1}{2}-d \end{vmatrix}=0$$

得到特征值 $d=1$、$\frac{1}{4}$，其中 $d=1$ 对应的特征向量

$$\begin{bmatrix}\frac{3}{4}-1 & \frac{1}{4}\\ \frac{1}{2} & \frac{1}{2}-1\end{bmatrix}\begin{bmatrix}v_{11}\\ v_{21}\end{bmatrix}=\begin{bmatrix}0\\ 0\end{bmatrix}$$

也即 $v_{11}=v_{21}$，令 $v_{11}=1$，则有 $\begin{bmatrix}v_{11}\\ v_{21}\end{bmatrix}=\begin{bmatrix}1\\ 1\end{bmatrix}$。

$d=\frac{1}{4}$ 对应的特征向量

$$\begin{bmatrix}\frac{3}{4}-\frac{1}{4} & \frac{1}{4}\\ \frac{1}{2} & \frac{1}{2}-\frac{1}{4}\end{bmatrix}\begin{bmatrix}v_{12}\\ v_{22}\end{bmatrix}=\begin{bmatrix}0\\ 0\end{bmatrix}$$

也即 $v_{12}=-\frac{1}{2}v_{22}$，令 $v_{22}=1$，则有 $\begin{bmatrix}v_{12}\\ v_{22}\end{bmatrix}=\begin{bmatrix}-\frac{1}{2}\\ 1\end{bmatrix}$。

由于 $\boldsymbol{P}^n=\boldsymbol{V}\boldsymbol{D}^n\boldsymbol{V}^{-1}$，该过程在第 n 个时间步长所对应的概率分布为

$$\boldsymbol{p}^{(n)}=\boldsymbol{p}^{(0)}\boldsymbol{P}^n=[1\quad 0]\times\begin{bmatrix}\frac{2}{3}+\frac{1}{3}\left(\frac{1}{4}\right)^n & \frac{1}{3}-\frac{1}{3}\left(\frac{1}{4}\right)^n\\ \frac{2}{3}-\frac{2}{3}\left(\frac{1}{4}\right)^n & \frac{1}{3}+\frac{2}{3}\left(\frac{1}{4}\right)^n\end{bmatrix}$$

$$=\left[\frac{2}{3}+\frac{1}{3}\left(\frac{1}{4}\right)^n\quad \frac{1}{3}-\frac{1}{3}\left(\frac{1}{4}\right)^n\right]$$

3.2.3　马尔可夫过程性质和分类

在离散马尔可夫过程中，我们可以利用转移概率对状态空间中的某个状态进行分类，如下所示：

1）对于 $n\geqslant 0$ 的某些时刻，如果 $P_{ij}^{(n)}>0$，则称状态 j 由状态 i 可达，意思是如果一个过程起始状态为 i，则该过程可能在某个 n 时刻进入状态 j。

2）对于 n，$m\geqslant 0$ 的某些时刻，如果有两个状态——状态 i 和状态 j——彼此可达，即 $P_{ij}^{(n)}$，$P_{ij}^{(m)}>0$，则称这两个状态互通，表示为 $i\Leftrightarrow j$。也就是说，如果状态 i 与状态 j 互通，则状态 j 也与状态 i 互通，反之亦然。

① 注意：因为可以令 $n=0$，所以状态 i 与其自身是互通的，则对所有 $i\geqslant 0$ 有 $P_{ii}^{(0)}=P(Z_n=i\mid Z_n=i)=1>0$。

② 如果状态 i 与状态 j 互通，状态 j 与状态 k 互通，那么状态 i 也与状态 k 互通。由 Chapman-Kolmogorov 方程（3.11）可以得到 $P_{ik}^{(n+m)}=\sum_{t=0}^{\infty}P_{it}^{n}P_{tk}^{m}\geqslant P_{ij}^{n}P_{jk}^{m}>0$。

3）利用互通特性可以将状态空间分解为若干不相交的集合 C_i，称为互通类，

互通的状态属于同一个互通类。

如果从状态空间 S 中选择一个 0 状态，可以将 0 状态和所有与其互通的状态 $\forall k \Leftrightarrow 0$ 放在一个类中，记为 $C_0=\{0,k\}$，$\forall k \Leftrightarrow 0$。然后，可以在状态空间中选择一个不属于 C_0 类的状态 t，$t \in S \setminus C_0$；由于状态 t 不与 0 状态互通（否则它将属于 C_0），可以将它放在 C_1 类中。一旦状态空间中的所有状态都已各归各类，状态空间就被划分为若干不相交的集合 $C_i \cap C_j = \varnothing$，$i \neq j$ 且 $S = \cup_{\forall i} C_i$；称每个集合 C_i 为一个互通类。

4）对于任何状态 $i \in C$，互通类 C 是*闭合的*；如果状态 j 不属于 C 类，即 $j \in S \setminus C$，则状态 j 由状态 i 不可达，即对于所有 $n \geqslant 0$ 有 $P_{ij}^{(n)}=0$。换言之，只要状态属于 C 类，就永远属于 C 类。

5）如果 $C=\{j\}$ 是闭合的，则称状态 j 为*吸收状态*，即对所有 $n \geqslant 0$ 有 $P_{jj}^{(n)}=1$。这一概念常用于描述可靠性分析中的故障状态，过程一旦进入吸收状态就无法脱离，除非重启过程。

6）当所有状态互通，即状态空间只有一个互通类时，称离散马尔可夫过程为*不可化简的*；否则，称之为*可化简的*。

例 3.3 某过程的状态转移图如图 3.9 所示，可得到该过程的转移概率矩阵如下：

$$\boldsymbol{P}=\begin{pmatrix} \frac{1}{2} & \frac{1}{2} & 0 \\ \frac{1}{2} & \frac{1}{2} & 0 \\ 0 & 0 & 1 \end{pmatrix}$$

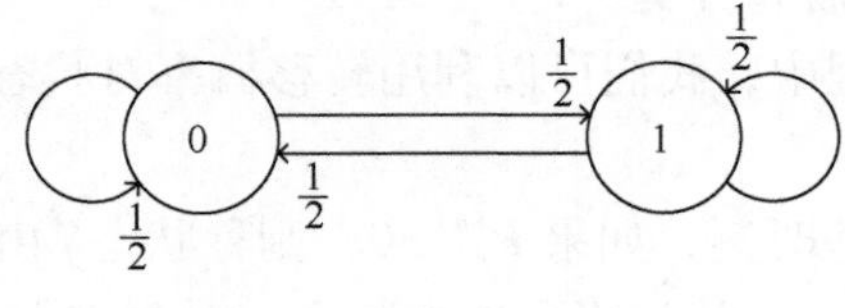

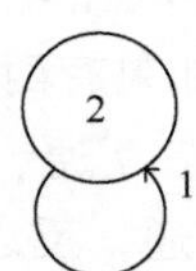

图 3.9 例 3.3 的状态转移图

此例中的过程有两个类：$C_0=\{0,1\}$ 和 $C_1=\{2\}$，这两个类都是闭合的；状态 2 为吸收状态。

上述分类方法只考虑状态空间中的所有状态是否可达，以下介绍另一种重要的分类方法，根据返回此过程中某个状态的频繁程度来进行分类，这一特性保证了过程总能以确定的时间到达特定的状态。

如果过程从状态 i 开始，总能在有限的时间步长内以 1 的概率返回到状态 i，则称状态 i 为持久的；这意味着，如果状态 i 是持久的，则过程将无限地多次返回该状态，即 $\sum_{n=1}^{\infty} P_{ii}^{(n)} = \infty$。如果过程从状态 i 开始，返回到状态 i 的概率小于 1，即再也回不到 i 的概率非零，则称状态 i 为*暂时的*；这意味着，如果状态 i 是暂时的，则过程将以有限的次数返回该状态，即 $\sum_{n=1}^{\infty} P_{ii}^{(n)} < \infty$。

1）如果状态 i 是持久的且状态 i 与状态 j 互通，则状态 j 也是持久的。这意味着如果互通类中的一个状态是持久的，那么该类中所有状态都是持久的。

2）在有限状态的离散马尔可夫过程中，不可能所有状态都是暂时的，因为如果这样，过程就会以一个有限的时间 T 到达这些暂时状态，那么在 T 时之后过程将达不到任何状态；然而一个过程在 T 时之后必须处于某种状态，这就产生了一个矛盾。因此，在有限状态的离散马尔可夫过程中必须至少有一个状态是持久的。

注意：闭合类中的状态都是持久的，而在非闭合类中存在暂时的状态。

例 3.4　某个过程的状态转移图如图 3.10 所示，可得到该过程的转移概率矩阵如下：

$$
\boldsymbol{P} = \begin{pmatrix} \frac{1}{2} & \frac{1}{2} & 0 \\ \frac{1}{3} & \frac{1}{3} & \frac{1}{3} \\ 0 & 0 & 1 \end{pmatrix}
$$

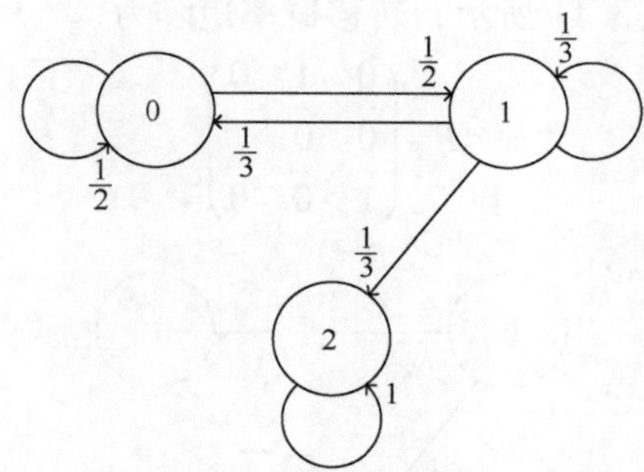

图 3.10　例 3.4 的状态转移图

该过程中有两个类：$C_0 = \{0,1\}$ 和 $C_1 = \{2\}$，C_1 类是闭合的。状态 2 是吸收状态；状态 0 和 1 都是暂时的，状态 2 是持久的。

在可靠性分析中通常关注过程的长期行为，尤其关注确定过程处于某个给定状

态（特别是故障状态）的概率。重温例 3.2，计算当时间步长趋于无穷大时的概率。

例 3.5 续例 3.2，当初始概率为 $p^{(0)}=[p_0^{(0)}\ p_1^{(0)}]$ 时，求该过程在第 n 个时间步长内的概率分布。

此过程在第 n 个时间步长内的概率分布为

$$p^{(n)}=\left[\frac{2}{3}+\frac{p_0^{(0)}-2p_1^{(0)}}{3}\left(\frac{1}{4}\right)^n \quad \frac{1}{3}-\frac{p_0^{(0)}-2p_1^{(0)}}{3}\left(\frac{1}{4}\right)^n\right]$$

注意：例 3.2 中的过程如果从 0 状态开始，在第 n 个时间步长内的概率分布为 $\left[\frac{2}{3}+\frac{1}{3}\left(\frac{1}{4}\right)^n \quad \frac{1}{3}-\frac{1}{3}\left(\frac{1}{4}\right)^n\right]$；如果从状态 1 开始，在第 n 个时间步长内的概率分布为 $p^{(n)}=\left[\frac{2}{3}-\frac{2}{3}\left(\frac{1}{4}\right)^n \quad \frac{1}{3}+\frac{2}{3}\left(\frac{1}{4}\right)^n\right]$；如果我们不断增加时间步长数，即 $n\to\infty$，则 $p^{(\infty)}=\left[\frac{2}{3} \quad \frac{1}{3}\right]$，也就是说，无论过程从哪个状态开始，其概率分布都是一样的。

3.2.4 过程的均衡分布

从例 3.5 可以看出，无论初始概率是多少，似乎都存在一个*均衡分布*，即无论过程从哪个状态开始，当时间步长 $n\to\infty$ 时，对应的概率分布都是相同的。均衡分布有时也称为稳定分布。以下性质帮助我们理解均衡分布的唯一性和存在性：

1）当 $P_{ii}^{(n)}>0$ 时，如果称状态 i 的*周期*为 d，d 是 $n(n\geqslant1)$ 的最大公约数，则说明过程只会在 d、$2d$、$3d$ 等时刻达到状态 i。如果状态 i 周期为 d，并且状态 i 与状态 j 互通，那么状态 j 的周期也为 d。

例 3.6 某过程如图 3.11 所示，转移概率矩阵为

$$\boldsymbol{P}=\begin{pmatrix}0 & 1 & 0\\ 0 & 0 & 1\\ 1 & 0 & 0\end{pmatrix}$$

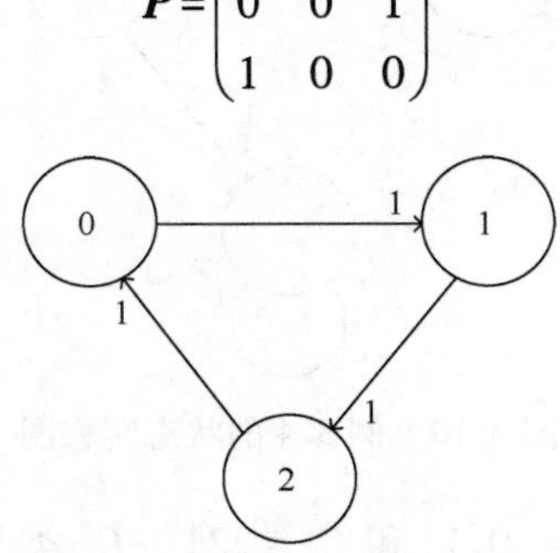

图 3.11 例 3.6 的状态转移图

显然，在该过程中只有一个类：$C_0=\{0,1,2\}$。因为这个类是闭合的，所有状

态都是持久的。在第2、3、4时间步长内的转移概率为

$$P^2=\begin{pmatrix}0&0&1\\1&0&0\\0&1&0\end{pmatrix}$$

$$P^3=\begin{pmatrix}1&0&0\\0&1&0\\0&0&1\end{pmatrix}$$

$$P^4=\begin{pmatrix}0&1&0\\0&0&1\\1&0&0\end{pmatrix}$$

这说明无论过程从哪个状态（0或1或2）开始，都可以在三个时间步长内返回到原状态。因此，所有状态的周期都是3。在这一过程中，只能将均衡分布理解为过程处于每个状态的时间占比。

2）周期为1的状态称为*非周期状态*。

3）如果过程从状态 i 开始到返回状态 i 的预期时间是有限的，则称状态 i 为*正向持久*的。在一个有限状态的、不可化简的、非周期的过程中，所有持久的状态都是正向的。

4）如果过程是不可化简的，并且状态为正向持久且非周期的，则称该过程为*遍历*的。

如果过程是遍历的，则 $\lim\limits_{n\to\infty}P_{ij}^{(n)}$ 存在且与 i 无关，此时可以计算均衡分布。如果令 $p_j^{(\infty)}=\lim\limits_{n\to\infty}P_{ij}^{(n)}$，$j\geqslant 0$，则 $p_j^{(\infty)}$ 为式（3.16）、式（3.17）的唯一解：

$$p_j^{(\infty)}=\sum_{i=0}^{\infty}p_i^{(\infty)}P_{ij}\quad j\geqslant 0 \tag{3.16}$$

$$\sum_{j=0}^{\infty}p_j^{(\infty)}=1 \tag{3.17}$$

将式（3.16）与式（3.17）联立，可写成等价的矩阵形式 $\boldsymbol{p}^{(\infty)}=\boldsymbol{p}^{(\infty)}\boldsymbol{P}$。直观地来看，这说明如果概率为均衡值，即使过程又移动了一个时间步长，概率值也不会有变化。

例3.7 续例3.1，确定该过程的均衡分布。

因为在第 n 个时间步长内的转移概率为

$$P^n=\begin{bmatrix}\frac{2}{3}+\frac{1}{3}\left(\frac{1}{4}\right)^n & \frac{1}{3}-\frac{1}{3}\left(\frac{1}{4}\right)^n\\ \frac{2}{3}-\frac{2}{3}\left(\frac{1}{4}\right)^n & \frac{1}{3}+\frac{2}{3}\left(\frac{1}{4}\right)^n\end{bmatrix}$$

可以求得 $\lim\limits_{n\to\infty}P_{ij}^{(n)}$；则有

$$p^{\infty}=\begin{bmatrix}\frac{2}{3} & \frac{1}{3}\\ \frac{2}{3} & \frac{1}{3}\end{bmatrix}$$

它是与 i 无关的。

因此均衡分布为 $p^{(\infty)}=\left[\frac{2}{3} \quad \frac{1}{3}\right]$。

均衡分布也可以通过求解以下方程得到：

$$[p_0^{(\infty)} \quad p_1^{(\infty)}]=[p_0^{(\infty)} \quad p_1^{(\infty)}]\begin{bmatrix}\frac{2}{3} & \frac{1}{3}\\ \frac{2}{3} & \frac{1}{3}\end{bmatrix}$$

重新组织上述方程组：

$$\frac{1}{3}p_0^{(\infty)}-\frac{2}{3}p_1^{(\infty)}=0$$

与 $p_0^{(\infty)}+p_1^{(\infty)}=1$ 联立，可以得到相同的解：$p_0^{(\infty)}=\frac{2}{3}$，$p_1^{(\infty)}=\frac{1}{3}$。

3.2.5 平均首达时间

*首达时间*指一个过程首次到达某个状态的时间，确定这一时间也是很有意义的。在可靠性分析中常使用这一概念来确定一个过程首次进入故障状态的时间，此称为*首次故障时间*。由于达到故障状态的时间步长也是随机的，所以只能转而确定该时间的期望值，称之为*平均首达时间*或在应用于可靠性领域时称之为*首次故障前平均时间*(MTTFF)。

对于有限状态的离散马尔可夫过程，可以将状态空间分解为不相交的暂时状态集和持久状态集。为了确定平均首达时间，可能需要将一些转移概率设为零，从而生成合适的暂时状态集和持久状态集。然后，由一个暂时状态集和多个持久状态集组成状态空间。令 $S=T\cup(\cup_{\forall i}C_i)$，其中，$T$ 为暂时状态集，C_i 为闭合的持久状态类，则转移概率矩阵可重新组织为

$$\boldsymbol{P}=\begin{bmatrix}\boldsymbol{Q} & \tilde{\boldsymbol{Q}}\\ \boldsymbol{0} & \tilde{\boldsymbol{P}}\end{bmatrix} \tag{3.18}$$

式中，$\boldsymbol{Q}=[P_{ij}]$，i，$j\in T$，表示暂时状态之间的转移概率；$\tilde{\boldsymbol{Q}}=[P_{ij}]$，$i\in T$，$j\in T^c$，表示从暂时状态到闭合持久类的转移概率；$\tilde{\boldsymbol{P}}=[P_{ij}]$，$i\in T^c$，$j\in T^c$表示在闭合持久类中的状态的转移概率矩阵。注意：除此之外的转移概率矩阵元素为零，因为不会发生从闭合持久类到暂时状态的转移。

所有 C_i 都是闭合持久类，因此，一旦系统进入属于这些类的某个状态，它就无法返回到暂时状态。在计算首达时间时将这些类中的状态称为*吸收状态*，我们

关注的是确定过程在吸收前处于暂时状态的时间。

第 2 个时间步长所对应的转移概率矩阵可写为

$$\boldsymbol{P}^{(2)}=\begin{bmatrix}\boldsymbol{Q} & \widetilde{\boldsymbol{Q}}\\ \boldsymbol{0} & \widetilde{\boldsymbol{P}}\end{bmatrix}\times\begin{bmatrix}\boldsymbol{Q} & \widetilde{\boldsymbol{Q}}\\ \boldsymbol{0} & \widetilde{\boldsymbol{P}}\end{bmatrix}=\begin{bmatrix}\boldsymbol{Q}^2 & \boldsymbol{Q}\widetilde{\boldsymbol{Q}}+\widetilde{\boldsymbol{Q}}\widetilde{\boldsymbol{P}}\\ \boldsymbol{0} & \widetilde{\boldsymbol{P}}^2\end{bmatrix}=\begin{bmatrix}\boldsymbol{Q}^{(2)} & \widetilde{\boldsymbol{Q}}^{(2)}\\ \boldsymbol{0} & \widetilde{\boldsymbol{P}}^{(2)}\end{bmatrix}\tag{3.19}$$

式中，$\boldsymbol{Q}^{(2)}=\boldsymbol{Q}\widetilde{\boldsymbol{Q}}+\widetilde{\boldsymbol{Q}}\widetilde{\boldsymbol{P}}$。

第 n 个时间步长所对应的转移概率矩阵可写为

$$\boldsymbol{P}^{(n)}=\begin{bmatrix}\boldsymbol{Q} & \widetilde{\boldsymbol{Q}}\\ \boldsymbol{0} & \widetilde{\boldsymbol{P}}\end{bmatrix}^n=\begin{bmatrix}\boldsymbol{Q}^{(n)} & \widetilde{\boldsymbol{Q}}^{(n)}\\ \boldsymbol{0} & \widetilde{\boldsymbol{P}}^{(n)}\end{bmatrix}\tag{3.20}$$

式中，$\boldsymbol{Q}^{(n)}=\boldsymbol{Q}^n$，$\widetilde{\boldsymbol{P}}^{(n)}=\widetilde{\boldsymbol{P}}^n$。

$Q_{ij}^{(n)}$ 是暂时状态 i 在第 n 个时间步长内到达状态 j 的转移概率。由于过程在某个时间点将到达吸收状态，因此，所有时间步长对应的转移概率之和必然是有限的，即

$$\sum_{n=0}^{\infty} Q_{ij}^{(n)} = \sum_{n=0}^{\infty} Q_{ij}^{n} < \infty\tag{3.21}$$

若 $\sum\limits_{n=0}^{\infty} Q_{ij}^{(n)}=\infty$，则说明一个过程总是在暂时状态之间转移（对应一个概率），并且永远不会到达吸收状态，这与过程以有限的时间处于暂时状态这一事实相矛盾。

令 N_{ij} 为过程在即将到达吸收态之前从暂时状态 i 到状态 j 所需的时间步长期望值，则利用条件概率可得：

$$N_{ii} = 1 + \sum_{k=1}^{|T|} Q_{ik}N_{ki}\tag{3.22}$$

计算式（3.22）可得从状态 i 到其自身的时间步长期望值。第一项“1”表示过程脱离状态 i 所需的时间步长，后一项表示根据条件概率得到的从其他暂时状态到状态 i 的时间步长。

$$N_{ij} = 0 + \sum_{k=1}^{|T|} Q_{ik}N_{kj}\tag{3.23}$$

式（3.23）利用条件概率计算从暂时状态 i 到状态 j 的时间步长期望值。可将式（3.22）和式（3.23）写成矩阵形式如下：

$$\boldsymbol{N}=\boldsymbol{I}+\boldsymbol{Q}\boldsymbol{N}\tag{3.24}$$

式中，$\boldsymbol{I}$ 是单位阵，维数大小为 $|T|$。时间步长期望值 $\boldsymbol{N}$ 可由式（3.25）求得：

$$\boldsymbol{N}=(\boldsymbol{I}-\boldsymbol{Q})^{-1}\tag{3.25}$$

矩阵 $\boldsymbol{N}$ 称为基本矩阵。由于元素 N_{ij} 表示在即将到达吸收状态之前从暂时状态 i 到状态 j 的预期时间步长，因此，可以求得从状态 i 到达吸收状态的预期时间步长 n_i 如下：

$$n_i = \sum_{k=1}^{|T|} N_{ik}\tag{3.26}$$

以下为一个与平均首达时间相关的例子。

例 3.8 图 3.12 所示的状态转移图表示一个过程，确定从状态 0 或状态 2 开始到状态 1 的平均首达时间。

为了解决这个问题，以状态 1 为吸收状态，暂时状态之间的转移概率矩阵 $\boldsymbol{Q}^{(n)}=\begin{bmatrix}\frac{1}{2} & \frac{1}{8}\\ \frac{1}{2} & \frac{1}{4}\end{bmatrix}$，基本矩阵由式（3.25）求出：

$$\boldsymbol{N}=\begin{bmatrix}1-\frac{1}{2} & -\frac{1}{8}\\ -\frac{1}{2} & 1-\frac{1}{4}\end{bmatrix}^{-1}=\begin{bmatrix}\frac{12}{5} & \frac{2}{5}\\ \frac{8}{5} & \frac{8}{5}\end{bmatrix}$$

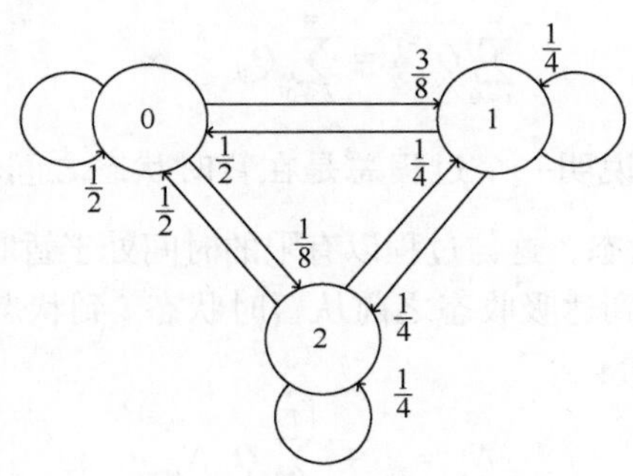

图 3.12 例 3.8 的状态转移图

该矩阵给出了在到达吸收状态 1 之前过程处于各个暂时状态的时间步长。例如，$N_{02}=\frac{2}{5}$是在到达吸收状态 1 之前从状态 0 到状态 2 的预期时间步长。如果系统从状态 0 开始，则首达时间期望值为 $n_0=N_{00}+N_{02}=\frac{14}{5}$，如果系统从状态 2 开始，则首达时间期望值为 $n_2=N_{20}+N_{22}=\frac{16}{5}$。

基本矩阵 $\boldsymbol{N}$ 也可以通过另一种方法推出，即确定在第 $1,2,3,\cdots,n$ 个时间步长内能够达到吸收状态所需的时间步长，如下所示：

$$\boldsymbol{N}=\boldsymbol{I}+\boldsymbol{Q}+\boldsymbol{Q}^2+\boldsymbol{Q}^3+\cdots \tag{3.27}$$

重新整理式（3.27），得到

$$\boldsymbol{N}=\boldsymbol{I}+\boldsymbol{Q}(\boldsymbol{I}+\boldsymbol{Q}+\boldsymbol{Q}^2+\boldsymbol{Q}^3+\cdots)=\boldsymbol{I}+\boldsymbol{Q}\boldsymbol{N} \tag{3.28}$$

该方程的解与式（3.25）的相同。

3.3 连续马尔可夫过程

连续马尔可夫过程是以连续时间为索引集合$\{Z_t, t \geqslant 0\}$的随机过程。回顾马尔可夫性质如式（3.29）所示：

$$P(Z_{s+t}=j \mid Z_s=i, Z_u=a_u, \forall u \in [0,s)) = P(Z_{s+t}=j \mid Z_s=i) \tag{3.29}$$

该性质意味着从状态i到状态j的转移概率与起始时间s无关，而是取决于流逝的时间t。因此，状态i到状态j的转移概率（以时间t为参数），记为$P_{ij}(t)$，可写为

$$P_{ij}(t) = P(Z_{s+t}=j \mid Z_s=i) \tag{3.30}$$

式（3.30）满足$0 \leqslant P_{ij}(t) \leqslant 1$，$\forall t$以及$\sum_{j=0}^{\infty} P_{ij}(t) = 1$，$\forall t$，$i = 1,2,\cdots$。

对于一个稳定的连续马尔可夫过程：

$$P(Z_{s+t}=j \mid Z_s=i) = P(Z_t=j \mid Z_0=i) \tag{3.31}$$

当一个过程在时间$t+s$内从状态i转移到状态j时，可以为此连续时间过程列写一个Chapman-Kolmogorov方程，如式（3.32）所示。

$$\begin{aligned} P_{ij}(t+s) &= P(Z_{t+s}=j \mid Z_0=i) \\ &= \sum_{k=0}^{\infty} P(Z_{t+s}=j, Z_t=k \mid Z_0=i) \\ &= \sum_{k=0}^{\infty} P(Z_{t+s}=j \mid Z_t=k, Z_0=i) \times P(Z_t=k \mid Z_0=i) \\ &= \sum_{k=0}^{\infty} P(Z_{t+s}=j \mid Z_t=k) \times P(Z_t=k \mid Z_0=i) \\ &= \sum_{k=0}^{\infty} P_{kj}(s) P_{ik}(t) \end{aligned} \tag{3.32}$$

连续时间过程的转移概率与时间有关，令X_{ij}表示过程从状态i转移到状态j所用的时间，则从状态i到状态j的转移概率可由式（3.33）计算：

$$P_{ij}(t) = P(s < X_{ij} < s+t \mid X_{ij} > s) \tag{3.33}$$

转移概率式（3.33）是假设一个过程已经处于状态i一段时间s，该过程将在时间t内转移到状态j的概率。

从状态i到状态j的转移率定义如下：

$$\lambda_{ij} = \frac{\mathrm{d}P_{ij}(t)}{\mathrm{d}t} \tag{3.34}$$

由于过程是稳定的，所以转移率是与时间t无关的常数。注意在第2章中，指数随机变量是唯一具有无记忆属性且具有常风险函数的随机变量，这说明在连续马尔可夫过程中，状态之间进行转移所需要的时间服从指数分布。

当$\Delta t \to 0$时

$$\lambda_{ij}=\lim_{\Delta t\to 0}\frac{P_{ij}(\Delta t)-P_{ij}(0)}{\Delta} \tag{3.35}$$

则有

$$\lambda_{ij}\Delta t=P_{ij}(\Delta t)-P_{ij}(0) \tag{3.36}$$

当 $i=j$ 时

$$P_{ij}(0)=1,\ P_{ii}(\Delta t)=1+\lambda_{ii}\Delta t$$

而当 $i\neq j$ 时

$$P_{ij}(0)=0, P_{ij}(\Delta t)=\lambda_{ij}\Delta t$$

注意：$\sum_j P_{ij}(\Delta t)=1$，所以

$$1+\lambda_{ii}\Delta+\sum_{j,j\neq i}\lambda_{ij}\Delta t=1 \tag{3.37}$$

据此得到式（3.38）：

$$\lambda_{ii}=-\sum_{j,j\neq i}\lambda_{ij} \tag{3.38}$$

3.3.1 转移率矩阵

状态空间中每个状态之间的转移率可以表示为矩阵形式如下，此称为转移率矩阵$\boldsymbol{R}$：

$$\boldsymbol{R}=[\lambda_{ij}]=\begin{bmatrix}\lambda_{00} & \lambda_{01} & \cdots\\ \lambda_{10} & \lambda_{11} & \cdots\\ \vdots & \vdots & \vdots\end{bmatrix} \tag{3.39}$$

该矩阵描述了从一种状态到其他状态的转移率。由于过程是稳定的，所以它是一个常数阵。与离散时间情形类似，连续马尔可夫过程也可以用一个状态转移图来表示，展示所有可能的状态和转移率。图 3.13 为一个三态系统连续时间过程的状态转移图示例。

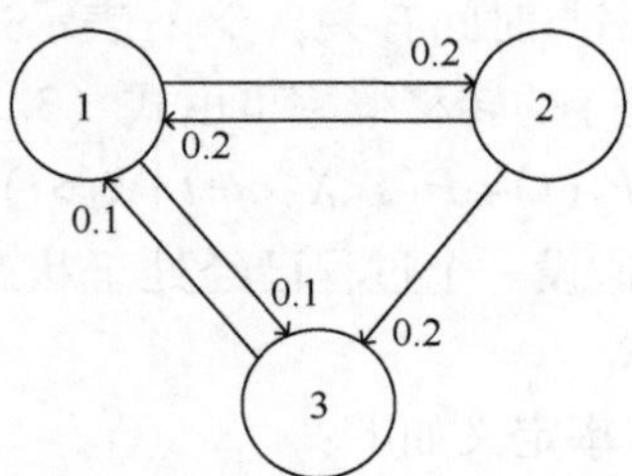

图 3.13 三态系统连续时间过程的状态转移图

例 3.9 写出图 3.13 所示系统的转移率矩阵

$$\boldsymbol{R}=[\lambda_{ij}]=\begin{bmatrix}-0.3 & 0.2 & 0.1\\ 0.2 & -0.4 & 0.2\\ 0.1 & 0 & -0.1\end{bmatrix}$$

利用式（3.33）计算 $P_{ij}(t+\Delta t)$，得到：

$$P_{ij}(t+\Delta t)=\sum_{k}P_{ik}(t)P_{kj}(\Delta t)=P_{ij}(t)P_{jj}(\Delta t)+\sum_{k,k\neq j}P_{ik}(t)P_{kj}(\Delta t)$$

$P_{jj}(\Delta t)$ 和 $P_{kj}(\Delta t)$ 用式（3.36）替换，得到：

$$P_{ij}(t+\Delta t)=P_{ij}(t)(1+\lambda_{jj}\Delta t)+\sum_{k,k\neq j}P_{ik}(t)\lambda_{kj}\Delta t=P_{ij}(t)+\sum_{k}P_{ik}(t)\lambda_{kj}\Delta t$$

于是有

$$P'_{ij}(t)\equiv\frac{P_{ij}(t+\Delta t)-P_{ij}(t)}{\Delta t}=\sum_{k}P_{ik}(t)\lambda_{kj}\tag{3.40}$$

t 时刻的转移概率可写成如下矩阵形式：

$$\boldsymbol{P}'(t)=\boldsymbol{P}(t)\boldsymbol{R}\tag{3.41}$$

式中，$\boldsymbol{P}(t)=[P_{ij}(t)]$ 是 t 时刻的转移概率矩阵，$\boldsymbol{R}=[\lambda_{ij}]$ 是转移率矩阵。

现用图 3.14 所示的三态系统来阐释转移率的概念。

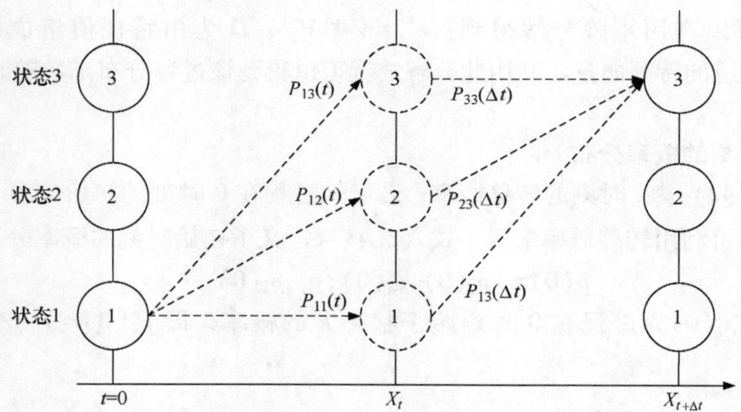

图 3.14　一个连续时间的三态系统从状态 1 到状态 3 的转移

利用条件概率定义，当 $\Delta t\to 0$ 时：

$$P_{13}(t+\Delta t)=P_{11}(t)P_{13}(\Delta t)+P_{12}(t)P_{23}(\Delta t)+P_{13}(t)P_{33}(\Delta t)$$

利用式（3.36），可得：

$$P_{13}(t+\Delta t)=P_{11}(t)\lambda_{13}\Delta t+P_{12}(t)\lambda_{23}\Delta t+P_{13}(t)(1+\lambda_{33}\Delta t)$$

于是有：

$$P_{13}(t+\Delta t)-P_{13}(t)=P_{11}(t)\lambda_{13}\Delta t+P_{12}(t)\lambda_{23}\Delta t+P_{13}(t)\lambda_{33}\Delta t$$

$$\frac{P_{13}(t+\Delta t)-P_{13}(t)}{\Delta t}=P_{11}(t)\lambda_{13}+P_{12}(t)\lambda_{23}+P_{13}(t)\lambda_{33}$$

$$=P'_{13}(t)$$

整理为矩阵形式：

$$P'_{13}(t)=[P_{11}(t)\quad P_{12}(t)\quad P_{13}(t)]\begin{bmatrix}\lambda_{13}\\\lambda_{23}\\\lambda_{33}\end{bmatrix}$$

由于 $P_{13}(\Delta t)+P_{23}(\Delta t)+P_{33}(\Delta t)=1$，则 $\lambda_{33}=-\lambda_{13}-\lambda_{23}$。类似可以写出

$$[P'_{11}(t)\quad P'_{12}(t)\quad P'_{13}(t)]=[P_{11}(t)\quad P_{12}(t)\quad P_{13}(t)]\boldsymbol{R}$$

式中，$\boldsymbol{R}=\begin{bmatrix}\lambda_{12}&\lambda_{12}&\lambda_{13}\\\lambda_{21}&\lambda_{22}&\lambda_{23}\\\lambda_{31}&\lambda_{32}&\lambda_{33}\end{bmatrix}$为三态系统的转移率矩阵。

t 时刻的转移概率矩阵可以通过求解一阶方程（3.41）得到。由于 $\boldsymbol{P}(0)=\boldsymbol{I}$，可得如式（3.42）所示的解：

$$\boldsymbol{P}(t)=\mathrm{e}^{\boldsymbol{R}t} \tag{3.42}$$

式中，$\mathrm{e}^{\boldsymbol{R}t}$可以利用矩阵分解得到：$\mathrm{e}^{\boldsymbol{R}t}=V\mathrm{e}^{\boldsymbol{D}t}\boldsymbol{V}^{-1}$；$\boldsymbol{D}$ 为由特征值组成的对角阵，$\boldsymbol{V}$ 的列为相应的特征向量。利用此分解式就可以得到该过程分布函数随时间变化的闭式表达式了。

3.3.2 t 时刻的概率分布

式（3.42）为 t 时刻的转移概率；若已知过程在 0 时刻的初始分布 Z_0，其在 t 时刻的分布可利用转移概率求得。式（3.43）定义了初始时刻的概率分布：

$$\boldsymbol{p}(0)=[p_0(0),p_1(0),\cdots,p_k(0),\cdots] \tag{3.43}$$

注意：$p_k(0)$为过程在 0 时刻始于状态 k 的概率，即 $p_k(0)=P(Z_0=k)$，且 $\sum_{k=0}^{\infty}p_k(0)=1$。

*t 时刻的概率分布*可以由式（3.44）求得

$$\boldsymbol{p}(t)=\boldsymbol{p}(0)\boldsymbol{P}(t) \tag{3.44}$$

回顾转移概率求导式（3.40），可将其重新写成矩阵形式如下：

$$\boldsymbol{P}(t+\Delta t)=\boldsymbol{P}(t)+\boldsymbol{P}'(t)\Delta t \tag{3.45}$$

由式（3.41）可知，$\boldsymbol{P}'(t)=\boldsymbol{P}(t)\boldsymbol{R}$，代入得到：

$$\boldsymbol{P}(t+\Delta t)=\boldsymbol{P}(t)(\boldsymbol{I}+\boldsymbol{R}\Delta t) \tag{3.46}$$

注意：由式（3.46）可得 $t+\Delta t$ 时刻的转移概率，为 t 时刻的转移概率和 $\boldsymbol{I}+\boldsymbol{R}\Delta t$ 的乘积。

整理式（3.46），令

$$\boldsymbol{P}(\Delta t)=[\boldsymbol{I}+\boldsymbol{R}\Delta t] \tag{3.47}$$

联立式（3.46）、式（3.47），可得：

$$\boldsymbol{P}(t+\Delta t)=\boldsymbol{P}(t)\boldsymbol{P}(\Delta t) \tag{3.48}$$

这说明转移概率矩阵可以用式（3.47）来近似计算；第 j 个时间步长对应的转

移概率，或者说在 $j\Delta t$ 时刻的转移概率由式（3.49）计算得到

$$\boldsymbol{P}(j\Delta t)=[\boldsymbol{I}+\boldsymbol{R}\Delta t]^j \tag{3.49}$$

连续过程可以用离散过程来近似，如果是这样，任意时间步长对应的概率分布就可以用式（3.15）来计算。

例 3.10 若有一个两状态系统如图 3.15 所示，确定系统分别从状态 0、状态 1 开始在 t 时刻的转移概率矩阵和概率分布。

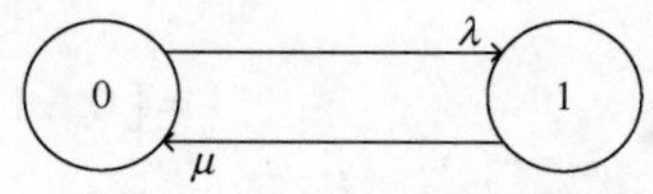

图 3.15 一个两状态系统模型

该过程的转移率矩阵为

$$\boldsymbol{R}=\begin{bmatrix}-\lambda & \lambda\\ \mu & -\mu\end{bmatrix}$$

转移概率矩阵可以由式（3.42）得到；首先由等式 $\det(\boldsymbol{R}-d\boldsymbol{I})=0$ 求解特征根和特征向量，得到 $d=0$，$-(\lambda+\mu)$。

对应 0 特征根的特征向量可由下式求解

$$\begin{bmatrix}-\lambda & \lambda\\ \mu & -\mu\end{bmatrix}\begin{bmatrix}v_{11}\\ v_{21}\end{bmatrix}=\begin{bmatrix}0\\ 0\end{bmatrix}$$

则 $v_{11}=v_{21}$，令 $v_{11}=1$，$\begin{bmatrix}v_{11}\\ v_{21}\end{bmatrix}=\begin{bmatrix}1\\ 1\end{bmatrix}$。

对应特征根 $d=-(\lambda+\mu)$ 的特征向量

$$\begin{bmatrix}\mu & \lambda\\ \mu & \lambda\end{bmatrix}\begin{bmatrix}v_{12}\\ v_{22}\end{bmatrix}=\begin{bmatrix}0\\ 0\end{bmatrix}$$

则 $v_{12}=-\dfrac{\lambda}{\mu}v_{22}$；令 $v_{22}=\mu$，有 $\begin{bmatrix}v_{12}\\ v_{22}\end{bmatrix}=\begin{bmatrix}-\lambda\\ \mu\end{bmatrix}$。

于是：

$$\begin{aligned}\boldsymbol{P}(t)&=\mathrm{e}^{\boldsymbol{R}t}\\ &=\begin{bmatrix}1 & -\lambda\\ 1 & \mu\end{bmatrix}\times\begin{bmatrix}\mathrm{e}^{0t} & 0\\ 0 & \mathrm{e}^{-(\lambda+\mu)t}\end{bmatrix}\times\begin{bmatrix}1 & -\lambda\\ 1 & \mu\end{bmatrix}^{-1}\\ &=\begin{bmatrix}\dfrac{\mu}{\lambda+\mu}+\dfrac{\lambda}{\lambda+\mu}\mathrm{e}^{-(\lambda+\mu)t} & \dfrac{\lambda}{\lambda+\mu}-\dfrac{\lambda}{\lambda+\mu}\mathrm{e}^{-(\lambda+\mu)t}\\ \dfrac{\mu}{\lambda+\mu}-\dfrac{\mu}{\lambda+\mu}\mathrm{e}^{-(\lambda+\mu)t} & \dfrac{\lambda}{\lambda+\mu}+\dfrac{\mu}{\lambda+\mu}\mathrm{e}^{-(\lambda+\mu)t}\end{bmatrix}\end{aligned}$$

如果系统从状态 0 开始，则此过程在 t 时刻的概率分布为

$$\begin{aligned}\boldsymbol{p}(t)&=\boldsymbol{p}(0)\boldsymbol{P}(t)\\ &=[1\quad 0]\times\begin{bmatrix}\dfrac{\mu}{\lambda+\mu}+\dfrac{\lambda}{\lambda+\mu}\mathrm{e}^{-(\lambda+\mu)t} & \dfrac{\lambda}{\lambda+\mu}-\dfrac{\lambda}{\lambda+\mu}\mathrm{e}^{-(\lambda+\mu)t}\\ \dfrac{\mu}{\lambda+\mu}-\dfrac{\mu}{\lambda+\mu}\mathrm{e}^{-(\lambda+\mu)t} & \dfrac{\lambda}{\lambda+\mu}+\dfrac{\mu}{\lambda+\mu}\mathrm{e}^{-(\lambda+\mu)t}\end{bmatrix}\end{aligned}$$

$$= \left[\frac{\mu}{\lambda+\mu} + \frac{\lambda}{\lambda+\mu} e^{-(\lambda+\mu)t} \quad \frac{\lambda}{\lambda+\mu} - \frac{\lambda}{\lambda+\mu} e^{-(\lambda+\mu)t} \right]$$

如果系统从状态 1 开始，则此过程在 t 时刻的概率分布为

$$\boldsymbol{p}(t) = \boldsymbol{p}(0)\boldsymbol{P}(t)$$

$$= [0 \quad 1] \times \begin{bmatrix} \frac{\mu}{\lambda+\mu} + \frac{\lambda}{\lambda+\mu} e^{-(\lambda+\mu)t} & \frac{\lambda}{\lambda+\mu} - \frac{\lambda}{\lambda+\mu} e^{-(\lambda+\mu)t} \\ \frac{\mu}{\lambda+\mu} - \frac{\mu}{\lambda+\mu} e^{-(\lambda+\mu)t} & \frac{\lambda}{\lambda+\mu} + \frac{\mu}{\lambda+\mu} e^{-(\lambda+\mu)t} \end{bmatrix}$$

$$= \left[\frac{\mu}{\lambda+\mu} - \frac{\mu}{\lambda+\mu} e^{-(\lambda+\mu)t} \; \frac{\lambda}{\lambda+\mu} + \frac{\mu}{\lambda+\mu} e^{-(\lambda+\mu)t} \right]$$

注意：无论过程从状态 0 还是从状态 1 开始，当 $t\to\infty$ 时的概率分布都是相同的。

3.3.3 过程的均衡分布

与离散过程类似，如果连续过程是遍历的，那么 $\lim\limits_{t\to\infty} P_{ij}(t)$ 存在且独立于 i。令 $p_j^{(\infty)} = \lim\limits_{t\to\infty} P_{ij}(t)$，$j \geqslant 0$；则 $p_j^{(\infty)}$ 为一个连续过程的均衡分布。

由式（3.40）可知 $P'_{ij}(t) = \sum\limits_k P_{ik}(t)\lambda_{kj}$；令 $t\to\infty$ 对其求极限，假设极限符号和求和符号可以互换，则有：

$$\lim_{t\to\infty} P'_{ij}(t) = \lim_{t\to\infty} \sum_k P_{ik}(t)\lambda_{kj} \tag{3.50}$$

$$= \sum \lim_{t\to\infty} P_{ik}(t)\lambda_{kj} \tag{3.51}$$

$$= \sum p_j^{(\infty)} \lambda_{kj} \tag{3.52}$$

由于 $P'_{ij}(t)$ 是转移概率矩阵的变化率，在稳态（即 $t\to\infty$ 时）趋于零，所以

$$0 = \sum p_j^{(\infty)} \lambda_{kj} \tag{3.53}$$

将式（3.53）写为矩阵形式，可得：

$$\boldsymbol{p}^{(\infty)} \boldsymbol{R} = \boldsymbol{0} \tag{3.54}$$

式（3.54）与 $\sum\limits_{j=0}^{\infty} P_j^{(\infty)} = 1$ 联立，即可得到该过程的均衡分布。

例 3.11 确定例 3.10 中过程的均衡分布。根据例 3.10 的解可以求出 $p_j^{(\infty)} = \lim\limits_{t\to\infty} P_{ij}(t)$；则有

$$\boldsymbol{P}^{\infty} = \begin{bmatrix} \frac{\mu}{\lambda+\mu} & \frac{\lambda}{\lambda+\mu} \\ \frac{\mu}{\lambda+\mu} & \frac{\lambda}{\lambda+\mu} \end{bmatrix}$$

此结果与 i 无关。

均衡分布为

$$\boldsymbol{p}^{(\infty)}=\begin{bmatrix}\frac{\mu}{\lambda+\mu} & \frac{\lambda}{\lambda+\mu}\end{bmatrix}$$

我们也可以通过求解以下方程来得到均衡分布：

$$[0\quad 0]=[p_0^{(\infty)}\quad p_1^{(\infty)}]\begin{bmatrix}-\lambda & \lambda\\ \mu & -\mu\end{bmatrix}$$

与 $p_0^{(\infty)}+p_1^{(\infty)}=1$ 联立，可以得到相同的解：$p_0^{(\infty)}=\frac{\mu}{\lambda+\mu}$和 $p_1^{(\infty)}=\frac{\lambda}{\lambda+\mu}$。

3.3.4　平均首达时间

对于一个连续过程，确定其第一次进入故障状态的时间（或称首达时间）也是很有意义的。由于到达故障状态的时间也是随机的，因此可以转而确定该时间的期望值，称之为平均首达时间，在应用于可靠性领域时称之为首次故障前平均时间（MTTFF）。

连续过程的平均首达时间可以用离散过程中的方程（3.25）来计算。由于连续过程可以用离散过程来近似（时间以 Δt 递增），因此转移概率矩阵由式（3.47）：$\boldsymbol{P}(\Delta t)=[\boldsymbol{I}+\boldsymbol{R}\Delta t]$ 近似计算。平均首达时间如式（3.55）所示：

$$\overline{\boldsymbol{T}}=\Delta t\times\boldsymbol{N}=\Delta t(\boldsymbol{I}-(\boldsymbol{I}+\boldsymbol{R}\Delta t))^{-1}=-R^{-1}\tag{3.55}$$

练习

3.1　一个系统由两个元件组成，每个元件的故障率为 10 次/年，平均修复时间为 6h。当两个元件都发生故障时才认为系统发生故障。假设两个元件相互独立，并且在过程一开始就投入使用。

（ⅰ）绘制该系统的状态转移图。（ⅱ）写出该系统的转移率矩阵。（ⅲ）求在 t 时刻具体的转移概率。（ⅳ）求在 t 时刻的故障概率。（ⅴ）利用近似转移概率 $\left(\delta t=\frac{1}{4}\text{h}\right)$ 求 4h 内每小时的故障概率。（ⅵ）求均衡状态概率。

3.2　构建一个连续马尔可夫模型来模拟机器绝缘的劣化状态，如图 3.16 所示。D1 为正常状态，D2 为劣化阶段，F 为劣化引起的绝缘失效状态，其中 $\lambda_{12}=\frac{1}{100}$/天，$\lambda_{2f}=\frac{1}{200}$/天，$\mu_{21}=\frac{1}{2}$/天，$\mu=\frac{1}{4}$/天。如果系统从 D1 开始，利用近似转移概率（$\delta t=2\text{h}$）求 4h 后的失效概率。过程分别从状态 D1、D2 开始，首次到达故障状态的平均时间是多少？

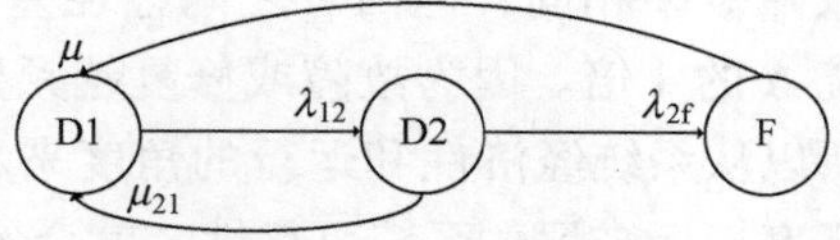

图 3.16　机器绝缘劣化状态

第 4 章

基于频率的随机过程分析方法

4.1 引言

在上一章中，我们用马尔可夫过程来模拟系统的随机行为。如果过程是遍历的，就可以求出马尔可夫过程中每个状态的稳态概率和平均首达时间，这两个指标提供了和系统故障概率以及系统首次达到故障状态所需要的平均时间有关的信息，因此对于电力系统可靠性分析具有重要意义。然而，无论是稳态概率还是首次故障前平均时间都缺少一个重要信息：系统处于故障状态的*频繁程度*，以图 4.1 所示的两个系统为例。

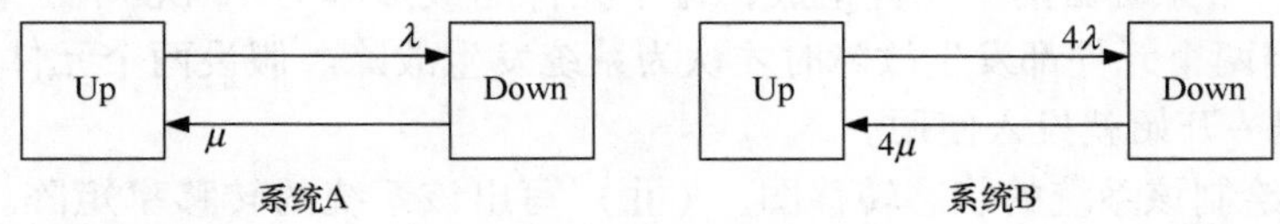

图 4.1　系统 A 和系统 B 之间的对比

可以看出，系统 A 和例 3.10、例 3.11 中的系统一样，系统 A、B 处于 Down（不可用）状态的稳态概率参见式（4.1）、式（4.2）：

$$p_{\mathrm{A}}=\frac{\lambda}{\lambda+\mu} \tag{4.1}$$

$$p_{\mathrm{B}}=\frac{4\lambda}{4\lambda+4\mu}=\frac{\lambda}{\lambda+\mu} \tag{4.2}$$

这说明两个系统的故障概率相同，但两者之间存在差异，主要是系统 B 在两个方向的转移次数是系统 A 的 4 倍。因为故障或修复越频繁，中断供电次数越多，修复所需的资源越多，所以从系统经济性和运行的角度来看，这一差异至关重要。如果系统运行人员只用概率指标来评估系统可靠性，就会忽略系统故障频率这一重要因素，也就是说概率指标不能反映两个系统在故障率和修复率方面的差异，而这些对系统的经济性和运行都会产生重大影响。

4.2　转移率

在正式定义频率之前，首先来回顾由式（3.34）定义的转移率的概念，本章从实践的角度来理解此概念。转移率从定义上描述了系统从一种状态转移到其他状态的行为。

如果有一个状态空间为 S 的系统，从状态 i 到状态 j 的转移率是指从状态 i 到状态 j 的平均转移次数除以系统处于状态 i 的时长，其中 i，$j\in S$。如果对此系统观察了 T 小时，其中系统处于状态 i 的时间为 T_i，则从状态 i 到状态 j 的转移率如式（4.3）所示，其单位是转移次数/h。

$$\lambda_{ij}=\lim_{T_i\to\infty}\frac{n_{ij}}{T_i} \tag{4.3}$$

式中，n_{ij}为在观察期间系统从状态 i 到状态 j 的转移次数。

例 4.1　如果一个系统有两个状态，即图 4.2 所示的 Up（可用）和 Down（不可用）状态。令 Up 为状态 1，Down 为状态 2。观察系统一段时间 T 后发现，系统处于 Up 状态的总时间为 T_1，处于 Down 状态的总时间为 T_2；另外还观察到状态从 Up 到 Down 的转移次数为 n_{12}，而从 Down 到 Up 的转移次数是 n_{21}。式（4.4）为状态从 Up 到 Down 的转移率，式（4.5）为状态从 Down 到 Up 的转移率：

$$\lambda_{12}=\frac{n_{12}}{T_1} \tag{4.4}$$

$$\lambda_{21}=\frac{n_{21}}{T_2} \tag{4.5}$$

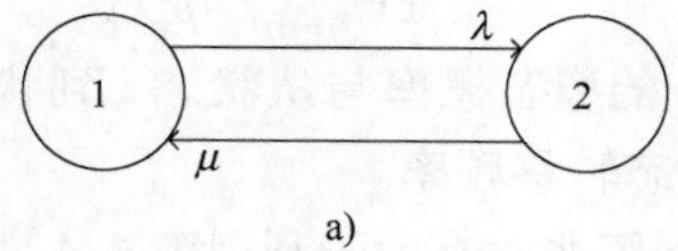

a)

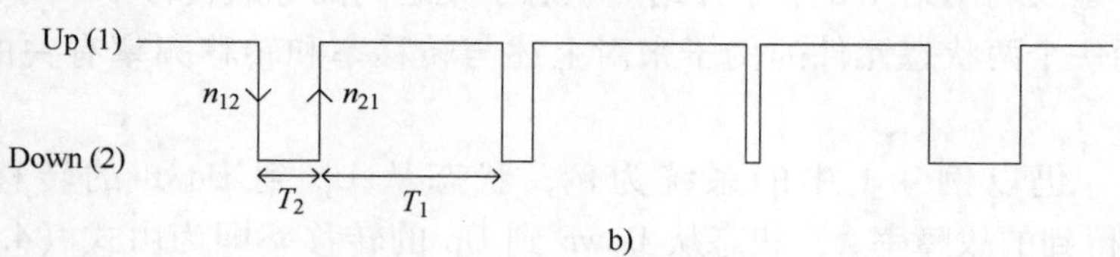

b)

图 4.2　一个两状态系统模型

需要注意的是，系统处于 Up 状态的平均时间，称为*平均可用时间*或 MUT（Mean Up Time），可由式（4.6）求出：

$$\text{MUT}=\frac{T_1}{n_{12}} \tag{4.6}$$

它是转移率 λ_{12} 的倒数。

类似地，可由下式得到系统处于 Down 状态的平均时间，称为*平均不可用时间*或 MDT（Mean Down Time）表示：

$$\mathrm{MDT}=\frac{T_2}{n_{21}}$$

它是转移率 λ_{21} 的倒数。

通常对于具有两种状态的系统，将从正常状态到故障状态的转移率称为*故障率* λ，从故障状态到正常状态的转移率称为*修复率* μ。

转移率的概念与频率的概念关系非常密切，两者均表示了系统中状态的转移。下一节将介绍频率的概念，并推导其与转移率之间的关系。

4.3 频率

将从状态 i 转移到状态 j 的频率定义为单位时间内从状态 i 转移到状态 j 的次数期望值或平均值，记为 $\mathrm{Fr}_{\{i\}\to\{j\}}$

$$\mathrm{Fr}_{\{i\}\to\{j\}}=\lim_{T\to\infty}\frac{n_{ij}}{T} \tag{4.7}$$

注意：可以引入表示处于状态 i 的时长 T_i，将式（4.7）改写如下：

$$\mathrm{Fr}_{\{i\}\to\{j\}}=\lim_{T\to\infty}\frac{T_i}{T}\cdot\frac{n_{ij}}{T_i} \tag{4.8}$$

由于在很长一段观察期内处于状态 i 的时间占比可以用处于状态 i 的概率来描述，记为 p_i，因此式（4.8）变为式（4.9）：

$$\mathrm{Fr}_{\{i\}\to\{j\}}=p_i\lambda_{ij} \tag{4.9}$$

因此，只需将状态 i 的稳态概率与从状态 i 到状态 j 的转移率相乘，就可以得到从状态 i 到状态 j 的稳态转移频率。

这种对频率的朴素理解非常有助于利用第 4.4 节中介绍的频率平衡概念来列写状态方程，以及利用第 4.5 节中介绍的状态子集之间的等效转移率来对状态空间进行降维。用一个两状态元件的例子来对上述与转移率和转移频率有关的概念加以说明。

例 4.2 仍以例 4.1 中的系统为例，状态从 Up 到 Down 的转移率即为由式（4.4）得到的故障率 λ，状态从 Down 到 Up 的转移率即为由式（4.5）得到的修复率 μ。计算频率如下：

$$\mathrm{Fr}_{\{1\}\to\{2\}}=p_1\lambda \tag{4.10}$$

代入例 3.11 中系统处于状态 1 的概率，得到：

$$\mathrm{Fr}_{\{1\}\to\{2\}}=\frac{\mu}{\lambda+\mu}\times\lambda \tag{4.11}$$

类似地

$$\mathrm{Fr}_{\{2\}\to\{1\}}=\frac{\lambda}{\lambda+\mu}\times\mu \tag{4.12}$$

显然，$\mathrm{Fr}_{\{1\}\to\{2\}}=\mathrm{Fr}_{\{2\}\to\{1\}}$，这表明该系统的两个状态之间存在一个频率平衡。这并非巧合，我们将在第 4.4 节中进行讨论。

两个状态之间的频率这一概念可以延伸为两个不相交集合之间的频率，如下节所述。

4.3.1　两个不相交集合之间的频率

我们也可以确定*两个不相交集合之间的频率*。直观地来看，两个集合之间的频率可以这样确定：围绕两个集合画一个边界，确定进入边界或从边界出来的转移率期望值。

如图 4.3 所示为两个子集 X，$Y\subset S$，$X\cap Y=\varnothing$。由子集 X 转移到子集 Y 的频率就是集合间的转移频率之和，如下所示：

$$\mathrm{Fr}_{X\to Y}=\sum_{i\in X}\left(p_i\sum_{j\in Y}\lambda_{ij}\right) \tag{4.13}$$

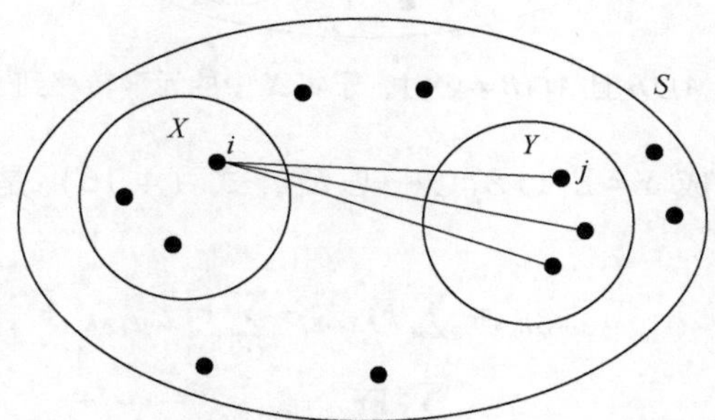

图 4.3　子集 X 中的元素转移到子集 Y 的频率

注意：如果 $Y=A\cup B$，$A\cap B=\varnothing$，则由式（4.13）也可以得到：

$$\mathrm{Fr}_{X\to(A\cup B)}=\mathrm{Fr}_{X\to A}+\mathrm{Fr}_{X\to B} \tag{4.14}$$

图 4.4 形象解释了此概念。

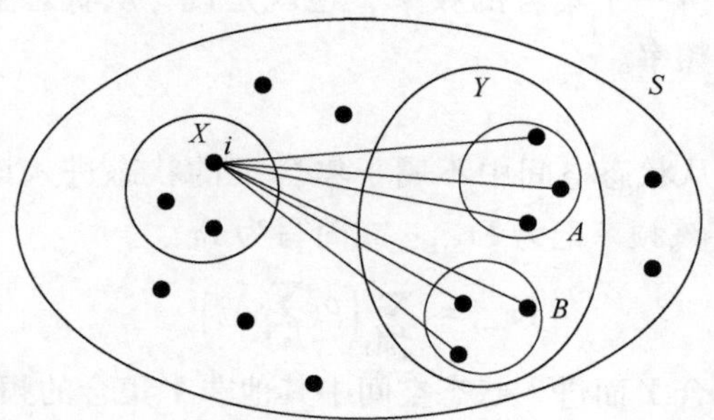

图 4.4　当 $Y=A\cup B$ 且 $A\cap B=\varnothing$时，子集 X 中的元素转移到子集 Y 的频率

但是，如果 $Y=A\cup B$ 且 $A\cap B\neq\varnothing$，考虑到 $A\cup B=(A\backslash B)\cup(B\backslash A)\cup(A\cap B)$，由于 $(A\backslash B)\cap(B\backslash A)=\varnothing$，$(A\backslash B)\cap(A\cap B)=\varnothing$ 且 $(B\backslash A)\cap(A\cap B)=\varnothing$，则由式（4.14）可得：

$$\begin{aligned}\mathrm{Fr}_{X\to(A\cup B)}&=\mathrm{Fr}_{X\to A\backslash B}+\mathrm{Fr}_{X\to B\backslash A}+\mathrm{Fr}_{X\to A\cap B}\\&=(\mathrm{Fr}_{X\to A\backslash B}+\mathrm{Fr}_{X\to A\cap B})+(\mathrm{Fr}_{X\to B\backslash A}+\mathrm{Fr}_{X\to A\cap B})-\mathrm{Fr}_{X\to A\cap B}\\&=\mathrm{Fr}_{X\to A}+\mathrm{Fr}_{X\to B}-\mathrm{Fr}_{X\to A\cap B}\end{aligned}\tag{4.15}$$

图 4.5 形象解释了此概念。我们也会发现，上述表达式的理念和计算两个事件并集概率的理念是相同的。

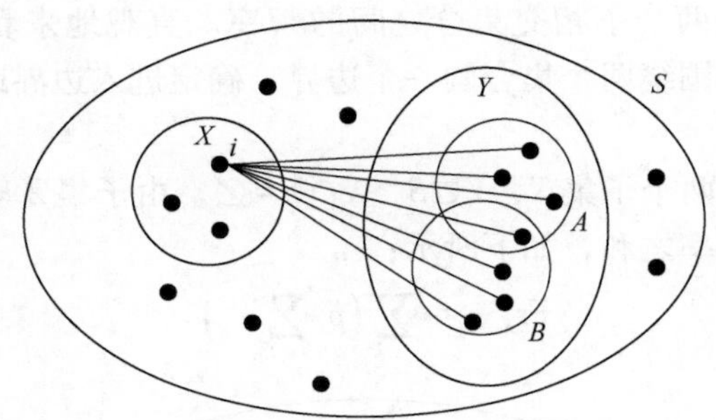

图 4.5　当 $Y=A\cup B$ 且 $A\cap B\neq\varnothing$ 时，子集 X 中的元素转移到子集 Y 的频率

一般地，可以写成 $Y=E_1\cup E_2\cup\cdots\cup E_n$，式（4.16）是一个更为通用的表达式：

$$\begin{aligned}\mathrm{Fr}_{X\to(E_1\cup E_2\cup\cdots\cup E_n)}=&\sum_i\mathrm{Fr}_{X\to E_i}-\sum_{i<j}\mathrm{Fr}_{X\to E_i\cap E_j}+\\&\sum_{i<j<k}\mathrm{Fr}_{X\to E_i\cap E_j\cap E_k}-\cdots+\\&(-1)^{n-1}\mathrm{Fr}_{X\to E_1\cap E_2\cap\cdots\cap E_n}\end{aligned}\tag{4.16}$$

若集合 X 代表正常工作事件，集合 Y 代表故障事件，则从 X 到 Y 的频率就表示事件从正常工作转移到发生故障的频率。在第 5 章中将使用式（4.16）来辅助计算这一频率。

下一节将重点分析一个集合的频率，也就是说，从状态空间中不属于某集合的状态进入该集合的频率。

4.3.2　集合频率

如图 4.6 所示，从状态空间中不属于集合 Y 的状态进入该集合的频率可以由式（4.17）求得，将该频率记为 $\mathrm{Fr}_{S\backslash Y\to Y}$ 或简写为 $\mathrm{Fr}_{\to Y}$。

$$\mathrm{Fr}_{\to Y}=\sum_{i\in S\backslash Y}\left(p_i\sum_{j\in Y}\lambda_{ij}\right)\tag{4.17}$$

类似地，离开集合 Y 而进入状态空间中其他非 Y 集合的频率（记为 $\mathrm{Fr}_{Y\to}$），可以由式（4.18）得到：

$$\mathrm{Fr}_{Y\to} = \sum_{i\in Y}\left(p_i \sum_{j\in S\setminus Y}\lambda_{ij}\right) \tag{4.18}$$

在可靠性分析中，式（4.17）、式（4.18）主要用于确定进入或离开故障状态的频率。

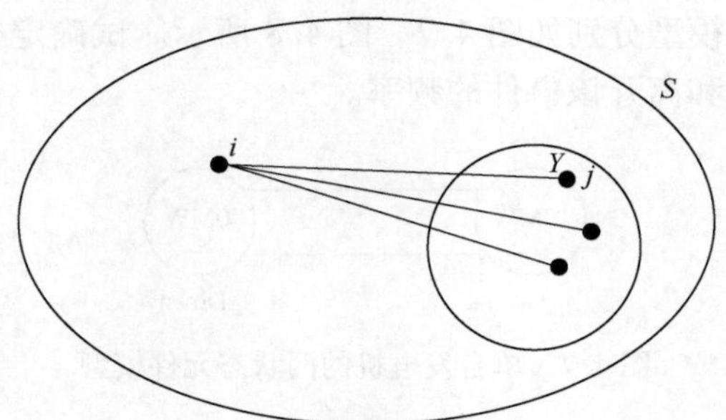

图 4.6　转移到子集 Y 的频率

根据式（4.17）、式（4.13），由于 $S=X\cup\overline{X}$ 且 $X\cap Y=\varnothing$，可得：

$$\mathrm{Fr}_{\to Y} = \sum_{i\in X}\left(p_i \sum_{j\in Y}\lambda_{ij}\right) + \sum_{i\in \overline{X}\setminus Y}\left(p_i \sum_{j\in Y}\lambda_{ij}\right) \tag{4.19}$$

$$= \mathrm{Fr}_{X\to Y} + \mathrm{Fr}_{\overline{X}\setminus Y\to Y} \tag{4.20}$$

类似地

$$\mathrm{Fr}_{Y\to} = \sum_{i\in Y}\left(p_i \sum_{j\in X}\lambda_{ij}\right) + \sum_{i\in Y}\left(p_i \sum_{j\in \overline{X}\setminus Y}\lambda_{ij}\right) \tag{4.21}$$

$$= \mathrm{Fr}_{Y\to X} + \mathrm{Fr}_{Y\to \overline{X}\setminus Y} \tag{4.22}$$

4.3.3　不相交事件并集的频率

对于不相交的事件，可以推导出进入一个*不相交事件并集*的频率，表达式如下：

$$\begin{aligned}
\mathrm{Fr}_{\to X\cup Y} &= \sum_{i\in S\setminus(X\cup Y)}\left(p_i \sum_{j\in X\cup Y}\lambda_{ij}\right) \\
&= \sum_{i\in S\setminus(\overline{X}\cup Y)} p_i\left(\sum_{j\in X}\lambda_{ij} + \sum_{j\in Y}\lambda_{ij}\right) \qquad (4.23)\\
&= \sum_{i\in S\setminus(\overline{X}\cup Y)} p_i\left(\sum_{j\in X}\lambda_{ij}\right) + \sum_{i\in S\setminus(\overline{X}\cup Y)} p_i\left(\sum_{j\in Y}\lambda_{ij}\right)
\end{aligned}$$

当 $X\cap Y=\varnothing$，$S\setminus(X\cup Y)=(S\setminus X)\cap(S\setminus Y)=\overline{X}\setminus Y=\overline{Y}\setminus X$ 时，可以将式（4.23）写为式（4.24）

$$\mathrm{Fr}_{\to X\cup Y} = \mathrm{Fr}_{\overline{Y}\setminus X\to X} + \mathrm{Fr}_{\overline{X}\setminus Y\to Y} \tag{4.24}$$

由式（4.19）可知 $\mathrm{Fr}_{\overline{X}\setminus Y\to Y} = \mathrm{Fr}_{\to Y} - \mathrm{Fr}_{X\to Y}$，代入得：

$$\mathrm{Fr}_{\to X\cup Y} = \mathrm{Fr}_{\to X} - \mathrm{Fr}_{Y\to X} + \mathrm{Fr}_{\to Y} - \mathrm{Fr}_{X\to Y} \tag{4.25}$$

类似地，离开 $X\cup Y$ 的频率可由式（4.26）得到：

$$\mathrm{Fr}_{X\cup Y\to} = \mathrm{Fr}_{X\to} - \mathrm{Fr}_{X\to Y} + \mathrm{Fr}_{Y\to} - \mathrm{Fr}_{Y\to X} \tag{4.26}$$

应该指出的是，无论是否假设元件相互独立，式（4.25）和式（4.26）所给出的关系都是正确的。后面将利用4.4节中的频率平衡概念对此表达式进行简化。

下例介绍如何直接计算频率以及计算不相交事件并集的频率。

例 4.3　某系统由三台两状态发电机组成，每台的容量为10MW。两状态发电机模型和8状态系统模型分别如图4.7、图4.8所示。试确定容量小于等于10MW的事件概率以及进入和离开该事件的频率。

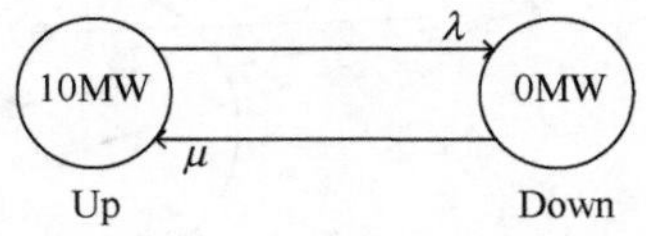

图 4.7　单台发电机的两状态元件模型

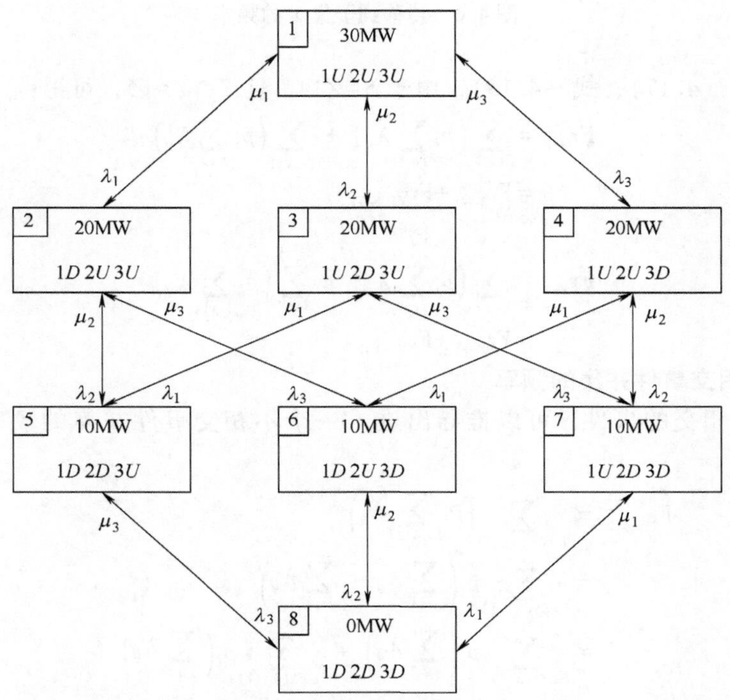

图 4.8　三台8状态发电机模型

第一步是明确构成该事件对应子集的所有状态。只要将这些状态的概率相加，就可以得到这个子集的概率。为了确定频率，简便的做法是围绕这些状态画一个边界，如图4.9所示。

令 $E=\{(\text{Cap}\leqslant 10)\}$，然后直接按如下公式得到穿越该边界的转移率期望值：

$$p_E=p_5+p_6+p_7+p_8 \tag{4.27}$$

$$\mathrm{Fr}_{\to E}=p_2(\lambda_2+\lambda_3)+p_3(\lambda_1+\lambda_3)+p_4(\lambda_1+\lambda_2) \tag{4.28}$$

$$\mathrm{Fr}_{E\to}=p_5(\mu_1+\mu_2)+p_6(\mu_1+\mu_3)+p_7(\mu_2+\mu_3) \tag{4.29}$$

另一种方法是用不相交集合并集的频率来确定进入、离开 E 的频率。设 $E=X\cup Y$，其中 $X=\{(\mathrm{Cap}=10)\}$，$Y=\{(\mathrm{Cap}=0)\}$；由于 $X\cap Y=\varnothing$，因此可以利用式（4.25）和式（4.26）。

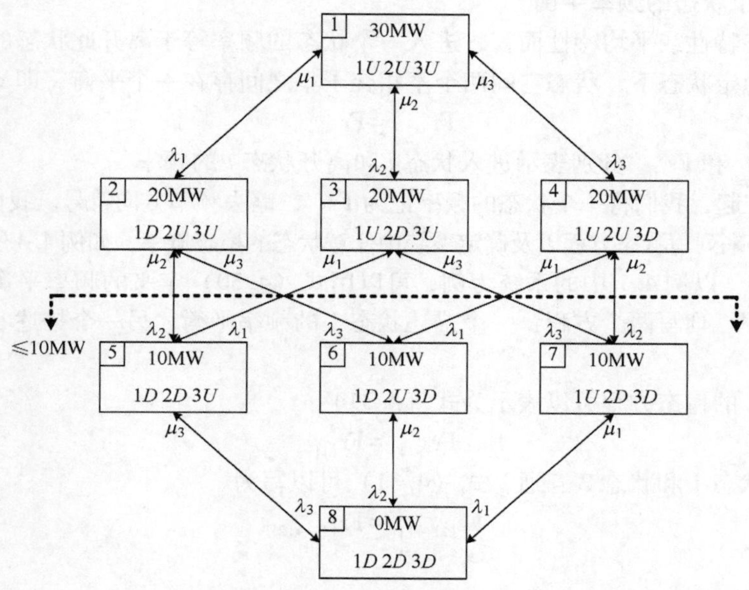

图 4.9　容量小于等于 10MW 的边界

将以下等式代入式（4.25），就可以确定进入 $E=X\cup Y$ 的频率，结果与式（4.28）相同。

$$\mathrm{Fr}_{\to X}=p_2(\lambda_2+\lambda_3)+p_3(\lambda_1+\lambda_3)+p_4(\lambda_1+\lambda_2)+p_8(\lambda_1+\lambda_2+\lambda_3)$$

$$\mathrm{Fr}_{Y\to X}=p_8(\mu_1+\mu_2+\mu_3)$$

$$\mathrm{Fr}_{\to Y}=p_5\lambda_3+p_6\lambda_2+p_7\lambda_1$$

$$\mathrm{Fr}_{X\to Y}=p_5\lambda_3+p_6\lambda_2+p_7\lambda_1$$

类似地，将 $\mathrm{Fr}_{X\to Y}$、$\mathrm{Fr}_{Y\to X}$和以下等式代入式（4.26），就可以确定离开 $E=X\cup Y$ 的频率，结果与式（4.29）相同。

$$\mathrm{Fr}_{X\to}=p_5(\mu_1+\mu_2+\lambda_3)+p_6(\mu_1+\mu_3+\lambda_2)+p_7(\mu_2+\mu_3+\lambda_1),$$

$$\mathrm{Fr}_{Y\to}=p_8(\mu_1+\mu_2+\mu_3),$$

上例确定的是容量小于 10MW 这一事件的*累积概率*。类似地，将离开容量小于等于 10MW 这一事件的频率称为*累积频率*。

需要特别注意的是，累积频率和累积概率不同，不能通过对每个状态的频率求和得到，因为只有那些穿越边界的频率才计入累积频率。

4.4 频率平衡

本节将例 4.2 中提到的频率平衡概念推广到更一般的情形。首先介绍在状态空间 S 中任意状态 i 处的频率平衡概念，然后推广到任意子集 X，$Y \subset S$ 上的频率平衡。

4.4.1 一个状态的频率平衡

就稳态特性或平均特性而言，进入一个状态的频率等于离开此状态的频率。换言之，在稳定状态下，状态空间两个不相交子集之间存在一个平衡，即 $\forall i \in S$

$$\mathrm{Fr}_{\rightarrow\{i\}} = \mathrm{Fr}_{\{i\}\rightarrow} \tag{4.30}$$

式中，$\mathrm{Fr}_{\rightarrow\{i\}}$ 和 $\mathrm{Fr}_{\{i\}\rightarrow}$ 分别表示进入状态 i 和离开状态 i 的频率。

从现在起，我们将一个状态的频率记为 $\mathrm{Fr}_{\{i\}}$，略去频率方向符号。我们可以用这一简化思路来列写状态方程以及确定系统中任意状态的稳态概率，如例 4.4 所示。

例 4.4 以例 4.1 中的系统为例，可以用式（4.30）定义的频率平衡概念来计算状态概率。列写两个方程：一个描述状态 1 的频率平衡，另一个描述状态 2 的频率平衡。

状态 1 的稳态方程可以表示为式（4.31）：

$$\mathrm{Fr}_{\rightarrow\{1\}} = \mathrm{Fr}_{\{1\}\rightarrow} \tag{4.31}$$

由于状态 1 和状态 2 互通，式（4.31）可以写为

$$\mathrm{Fr}_{\{2\}\rightarrow\{1\}} = \mathrm{Fr}_{\{1\}\rightarrow\{2\}} \tag{4.32}$$

即

$$p_2\mu = p_1\lambda \tag{4.33}$$

类似地，状态 2 的频率平衡可以由式（4.34）求得：

$$\mathrm{Fr}_{\rightarrow\{2\}} = \mathrm{Fr}_{\{2\}\rightarrow} \tag{4.34}$$

即

$$\mathrm{Fr}_{\{1\}\rightarrow\{2\}} = \mathrm{Fr}_{\{2\}\rightarrow\{1\}} \tag{4.35}$$

$$p_1\lambda = p_2\mu \tag{4.36}$$

注意：式（4.33）和式（4.36）完全相同，为求解稳态概率，还需要一个线性无关的方程。在本例中，可以利用

$$p_1 + p_2 = 1 \tag{4.37}$$

则可以得到 $p_1 = \dfrac{\mu}{\mu+\lambda}$，$p_2 = \dfrac{\lambda}{\mu+\lambda}$。

从前述例子可以看出，当使用频率平衡的概念时，对 n 个系统状态可以列写 n 个方程，但这些方程是线性相关的，因此只能使用其中的 $n-1$ 个方程，还需要总概率等式作为第 n 个方程。

$$\sum_{i=1}^{n} p_i = 1 \tag{4.38}$$

一般来说，可以通过求解所得到的 n 个方程来求解稳态概率。需要注意的是，如果元件是相互独立的，利用概率的乘法律就可以很容易地通过元件状态的概率得到系统状态的概率。

4.4.2　一个集合的频率平衡

频率平衡的概念同样适用于状态空间中的任意集合。对于任意一个集合 $Y\subset S$：

$$\mathrm{Fr}_{\to Y}=\mathrm{Fr}_{Y\to} \tag{4.39}$$

在这里我们也将一个状态的频率记为 Fr_Y，即从现在起略去频率方向符号，所以式（4.39）相当于

$$\mathrm{Fr}_Y=\mathrm{Fr}_{\overline{Y}} \tag{4.40}$$

注意：无论是求解一个状态的频率平衡还是一个集合的频率平衡，都是在两个不相交子集之间进行的，这两个子集构成了整个状态空间，即此时有 $Y\cup\overline{Y}=S$。另外，任意一对状态或一对不相交子集之间的频率并非必须是平衡的。

如果一个元件的状态之间和子集之间都存在频率平衡，则将其称为*频率平衡*（Balanced Frequency，BF）*元件*。对于每个 X，$Y\subset S$ 且 $X\cap Y=\varnothing$，当且仅当式（4.41）成立时，元件才是 BF 的：

$$\mathrm{Fr}_{X\to Y}=\mathrm{Fr}_{Y\to X} \tag{4.41}$$

这意味着在任意一对系统状态之间或一对互斥子集之间都存在一个频率平衡。

多状态 BF 元件和非 BF 元件的例子分别如图 4.10、图 4.11 所示。

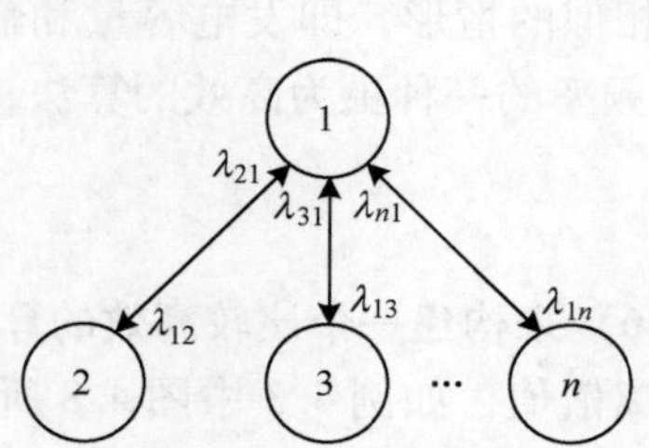

图 4.10　一个频率平衡的元件

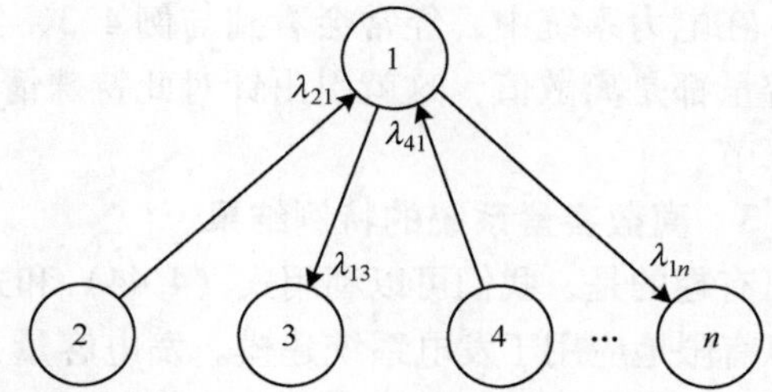

图 4.11　一个频率不平衡的元件

根据式（4.39），对于任何 $X\subset S$ 且 $X\cap Y=\varnothing$，由式（4.19）和式（4.21）可以得到：

$$\mathrm{Fr}_{X\to Y}+\mathrm{Fr}_{\overline{X}\setminus Y\to Y}=\mathrm{Fr}_{Y\to X}+\mathrm{Fr}_{Y\to\overline{X}\setminus Y} \tag{4.42}$$

如果元件是频率平衡的，则有：

$$\mathrm{Fr}_{\overline{X}\setminus Y\to Y}=\mathrm{Fr}_{Y\to\overline{X}\setminus Y} \tag{4.43}$$

利用式（4.43）能够更高效地求解不相交事件并集的频率。回顾由式（4.25）、式（4.26）给出的事件并集的频率，可将其简写为式（4.44）：

$$\mathrm{Fr}_{X\cup Y}=\mathrm{Fr}_X-\mathrm{Fr}_{Y\to X}+\mathrm{Fr}_Y-\mathrm{Fr}_{X\to Y} \tag{4.44}$$

由式（4.19）可知 $\mathrm{Fr}_Y=\mathrm{Fr}_{X\to Y}+\mathrm{Fr}_{X\setminus Y\to Y}$，可得：

$$\mathrm{Fr}_{X\cup Y}=\mathrm{Fr}_X-\mathrm{Fr}_{Y\to X}+\mathrm{Fr}_{X\backslash Y\to Y} \tag{4.45}$$

如果元件是频率平衡的，则可以用式（4.43）计算，据此可以推导一个计算更高效的关系式如下[2]：

$$\mathrm{Fr}_{X\cup Y}=\mathrm{Fr}_X-\mathrm{Fr}_{Y\to X}+\mathrm{Fr}_{Y\to\overline{X}\backslash Y} \tag{4.46}$$

如果 Y 中的状态个数比 $\overline{X}\backslash Y$ 中的状态个数少，那么利用式（4.46）能够以一种更高效的方式灵活计算频率，因为箭头从 Y 出发比从 $\overline{X}\backslash Y$ 出发需要计算的频率项少，但只有当这些元件是频率平衡的时候，式（4.46）才成立。下例将说明如何使用式（4.46）。

例 4.5 以例 4.3 所示的系统为例，用式（4.44）和式（4.46）确定 2 号发电机处于 Down 状态的事件频率，$E=\{3,5,6,7,8\}$。

令 $X=\{5,6,7,8\}$，$Y=\{3\}$；那么利用式（4.44），Fr_E 可求解如下：

$\mathrm{Fr}_X=p_5(\mu_1+\mu_2)+p_6(\mu_1+\mu_3)+p_7(\mu_2+\mu_3)$

$\mathrm{Fr}_{Y\to X}=p_3(\lambda_1+\lambda_3)$

$\mathrm{Fr}_{X\backslash Y\to Y}=p_1(\lambda_2)+p_2(0)+p_3(0)$

如果利用式（4.46），需要确定的是 $\mathrm{Fr}_{Y\to\overline{X}\backslash Y}$ 而不是 $\mathrm{Fr}_{\overline{X}\backslash Y\to Y}$，如下所示：

$$\mathrm{Fr}_{Y\to\overline{X}\backslash Y}=p_3(\mu_2)$$

注意：如果使用式（4.46），只需要考虑从状态{3}到状态{1,2,4}的转移，但如果使用式（4.44），还需要确定从状态{1,2,3}到状态{3}的转移。

在电力系统中，经常会看到与例 4.3、例 4.5 相似的情形，即发电容量和输电线容量都是离散值，这就引出针对此特殊情况计算频率的一种更为高效的算法，参见下节。

4.4.3 离散容量系统的特例结果

有趣的是，我们可以利用式（4.44）和式（4.46）来构建一个比较高效的算法，可以有限地应用于发电系统建模。发电容量一般是离散值，如例 4.3 中图 4.8 所示。在发电系统可靠性评估中经常使用容量-停电概率和频率表，包含与状态 i 相关的容量 C_i、与每个容量等级对应的累积概率 $\Pr(\{\mathrm{Cap}\leqslant C_i\})$ 和频率 $\mathrm{Fr}(\{\mathrm{Cap}\leqslant C_i\})$。

假设一共有 n 个容量状态，与状态 i 对应的容量为 C_i，以图 4.8 所示的系统为例，一共有 4 个容量状态：0MW、10MW、20MW、30MW。进一步假设状态以容量值从高到低排列，即 $C_i<C_{i-1}$。我们的目标是递推计算与每个容量等级对应的累积概率和频率。

由于 $\{\mathrm{Cap}\leqslant C_i\}=\{\mathrm{Cap}\leqslant C_{i-1}\}\cup\{\mathrm{Cap}=C_i\}$，令

$$f_{i-}=\mathrm{Fr}(\{\mathrm{Cap}=C_i\}\to\{\mathrm{Cap}\leqslant C_{i-1}\}) \tag{4.47}$$

$$f_{+i}=\mathrm{Fr}(\{\mathrm{Cap}>C_i\}\to\{\mathrm{Cap}=C_i\}) \tag{4.48}$$

$$f_{i+}=\mathrm{Fr}(\{\mathrm{Cap}=C_i\}\to\{\mathrm{Cap}>C_i\}) \tag{4.49}$$

式中，f_{i-} 为从 C_i 转移到较低容量状态的频率；f_{+i} 为从较高容量状态进入 C_i 的频率；

f_{i+}为从 C_i 离开转移到较高容量状态的频率。

利用式（4.44）构建如下递推公式：

$$\mathrm{Fr}(\{\mathrm{Cap}\leqslant C_i\})=f_{i-1}-f_{i-}+f_{+i} \tag{4.50}$$

式（4.50）表明，任意状态中某个容量状态的频率都可以递推求得。如果是 BF 系统，则可以利用式（4.46）计算如下：

$$\mathrm{Fr}(\{\mathrm{Cap}\leqslant C_i\})=f_{i-1}-f_{i-}+f_{i+} \tag{4.51}$$

式（4.50）是一个通用等式，无需元件在统计意义上相互独立或者满足式（4.41），而式（4.51）则要求元件是相互独立且频率平衡的。但是，式（4.51）更容易实现，因为计算 f_{i+} 比计算 f_{+i} 简单，尤其是在能够证明式（4.51）与参考文献［3］中给出的递推关系相一致的情形下。式（4.44）一些受限形式的其他应用案例可参见参考文献［4-6］。

迄今为止，式（4.46）仅用于由两状态元件组成的发电系统，这些元件相互独立且频率平衡。当元件的频率不平衡时，即使它们在状态空间中相互独立，也无法用简单的递推公式得到频率。此问题可利用下节中介绍的强制频率平衡概念来规避。应用案例包含一个如图 4.11 所示的发电单元，其中有 3 个元件状态，并且频率是不平衡的。

4.4.4　强制频率平衡

如前节所述，因为和 $\overline{X}\backslash Y$ 相比，Y 需要考虑的频率项通常较少，计算 $\mathrm{Fr}_{Y\to\overline{X}\backslash Y}$ 相对容易，所以式（4.46）优于式（4.44）；但式（4.46）的问题是它要求所有元件相互独立且频率平衡，而利用强制频率平衡的概念就可以不受这一限制的约束[7]，以下介绍如何在状态空间各个子集之间应用此概念进行分析。

强制频率平衡概念是针对离散容量系统（与第 4.4.3 节中研究的系统相同）提出的，首先给出一组定义。

定义 4.1　离散容量元件指该元件的每个状态 k 都对应一个确定的容量。

定义 4.2　离散容量系统指该系统的每个状态 i 都对应一个确定的容量，系统状态容量是组成该系统状态的各个元件状态的容量之和，即

$$C_i=\sum_{\forall c}C_{ic_k} \tag{4.52}$$

式中，C_i 为系统状态 i 对应的容量；C_{ic_k} 为在系统状态 i 下状态为 k 的元件 c 的容量。

定义 4.3　元件状态方向指在系统状态 i 下元件状态从 c_k 到 c_l 的方向，如果 $C_{ic_k}>C_{ic_l}$则为正向；如果 $C_{ic_k}<C_{ic_l}$则为负向。

定义 4.4　系统状态子集的方向指从$\{C_i\}$到$\{C_j\}$的方向，$\{C_i\}$，$\{C_j\}\subset S$。如果 $\min_j\{C_j\}>\max_i\{C_i\}$，则为正向；如果 $\max_j\{C_j\}<\min_i\{C_i\}$，则为负向。

为了计算频率，如果将元件 c 从状态 k 到 l 的实际转移率 $\lambda_{c_kc_l}$ 替换为由式（4.53）计算得到的虚拟转移率，则称处于系统状态 i 中的一个离散容量元件沿

正向转移时是强制频率平衡的：

$$\alpha_{c_kc_l}=\frac{\mathrm{Fr}_{\{c_k\}\to\{c_l\}}}{p_{c_k}},\forall k,l \quad \text{使得 } C_{ic_k}>C_{ic_l} \tag{4.53}$$

式中，$\alpha_{c_kc_l}$为元件 c 从状态 k 到 l 的虚拟转移率；$\mathrm{Fr}_{\{c_k\}\to\{c_l\}}$为元件 c 从状态 k 转移到状态 l 的频率；p_{c_k}为元件 c 处于状态 k 的稳态概率。

元件状态沿正向转移时强制其频率平衡的步骤如下：

1）用实际转移率 $\lambda_{c_kc_l}$计算元件状态概率。

2）从每个状态 c_i 开始，计算 $C_{ic_k}>C_{ic_l}$时的虚拟转移率 $\alpha_{c_kc_l}$。

3）保持从 c_i 开始沿正向转移的转移率不变。

类似地，将 $\lambda_{c_kc_l}$ 替换为由式（4.54）计算得到的虚拟转移率，则称一个元件沿负向转移时是强制频率平衡的：

$$\alpha_{c_kc_l}=\frac{\mathrm{Fr}_{\{c_k\}\to\{c_l\}}}{p_{c_k}},\forall k,l \quad \text{使得 } C_{ic_k}<C_{ic_l} \tag{4.54}$$

现给出一个定理如下，该定理用于当所有元件相互独立但有些元件频率不平衡时，计算状态空间中不相交事件并集的频率。

定理 4.1 对于由相互独立的离散容量元件组成的离散容量系统，对于任何 X，$Y\subset S$，$X\cap Y=\varnothing$，有：

$$\mathrm{Fr}_{(X\cup Y)}=\begin{cases}\mathrm{Fr}_X-\mathrm{Fr}_{Y\to X}^{-}+\mathrm{Fr}_{Y\to\overline{X}\setminus Y} & (X>Y)\\ \mathrm{Fr}_X-\mathrm{Fr}_{Y\to X}^{+}+\mathrm{Fr}_{Y\to\overline{X}\setminus Y} & (X<Y)\end{cases} \tag{4.55}$$

式中，Fr 的上标表示强制 Y 中频率不平衡的元件频率平衡时的转移方向。

对此定理的证明可参见文献［7］，此概念一些有趣的应用案例可参见文献［8］和［9］。下例对其中的一些思路加以说明。

例 4.6 若有一个两台三态发电机组的系统。如图 4.12 所示为单台机组的状态转移图，这是大型发电机组的常用模型[7]。图 4.13 所示为系统状态转移图，其中，右上角的数字表示系统状态 i，左上角的数字表示 C_i，括号中的数字为元件状态 c_k。

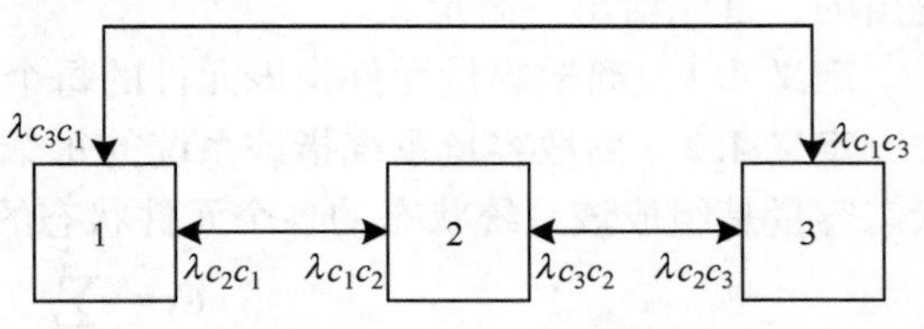

图 4.12 一台三态发电机组的转移图

此例中有两个元件，$c\in\{1,2\}$，元件状态为可用、减载和不可用，分别用数字 1、2、3 表示。元件状态容量如下：对于任何状态 i，如果元件处于可用状态，则 $C_{i1_1}=C_{i2_1}=50\mathrm{MW}$；如果元件处于减载状态，则 $C_{i1_2}=C_{i2_2}=25\mathrm{MW}$；如果元件处于不可用状态，则 $C_{i1_3}=C_{i2_3}=0\mathrm{MW}$。

该系统状态空间为$\{1,2,\cdots,9\}$，每个系统状态 i 的容量是 0MW、25MW、50MW、75MW 和 100MW。令 $X=\{6,8,9\}$，即容量≤25MW；$Y=\{3,5,7\}$，即容量

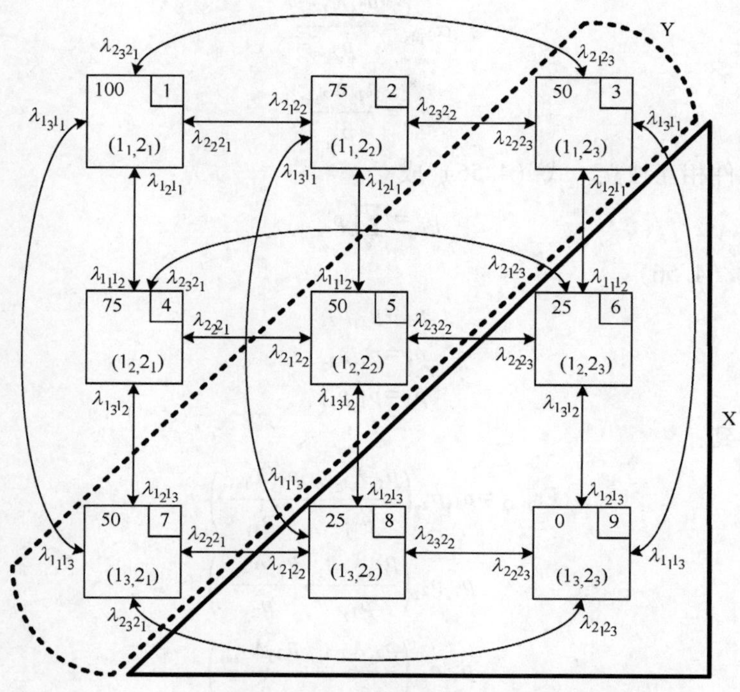

图 4.13 一个两台三态发电机组系统

为 50MW。利用定理 4.1 求 $\mathrm{Fr}_{X\cup Y}$。

因为 $X\to Y$ 为正向转移，

$$\mathrm{Fr}_X = \sum_{i\in X} p_i\Big(\sum_{j\in \bar{X}} \lambda_{ij}\Big)$$

$$=p_6(\lambda_{1_21_1}+\lambda_{2_32_2}+\lambda_{2_32_1})+p_8(\lambda_{1_31_1}+\lambda_{1_31_2}+\lambda_{2_22_1})+p_9(\lambda_{1_31_1}+\lambda_{2_32_1})$$

$$\mathrm{Fr}_{\bar{Y}\to X}=p_3(\alpha_{1_11_2}+\alpha_{1_11_3})+p_5(\alpha_{1_21_3}+\alpha_{2_22_3})+p_7(\alpha_{2_12_3}+\alpha_{2_12_2})$$

$$\mathrm{Fr}_{Y\to\bar{X}\setminus Y}=p_3(\lambda_{2_32_1}+\lambda_{2_32_2})+p_5(\lambda_{1_21_1}+\lambda_{2_22_1})+p_7(\lambda_{1_31_1}+\lambda_{1_31_2})$$

由于 $\mathrm{Fr}_{\bar{Y}\to X}$ 中所有元件的转移都是正向的，可用式（4.53）替代 $\alpha_{c_kc_l}$：

$$\alpha_{1_11_2}=\frac{p_{1_2}\lambda_{1_21_1}}{p_{1_1}}$$

$$\alpha_{1_11_3}=\frac{p_{1_3}\lambda_{1_31_1}}{p_{1_1}}$$

$$\alpha_{1_21_3}=\frac{p_{1_3}\lambda_{1_31_2}}{p_{1_2}}$$

$$\alpha_{2_22_3}=\frac{p_{2_3}\lambda_{2_32_2}}{p_{2_2}}$$

$$\alpha_{2_1 2_3}=\frac{p_{2_3}\lambda_{2_3 2_1}}{p_{2_1}}$$

$$\alpha_{2_1 2_2}=\frac{p_{2_2}\lambda_{2_2 2_1}}{p_{2_1}}$$

由于元件相互独立，式（4.56）成立：

$$p_i = \prod_{\forall c} p_{c_k} \tag{4.56}$$

根据式（4.56）：

$$p_3=p_{1_1}p_{2_3}$$
$$p_5=p_{1_2}p_{2_2}$$
$$p_7=p_{1_3}p_{2_1}$$

可以得到：

$$\begin{aligned}\mathrm{Fr}_{Y\to X}^{-}=p_{1_1}p_{2_3}&\left(\frac{p_{1_2}\lambda_{1_2 1_1}}{p_{1_1}}+\frac{p_{1_3}\lambda_{1_3 1_1}}{p_{1_1}}\right)+\\ p_{1_2}p_{2_2}&\left(\frac{p_{1_3}\lambda_{1_3 1_2}}{p_{1_2}}+\frac{p_{2_3}\lambda_{2_3 2_2}}{p_{2_2}}\right)+\\ p_{1_3}p_{2_1}&\left(\frac{p_{2_3}\lambda_{2_3 2_1}}{p_{2_1}}+\frac{p_{2_2}\lambda_{2_2 2_1}}{p_{2_1}}\right)\end{aligned}$$

然后，代入下式求解 $X\cup Y$ 的频率：

$$\mathrm{Fr}_{Y\to X}^{-}=p_6(\lambda_{1_2 1_1}+\lambda_{2_3 2_2})+p_8(\lambda_{1_3 1_2}+\lambda_{2_2 2_1})+p_9(\lambda_{1_3 1_1}+\lambda_{2_3 2_1})$$

最后得到：

$$\mathrm{Fr}_{X\cup Y}=p_3(\lambda_{2_3 2_1}+\lambda_{2_3 2_2})+p_5(\lambda_{1_2 1_1}+\lambda_{2_2 2_1})+p_6\lambda_{2_3 2_1}+p_7(\lambda_{1_3 1_1}+\lambda_{1_3 1_2})+p_8\lambda_{1_3 1_1}$$

这一结果可以很容易地用图 4.13 中的状态转移图来验证。

应该注意的是，式（4.46）是式（4.55）的一个特例，参考文献[6][10][11]直接或间接地用到了该式。对于由多状态元件组成的系统，参考文献［11］结合式（4.46）使用了一些修正项。本节所介绍的强制频率平衡则令我们不用任何修正项就能直接计算不相交集合单元的频率。如果元件沿负向转移时是强制频率平衡的，则应使用式（4.54）而不是式（4.53）。

由例 4.3、例 4.6 可见，系统状态随元件数量指数递增，但容量状态的数量仍在可控范围内。减少状态空间中状态数量的方法之一是对特征相同的状态进行分组，如在例 4.3 中，可以将状态空间减少到对应 0、10、20 和 30MW 几个容量的状态，从而大幅度减少状态数量，即由 8 个减到了 4 个，下节将介绍这一概念。

4.5 等效转移率

在有些情况下，通过合并状态的方式来简化状态空间会很方便，再将简化后的状态空间与其他子系统模型合并会更加容易。

根据频率的概念，在稳态下，不相交子集 X 到 Y（X，$Y \subset S$ 且 $X \cap Y = \varnothing$）的等效转移率可以计算如下：

$$\lambda_{XY} = \frac{\mathrm{Fr}_{X \to Y}}{p_X} \tag{4.57}$$

参考文献［12］对决定能否合并的条件进行了充分讨论，但通过以下一个两元件的例子也能对此获得一些理解。

例 4.7　如图 4.14 所示为两个两状态元件的状态转移图，其中，λ_i 和 μ_i 是元件 i 的故障率和修复率。

如果想用三状态 a、b 和 c 来表示这个 4 状态模型，如图 4.14 所示，则可用式（4.57）来计算等效转移率如下：

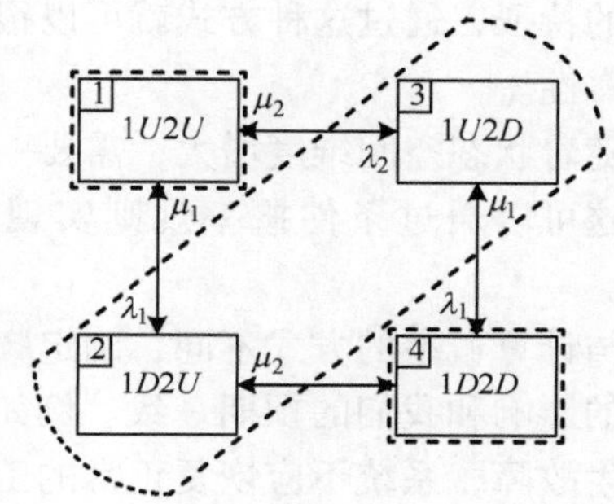

图 4.14　将四状态模型用三状态等效

$$\lambda_{ab} = \frac{\mathrm{Fr}_{a \to b}}{p_a} \tag{4.58}$$

$$= \frac{p_a(\lambda_1 + \lambda_2)}{p_a} \tag{4.59}$$

$$= \lambda_1 + \lambda_2 \tag{4.60}$$

$$\lambda_{ba} = \frac{\mathrm{Fr}_{b \to a}}{p_b} \tag{4.61}$$

$$= \frac{p_2\mu_1 + p_3\mu_2}{p_2 + p_3} \tag{4.62}$$

类似地：

$$\lambda_{bc} = \frac{p_2\lambda_2 + p_3\lambda_1}{p_2 + p_3} \tag{4.63}$$

$$\lambda_{cb} = \mu_1 + \mu_2 \tag{4.64}$$

可以看出，从 a 到 b 和从 c 到 b 的等效转移率与状态概率无关，因此在将此简化模型与其他子系统模型合并时可以直接使用；但是，从 b 到 a 和从 b 到 c 的转移率是状态概率的函数，只有在稳态情况下并且待合并子系统为独立的时候才能使用这些等效转移率。对于两个元件完全相同的特殊情况，即 $\lambda_1 = \lambda_2 = \lambda$ 且 $\mu_1 = \mu_2 = \mu$，显然有：

$$\lambda_{ab} = 2\lambda$$

$$\lambda_{ba} = \mu$$

$$\lambda_{bc} = \lambda$$

$$\lambda_{cb} = 2\mu$$

这些转移率都与状态概率无关，无论是考虑稳态的计算还是考虑随时间变化的计算都可以使用。

例 4.7 展示了如何合并状态空间中的状态，从而用一种更精简的方式来表示状态空间，应用该方法可有效确定对系统造成同样影响的一个事件发生的概率或频率。

如第 1 章所述，我们关注的是评估与系统故障状态相关的量值，例如，故障概率和故障频率。对状态空间中的状态进行分组，其中每个状态对系统的影响代表了相同的特征，通过这种方式就可以很容易地检测出故障状态，从而有效地评估系统的可靠性。

随着状态空间维度增大，需要一种通过降低状态空间维度来计算频率指标的方法，这可以通过条件概率规则实现；如第 2 章所述，该规则主要用来确定事件概率。

与计算概率的方式不同，确定频率的过程还涉及到状态转移，需要确保转移所造成的影响和我们的预期一致。例如，若系统当前处于故障状态，如果又有一个元件发生故障，系统不应恢复正常的工作状态。

这一概念称为一致性，将在下一节中给予解释。后续第 4.7 节将在假设满足一致性的条件下确定事件的频率，称为*条件频率*。

4.6 一致性

一致性是当系统状态发生变化时的一个状态相关属性，经常被用来描述故障状态和正常状态之间的切换，简单来说就是：

1）如果系统处于故障状态，其中一部分元件正常，一部分元件故障，那么对于一个可靠性一致的系统而言，一个正常元件发生故障不会令系统恢复正常。

2）如果系统处于正常状态，其中一部分元件正常，一部分元件故障，那么对于一个可靠性一致的系统而言，一个故障元件的修复/恢复不会令系统发生故障。

简而言之，在可靠性一致的系统中，元件劣化不会改善系统，元件优化不会劣化系统，这可以通过下例进一步阐明。

例 4.8 以图 4.15 所示的系统为例，系统中的输电线路 2 正处于故障状态。本例中假设系统处于正常状态，如果修复线路 2 没有造成系统故障，则称该系统为可靠性一致的。

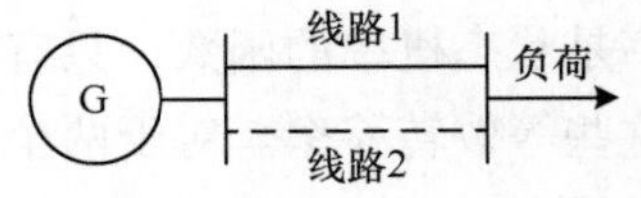

图 4.15 输电线路 2 发生故障时的可靠性一致

例 4.9 以图 4.16 所示的系统为例，系统中的 2 号发电机正处于故障状态。本例中假设系统处于故障状态，如果有一个运行元件（如 1 号发电机或线路 1）发生故障不会令系统恢复正常，则称该系统为可靠性一致的。

如图 4.17 所示，对比一致系统和不一致系统的状态空间，这两个状态空间都

被分为两个不相交的子集，都以元件 k 的状态变化为前提条件。

将故障状态集合记为 Y，正常状态集合记为 $S\backslash Y$，假设元件 k 故障。如果系统是一致的，当元件 k 被修复时，$S\backslash Y$ 中的状态不会由正常变为故障；同样，当元件 k 发生故障时，Y 中的状态也不会由故障变为正常。令 K 表示元件 k 处于可用（Up）状态下的一个事件，$\overline{K}$ 表示元件 k 处于不可用（Down）状态下的一个事件；如果系统是一致的，比较这两种情况下的条件概率如下：

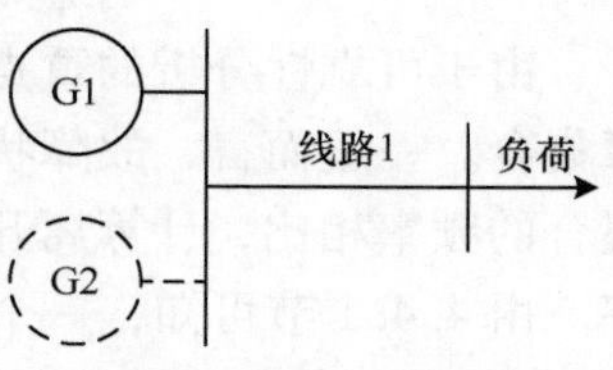

图 4.16　2 号发电机故障时的可靠性一致

$$P\{Y \mid \overline{K}\} \geqslant P\{Y \mid K\} \tag{4.65}$$

及

$$P\{(S\backslash Y) \mid K\} \geqslant P\{(S\backslash Y) \mid \overline{K}\} \tag{4.66}$$

式（4.65）的意思就是当元件 k 故障时系统故障的概率比元件 k 正常运行时系统故障的概率高；同样地，式（4.66）表示当元件 k 正常运行时系统正常的概率比元件 k 劣化时系统正常的概率高。

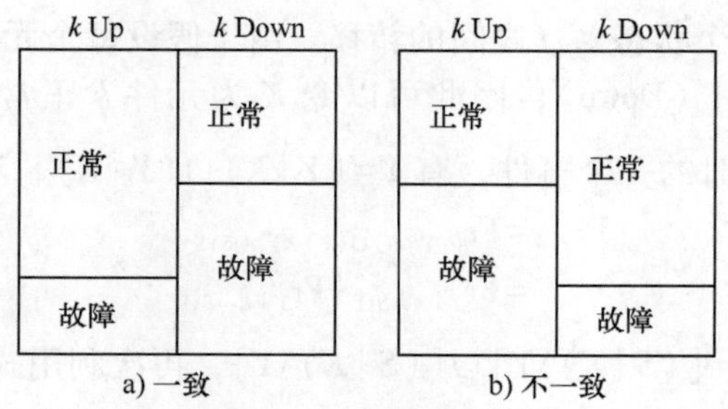

图 4.17　两状态元件 k 在一致系统和不一致系统中改变其状态时的状态空间示意图

下节将解释为什么系统一致性是保证条件频率可计算的一个重要条件。

4.7　条件频率

如第 2 章所述，条件概率规则主要用于确定事件的概率，本节介绍一种利用条件概率规则计算频率指标的有效方法。利用条件概率这一概念来评估事件概率非常有效，因为可以将状态空间划分为若干不相交的集合，然后分别评估其中的事件概率；利用这一概念可以使所计算的状态空间维度较小、可控。

本节重点关注如何确定进入状态空间 S 中某个集合 Y 的频率，$Y\subset S$。前已述及，式（4.17）、式（4.18）分别给出了进入、离开一个集合 Y 的频率如下：

$$\mathrm{Fr}_{\rightarrow Y} = \sum_{i \in S\backslash Y}\left(p_i \sum_{j \in Y} \lambda_{ij}\right)$$

$$\mathrm{Fr}_{Y\rightarrow} = \sum_{i \in Y} \left(p_i \sum_{j \in S \backslash Y} \lambda_{ij} \right)$$

由于可靠性分析的重点是评估进入故障状态的频率，所以集合 Y 通常表示故障集合。一般而言，故障状态的数量比正常状态的数量少，这说明与计算进入故障集合的频率相比，计算离开故障集合的频率更容易，因为求解时只需要故障状态概率。由 4.4.1 节可知，一个集合在稳态下总是频率平衡的，所以我们只需要 Fr_Y 的表达式，并且使用式（4.18）而不是式（4.17）来计算。

本节使用如下假设：

1）系统可修复并且由独立元件组成。

2）每个元件由一个两状态马尔可夫模型表示。

3）系统是一致的。

对于一个由 n 个元件组成的独立系统，某个系统状态 i 的概率就是元件状态概率的乘积，如式（4.67）所示：

$$p_i = \prod_{k=1}^{n} P\{c_i(k)\} \tag{4.67}$$

式中，$P(\{c_i(k)\})$是在系统状态 i 下元件 k 处于状态 $c_i(k)$的概率，$k \in \{1,2,\cdots,n\}$。

由独立性假设引出的另一个重要性质是，只有在一次改变一个元件的一个状态时，才会发生任意两个状态 i，j 之间的转移。由于假设每个元件只有两种状态——可用（Up）或不可用（Down），因此可以令 K 为元件 k 正常运行时的一个事件，$\overline{K}$ 为元件 k 发生故障时的一个事件，有 $Y=(Y|K)\cup(Y|\overline{K})$，利用式（4.16）：

$$\begin{aligned}\mathrm{Fr}_{Y\rightarrow} &= \mathrm{Fr}_{[(Y|K)\cup(Y|\overline{K})]\rightarrow S\backslash Y}\\ &= \mathrm{Fr}_{Y|K\rightarrow S\backslash Y} + \mathrm{Fr}_{Y|\overline{K}\rightarrow S\backslash Y}\end{aligned}$$

类似地，有 $S\backslash Y=[(S|K)\backslash Y]\cup[(S|\overline{K})\backslash Y]$，再次利用式（4.16）：

$$\mathrm{Fr}_{Y\rightarrow} = \mathrm{Fr}_{Y|K\rightarrow(S|K)\backslash Y} + \mathrm{Fr}_{Y|\overline{K}\rightarrow(S|K)\backslash Y} + \mathrm{Fr}_{Y|K\rightarrow(S|\overline{K})\backslash Y} + \mathrm{Fr}_{Y|\overline{K}\rightarrow(S|\overline{K})\backslash Y} \tag{4.68}$$

式（4.68）就是在元件 k 处于不同状态下集合 Y 的条件频率，其中第一项和最后一项分别是元件 k 在正常、故障情况下发生事件 Y 的频率，现重点研究第二项和第三项。

将$(S|K)\backslash Y=(S\backslash Y)|K$ 和$(S|\overline{K})\backslash Y=(S\backslash Y)|\overline{K}$ 分别代入 $\mathrm{Fr}_{Y|\overline{K}\rightarrow(S|K)\backslash Y}$ 和 $\mathrm{Fr}_{Y|K\rightarrow(S|\overline{K})\backslash Y}$，则第二、三项变为

$$\mathrm{Fr}_{Y|\overline{K}\rightarrow(S|K)\backslash Y} = \mathrm{Fr}_{Y|\overline{K}\rightarrow(S\backslash Y)|K} \tag{4.69}$$

$$\mathrm{Fr}_{Y|K\rightarrow(S|\overline{K})\backslash Y} = \mathrm{Fr}_{Y|K\rightarrow(S\backslash Y)|\overline{K}} \tag{4.70}$$

当元件 k 改变其状态使得事件由 K 变为 $\overline{K}$ 或者由 $\overline{K}$ 变为 K 时，从 Y 中的状态转移到 $S\backslash Y$ 的频率即为式（4.69）和式（4.70）。

如果系统是一致的，说明当元件发生故障时（其状态改变使得事件由 K 变为 $\overline{K}$），系统不会从故障（Y）变为正常($S\backslash Y$)。由于在一致的系统中这种转移永远不

会发生，这就意味着式（4.70）为0，从而式（4.68）被简化为

$$\mathrm{Fr}_{Y\rightarrow}=\mathrm{Fr}_{Y\mid K\rightarrow(S\setminus Y)\mid K}+\mathrm{Fr}_{Y\mid \bar{K}\rightarrow(S\setminus Y)\mid \bar{K}}+\mathrm{Fr}_{Y\mid \bar{K}\rightarrow(S\setminus Y)\mid K} \tag{4.71}$$

式（4.71）就是在元件 k 处于不同状态下集合 Y 的条件频率，可见该表达式包含三项，第一项是元件 k 处于可用状态下的频率，第二项是元件 k 处于不可用状态下的频率，最后一个频率项是源于元件 k 的状态发生改变。

如果不用式（4.18）而用式（4.17）来推导，还可以得到条件频率表达式（4.71）的另一种形式［式（4.72）］：

$$\mathrm{Fr}_{\rightarrow Y}=\mathrm{Fr}_{(S\setminus Y)\mid K\rightarrow Y\mid K}+\mathrm{Fr}_{(S\setminus Y)\mid \bar{K}\rightarrow Y\mid \bar{K}}+\mathrm{Fr}_{(S\setminus Y)\mid K\rightarrow Y\mid \bar{K}} \tag{4.72}$$

式（4.72）的假设前提是一致性，因为 $\mathrm{Fr}_{Y\mid K\rightarrow(S\setminus Y)\mid \bar{K}}=0$，也就是说当元件 k 从正常运行状态变为故障状态时，系统不会从故障状态转移到正常状态。

由式（4.71）和式（4.72）可见，前两项是在元件 k 要么处于可用状态、要么处于不可用状态下的频率，即*状态空间被分为两个维度较小的不相交集合，从而简化了频率计算*。现来讨论如何计算最后一项。

频率是预想的转移频率，并且由概率和转移率相乘而得，因此需要确定当元件 k 被修复时从 Y 转移到 $S\setminus Y$ 的状态概率。

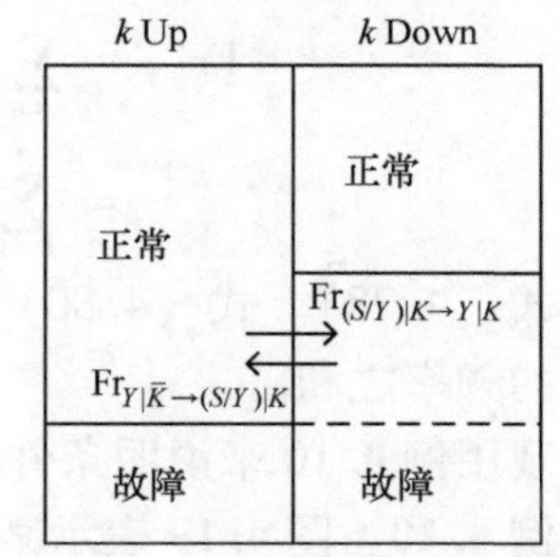

图4.18　当一个两状态元件改变其状态时状态空间中的故障集

首先介绍图4.18中元件 k 发生故障时的故障集 $Y\mid\bar{K}$，包含两部分：①元件 k 处于可用（Up）状态下的故障状态；②元件 k 处于可用（Up）状态下的正常状态；重点是确定第②项中的状态概率。

需要注意的是，一致性意味着当元件 k 发生故障时，Y 中所有故障状态均保持原样，也就是说无论元件 k 是故障还是被修复，这些状态的条件概率都保持不变，即第①项的概率为 $P\{Y\mid K\}$。这意味着第②项的概率可以通过元件 k 故障时的故障概率减去元件 k 修复时的故障概率得到，如式（4.73）所示：

$$P\{Y\mid\bar{K}\}-P\{Y\mid K\} \tag{4.73}$$

由式（4.73）得到的概率与元件 k 处于故障状态的概率及其从Down到Up的转移率相乘，即可得到从 $Y\mid\bar{K}$ 中的故障状态转移到 $Y\mid K$ 中的正常状态的频率。

将因元件 k 的状态从Down变为Up而造成故障的频率记为 $\mathrm{Fr}_{Y_k\rightarrow}$，$k$ 处于故障状态的概率记为 $p_{\bar{k}}$，k 从Down状态到Up状态的转移率记为 μ_k，则有

$$\mathrm{Fr}_{Y_k\rightarrow}=\mathrm{Fr}_{Y\mid \bar{K}\rightarrow(S\setminus Y)\mid K}=(P\{Y\mid\bar{K}\}-P\{Y\mid K\})\times p_{\bar{k}}\mu_k \tag{4.74}$$

类似地，可以确定因元件 k 的状态从Up变为Down而造成故障的频率 $\mathrm{Fr}_{\rightarrow Y_k}$。

$$\mathrm{Fr}_{\rightarrow Y_k}=\mathrm{Fr}_{(S\setminus Y)\mid K\rightarrow Y\mid \bar{K}}=(P\{(S\setminus Y)\mid K\}-P\{(S\setminus Y)\mid\bar{K}\})\times p_k\lambda_k \tag{4.75}$$

式中，p_k 是元件 k 处于 Up 状态的概率，$p_k=1-p_{\bar{k}}$；λ_k 为元件 k 从 Up 状态到 Down 状态的转移率。

根据式（4.71）可得集合 Y 的条件频率如下：

$$\mathrm{Fr}_{Y\rightarrow}=\mathrm{Fr}_{Y\mid K\rightarrow(S\backslash Y)\mid K}+\mathrm{Fr}_{Y\mid \overline{K}\rightarrow(S\backslash Y)\mid \overline{K}}+\mathrm{Fr}_{Y_k\rightarrow} \tag{4.76}$$

类似地，根据式（4.72）可得集合 Y 的条件频率如下：

$$\mathrm{Fr}_{\rightarrow Y}=\mathrm{Fr}_{(S\backslash Y)\mid K\rightarrow Y\mid K}+\mathrm{Fr}_{(S\backslash Y)\mid \overline{K}\rightarrow Y\mid \overline{K}}+\mathrm{Fr}_{\rightarrow Y_k} \tag{4.77}$$

现如果令 $E_1=S\mid K$，$E_2=S\mid \overline{K}$，针对除 k 之外的其他所有元件 m，$m\in\{1,2,\cdots,n\}\backslash\{k\}$，用同样的概念来分析这两个集合，就可以将集合 Y 的频率表达式（4.76）精简为

$$\mathrm{Fr}_{Y\rightarrow}=\sum_{k=1}^{n}\mathrm{Fr}_{Y_k\rightarrow} \tag{4.78}$$

$$=\sum_{k=1}^{n}\left(P\{Y\mid\overline{K}\}-P\{Y\mid K\}\right)\times p_{\bar{k}}\mu_k \tag{4.79}$$

或者将式（4.77）精简为

$$\mathrm{Fr}_{\rightarrow Y}=\sum_{k=1}^{n}\mathrm{Fr}_{\rightarrow Y_k} \tag{4.80}$$

$$=\sum_{k=1}^{n}\left(P\{(S\backslash Y)\mid K\}-P\{(S\backslash Y)\mid\overline{K}\}\right)\times p_k\lambda_k \tag{4.81}$$

式（4.78）、式（4.80）就是集合 Y 的条件频率，为每个元件 k 每次改变一个状态的频率之和。

现用例 4.10 来说明条件频率的概念。

例 4.10 图 4.19 表示某个元件 k 处于不同状态下的状态空间。显然，在此例中，集合 Y 的故障频率主要包括三部分。

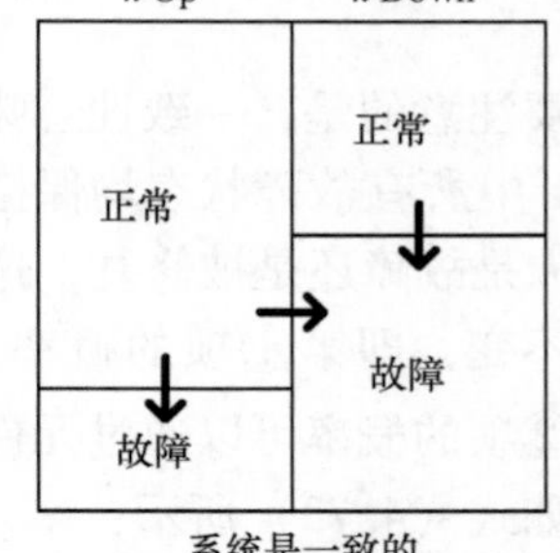

图 4.19　元件 k 状态改变时状态 i 的状态空间表示

在本节中可以看到，由于频率平衡，式（4.71）和式（4.72）是相同的，但这只对稳态成立。下节会将第 3 章中提到的随时间变化的状态概率的概念延伸到用来计算*随时间变化的频率*（时变频率）。

4.8　时变频率

如果想计算离开子集 Y 的时变频率，可以将式（4.17）中的稳态概率替换为随时间变化的概率：

$$\mathrm{Fr}_{Y\rightarrow}(t)=\sum_{i\in Y}p_i(t)\Big(\sum_{j\in S\backslash Y}\lambda_{ij}\Big) \tag{4.82}$$

式中，$p_i(t)$ 就是系统在 t 时刻处于状态 i 的概率。

类似地，可以确定进入子集 Y 的时变频率如下：

$$\mathrm{Fr}_{\to Y}(t)=\sum_{i\in S\backslash Y}p_i(t)\Big(\sum_{j\in Y}\lambda_{ij}\Big)\tag{4.83}$$

尽管在稳态下离开 Y 和进入 Y 的频率是平衡的，但在时域中它们是不平衡的。因此，式（4.82）和式（4.83）在时域中并不相等。同样地，式（4.79）和式（4.81）也不相等：

$$\mathrm{Fr}_{Y\to}(t)=\sum_{k=1}^{n}\left(P\{Y\mid\overline{K};t\}-P\{Y\mid K;t\}\right)\times p_{\bar{k}}(t)\mu_k\tag{4.84}$$

且 $$\mathrm{Fr}_{\to Y}(t)=\sum_{k=1}^{n}\left(P\{(S\backslash Y)\mid K;t\}-P\{(S\backslash Y)\mid\overline{K};t\}\right)\times p_k(t)\lambda_k\tag{4.85}$$

现来分析以上两个方程的区别。注意 $P\{Y\mid K\}+P\{(S\backslash Y)\mid K\}=1$ 且 $P\{Y\mid\overline{K}\}+P\{(S\backslash Y)\mid\overline{K}\}=1$，所以有

$$P\{Y\mid K\}+P\{(S\backslash Y)\mid K\}=P\{Y\mid\overline{K}\}+P\{(S\backslash Y)\mid\overline{K}\}$$

相当于

$$P\{Y\mid K\}-P\{Y\mid\overline{K}\}=P\{(S\backslash Y)\mid\overline{K}\}-P\{(S\backslash Y)\mid K\}\tag{4.86}$$

式（4.86）无论是考虑时变还是稳态都是成立的，这意味着式（4.84）和式（4.85）的区别就是最后一项，即 $p_{\bar{k}}(t)\mu_k$ 和 $p_k(t)\lambda_k$。

注意两个频率之间也有区别。回顾第3章式（3.44）和式（3.41）中随时间变化的状态概率和转移率之间的关系，现将其用于如下两状态元件的情形：

$$\frac{\mathrm{d}}{\mathrm{d}t}\begin{bmatrix}p_k(t) & p_{\bar{k}}(t)\end{bmatrix}=\begin{bmatrix}p_k(t) & p_{\bar{k}}(t)\end{bmatrix}\times\begin{bmatrix}-\lambda_k & \lambda_k\\ \mu_k & -\mu_k\end{bmatrix}\tag{4.87}$$

现在来确定式（4.87）矩阵里的各个元素，可得以下等式：

$$\frac{\mathrm{d}}{\mathrm{d}t}p_{\bar{k}}(t)=p_k(t)\lambda_k-p_{\bar{k}}(t)\mu_k\tag{4.88}$$

$$\frac{\mathrm{d}}{\mathrm{d}t}p_k(t)=-p_k(t)\lambda_k+p_{\bar{k}}(t)\mu_k\tag{4.89}$$

由式（4.88）、式（4.89）可以看出 $p_{\bar{k}}(t)\mu_k$ 和 $p_k(t)\lambda_k$ 之间的重要关系，即这两项频率并不平衡，分别相差 $-\frac{\mathrm{d}}{\mathrm{d}t}p_{\bar{k}}(t)$ 和 $-\frac{\mathrm{d}}{\mathrm{d}t}p_k(t)$。

时变频率的另一个概念是*区间频率*，正常状态下的区间频率可由式（4.90）求得：

$$\mathrm{Fr}(t_1,t_2)_{Y\to}=\int_{t_1}^{t_2}\mathrm{Fr}(t)_{Y\to}\tag{4.90}$$

同样地，故障状态下的区间频率可由式（4.91）求得：

$$\mathrm{Fr}(t_1,t_2)_{\to Y}=\int_{t_1}^{t_2}\mathrm{Fr}(t)_{\to Y}\tag{4.91}$$

可见，时变频率与稳态频率在概念上是相同的，只不过在计算前者时用的是随

时间变化的概率。下节将介绍如何便捷地将故障状态概率转换为正常运行频率或故障频率，以及如何将正常状态概率转换为正常运行频率或故障频率。

4.9 概率频率转换规则

为不失一般性，我们先从时域开始分析。令 $p_s(t)$ 为系统正常的概率，$p_f(t)$ 为系统故障的概率，那么

$$p_s(t) = \sum_{i \in S\backslash Y} p_i(t) \tag{4.92}$$

$$p_f(t) = \sum_{i \in Y} p_i(t) \tag{4.93}$$

式中，$p_i(t)$ 是系统状态 i 的概率，由式（4.67）确定。

根据独立性假设，可列出条件概率表达式如下：

$$P\{Y \mid \overline{K};t\} = \frac{P\{Y \cap \overline{K};t\}}{P\{\overline{K};t\}} = \frac{\sum_{i \in Y_{\bar{k}}} p_i(t)}{p_{\bar{k}}(t)} \tag{4.94}$$

$$P\{Y \mid K;t\} = \frac{P\{Y \cap K;t\}}{P\{K;t\}} = \frac{\sum_{i \in Y_k} p_i(t)}{p_k(t)} \tag{4.95}$$

$$P\{(S\backslash Y) \mid K;t\} = \frac{P\{(S\backslash Y) \cap K;t\}}{P\{K;t\}} = \frac{\sum_{i \in (S\backslash Y)_k} p_i(t)}{p_k(t)} \tag{4.96}$$

$$P\{(S\backslash Y) \mid \overline{K};t\} = \frac{P\{(S\backslash Y) \cap \overline{K};t\}}{P\{\overline{K};t\}} = \frac{\sum_{i \in (S\backslash Y)_{\bar{k}}} p_i(t)}{p_{\bar{k}}(t)} \tag{4.97}$$

式中，$Y_{\bar{k}}$是在元件 k 发生故障时故障事件 Y 的子集，Y_k 是在元件 k 正常运行时故障事件 Y 的子集，$Y_{\bar{k}}$，$Y_k \subset Y$。类似地，$(S\backslash Y)_k$ 是在元件 k 正常运行时正常事件 $S\backslash Y$ 的子集，$(S\backslash Y)_{\bar{k}}$是在元件 k 故障时正常事件 $S\backslash Y$ 的子集，$(S\backslash Y)_k$，$(S\backslash Y)_{\bar{k}} \subset (S\backslash Y)$。$p_k(t)$ 和 $p_{\bar{k}}(t)$ 分别是元件 k 在 t 时刻可用和不可用的概率。

重新组织式（4.84）如下：

$$\begin{aligned}
\mathrm{Fr}(t)_{Y\to} &= \sum_{k=1}^{n} \left(\frac{\sum_{i \in Y_{\bar{k}}} p_i(t)}{p_{\bar{k}}(t)} - \frac{\sum_{i \in Y_k} p_i(t)}{p_k(t)} \right) \times p_{\bar{k}}(t)\mu_k \\
&= \sum_{k=1}^{n} \sum_{i \in Y_{\bar{k}}} p_i(t)\mu_k - \sum_{k=1}^{n} \sum_{i \in Y_k} \left(p_i(t) \frac{p_{\bar{k}}(t)\mu_k}{p_k(t)} \right)
\end{aligned}$$

这说明可以通过计算状态 i 的故障概率 $p_i(t)$ 与一些项的加权和求得进入正常状态的频率。注意第一项表示在状态 i 下所有不可用元件的修复率之和，第二项表示在状态 i 下所有可用元件之和。

由于 $Y = Y_k \cup Y_{\bar{k}}$，可精简式（4.84）如下：

$$\mathrm{Fr}(t)_{Y\to} = \sum_{i\in Y} p_i(t)\left(\sum_{k\in \bar{K}_i}\mu_k - \sum_{k\in K_i}\frac{p_{\bar{k}}(t)\mu_k}{p_k(t)}\right) \tag{4.98}$$

式中，$\bar{K}_i$ 是系统在状态 i 下不可用元件的集合，K_i 是系统在状态 i 下可用元件的集合，也就是说，我们可以利用式（4.98）将系统的故障概率转换为其进入正常状态的频率。

另一种方式是利用式（4.86）通过正常状态概率来计算进入正常状态的频率：

$$\begin{aligned}\mathrm{Fr}(t)_{Y\to} &= \sum_{k=1}^{n}\left(\frac{\sum\limits_{i\in (S\backslash Y)_k} p_i(t)}{p_k(t)} - \frac{\sum\limits_{i\in (S\backslash Y)_{\bar{k}}} p_i(t)}{p_{\bar{k}}(t)}\right)\times p_{\bar{k}}(t)\mu_k \\ &= \sum_{k=1}^{n}\sum_{i\in (S\backslash Y)_k}\left(p_i(t)\frac{p_{\bar{k}}(t)\mu_k}{p_k(t)}\right) - \sum_{k=1}^{n}\sum_{i\in (S\backslash Y)_{\bar{k}}} p_i(t)\mu_k\end{aligned}$$

可以将其精简为

$$\mathrm{Fr}(t)_{Y\to} = \sum_{i\in S\backslash Y} p_i(t)\left(\sum_{k\in K_i}\frac{p_{\bar{k}}(t)\mu_k}{p_k(t)} - \sum_{k\in \bar{K}_i}\mu_k\right) \tag{4.99}$$

式中，$\bar{K}_i$ 是系统在状态 i 下不可用元件的集合，K_i 是系统在状态 i 下可用元件的集合，这说明频率可以这样求得：计算正常状态 i 的概率与在系统状态 i 下元件 k 可用时 $\frac{p_{\bar{k}}(t)\mu_k}{p_k(t)}$ 减去在系统状态 i 下所有元件 k 不可用时的修复率的加权和。式（4.99）是用正常状态概率计算进入正常状态频率的另一种形式。

类似地，可将式（4.85）重新组织如下：

$$\begin{aligned}\mathrm{Fr}(t)_{\to Y} &= \sum_{k=1}^{n}\left(\frac{\sum\limits_{i\in (S\backslash Y)_k} p_i(t)}{p_k(t)} - \frac{\sum\limits_{i\in (S\backslash Y)_{\bar{k}}} p_i(t)}{p_{\bar{k}(t)}}\right)\times p_k(t)\lambda_k \\ &= \sum_{k=1}^{n}\sum_{i\in (S\backslash Y)_k} p_i(t)\lambda_k - \sum_{k=1}^{n}\sum_{i\in (S\backslash Y)_{\bar{k}}}\left(p_i(t)\frac{p_k(t)\lambda_k}{p_{\bar{k}(t)}}\right)\end{aligned}$$

也就是说，我们可以用正常运行状态 i 的概率 $p_i(t)$ 与一些项的加权和来计算进入故障状态的频率。注意第一项表示在系统状态 i 下所有元件可用时的故障率之和，第二项表示在系统状态 i 下所有不可用元件之和。

由于 $S\backslash Y=(S\backslash Y)_k\cup(S\backslash Y)_{\bar{k}}$，可以将式（4.85）精简为

$$\mathrm{Fr}(t)_{\to Y} = \sum_{i\in S\backslash Y} p_i(t)\left(\sum_{k\in K_i}\lambda_k - \sum_{k\in \bar{K}_i}\frac{p_k(t)\lambda_k}{p_{\bar{k}(t)}}\right) \tag{4.100}$$

式中，K_i 是系统在状态 i 下可用元件的集合，$\bar{K}_i$ 是系统在状态 i 下不可用元件的集合，也就是说可以利用式（4.100）将系统的故障概率转换为其进入正常状态的频率。

另一种方式是利用式（4.86）通过故障状态概率来计算进入故障状态的频率：

$$
\begin{aligned}
\mathrm{Fr}(t)_{\rightarrow Y} &= \sum_{k=1}^{n}\left(\frac{\sum_{i\in Y_{\bar{k}}} p_i(t)}{p_{\bar{k}}(t)} - \frac{\sum_{i\in Y_k} p_i(t)}{p_k(t)}\right) \times p_k(t)\lambda_k \\
&= \sum_{k=1}^{n}\sum_{i\in Y_{\bar{k}}}\left(p_i(t)\frac{p_k(t)\lambda_k}{p_{\bar{k}}(t)}\right) - \sum_{k=1}^{n}\sum_{i\in Y_k} p_i(t)\lambda_k
\end{aligned}
$$

然后将其精简为

$$
\mathrm{Fr}(t)_{\rightarrow Y} = \sum_{i\in Y} p_i(t)\left(\sum_{k\in \bar{K}_i}\frac{p_k(t)\lambda_k}{p_{\bar{k}}(t)} - \sum_{k\in K_i}\lambda_k\right) \tag{4.101}
$$

式中，$\bar{K}_i$ 是系统在状态 i 下不可用元件的集合，K_i 是系统在状态 i 下可用元件的集合，这说明故障频率可以这样求得：计算故障状态 i 的概率与在系统状态 i 下元件 k 不可用时 $\frac{p_k(t)\lambda_k}{p_{\bar{k}}(t)}$ 减去在系统状态 i 下所有元件 k 可用时的故障率的加权和。

至此，我们就可以通过式（4.98）用系统的故障概率来确定进入正常状态的时变频率，或者通过式（4.100）用系统的正常概率来确定进入故障状态的时变频率。另一方面，我们也可以利用式（4.99）和式（4.101）将系统的正常（或故障）概率分别转换为进入正常（或故障）状态的频率，例 4.11 将对此进行说明。

例 4.11 若有一个两机组单元互为冗余备份的系统，如图 4.20 所示。

图 4.20 一个两机组单元冗余系统

假设该系统是独立且一致的，其正常概率和故障概率如下：

$$p_s(t)=p_1(t)p_2(t)+p_1(t)p_{\bar{2}}(t)+p_{\bar{1}}(t)p_2(t)$$

$$p_f(t)=p_{\bar{1}}(t)p_{\bar{2}}(t)$$

首先，根据式（4.98）确定进入正常状态的频率：

$$f_s(t)=p_{\bar{1}}(t)p_{\bar{2}}(t)(\mu_1+\mu_2)$$

也可以用式（4.99）来确定该指标：

$$
\begin{aligned}
f_s(t) &= p_1(t)p_2(t)\left(\frac{\mu_1 p_{\bar{1}}(t)}{p_1(t)}+\frac{\mu_2 p_2(t)}{p_2(t)}\right)+p_1(t)p_{\bar{2}}(t)\left(\frac{\mu_1 p_{\bar{1}}(t)}{p_1(t)}-\mu_2\right)+ \\
&\quad p_{\bar{1}}(t)p_2(t)\left(\frac{\mu_2 p_{\bar{1}}(t)}{p_2(t)}-\mu_1\right) \\
&= p_{\bar{1}}(t)p_{\bar{2}}(t)(\mu_1+\mu_2)
\end{aligned}
$$

这和用式（4.98）计算所得到的结果完全相同。

类似地，可以根据式（4.101）确定进入故障状态的频率：

$$f_f(t)=p_1(t)p_2(t)(\lambda_1+\lambda_2)+p_1(t)p_{\bar{2}}(t)\left(\lambda_1-\frac{\lambda_2 p_2(t)}{p_{\bar{2}}(t)}\right)+$$

$$p_{\bar{1}}(t)p_2(t)\left(\lambda_2-\frac{\lambda_1 p_1(t)}{p_{\bar{1}}(t)}\right)$$

$$=p_1(t)p_{\bar{2}}(t)\lambda_1+p_{\bar{1}}(t)p_2(t)\lambda_2$$

这和用式（4.100）计算所得到的结果完全相同。

现推导稳态域中的转换规则如下：

规则 1 根据式（4.98）将正常概率转换为进入正常状态的频率：

$$\mathrm{Fr}_{Y\rightarrow}=\sum_{i\in S\backslash Y}p_i\left(\sum_{k\in K_i}\frac{p_{\bar{k}}\mu_k}{p_k}-\sum_{k\in\bar{K}_i}\mu_k\right)\tag{4.102}$$

规则 2 根据式（4.99）将故障概率转换为进入正常状态的频率：

$$\mathrm{Fr}_{Y\rightarrow}=\sum_{i\in Y}p_i\left(\sum_{k\in\bar{K}_i}\mu_k-\sum_{k\in K_i}\frac{p_{\bar{k}}\mu_k}{p_k}\right)\tag{4.103}$$

规则 3 根据式（4.100）将正常概率转换为故障频率：

$$\mathrm{Fr}_{\rightarrow Y}=\sum_{i\in S\backslash Y}p_i\left(\sum_{k\in K_i}\lambda_k-\sum_{k\in\bar{K}_i}\frac{p_k\lambda_k}{p_{\bar{k}}}\right)\tag{4.104}$$

规则 4 根据式（4.101）将故障概率转换为故障频率：

$$\mathrm{Fr}_{\rightarrow Y}=\sum_{i\in Y}p_i\left(\sum_{k\in\bar{K}_i}\frac{p_k\lambda_k}{p_{\bar{k}}}-\sum_{k\in K_i}\lambda_k\right)\tag{4.105}$$

式中，Y 为故障状态集；$S\backslash Y$ 为正常状态集；p_i 为状态 i 的概率；K_i 为在系统状态 i 下的可用元件集；$\bar{K}_i$ 为在系统状态 i 下的不可用元件集；p_k 为元件 k 处于可用状态的概率；$p_{\bar{k}}$为元件 k 处于不可用状态的概率；μ_k 为元件 k 的修复率；λ_k 为元件 k 的故障率。

练习

4.1 若有一个两元件组成的系统，假设每个元件有两种状态：故障或正常，任一元件故障都会导致系统故障。每个元件的故障率为 $\lambda_1=\lambda_2=0.1$/年，维修率为 $\mu_1=\mu_2=10$/年。两个元件都处于正常状态时同时发生故障的概率很小，故障率为 $\lambda_c=0.01$/年。（后续在第 5 章和第 9 章中将此故障模式称为*共模故障*，两个正常运行的元件一起发生故障的速率称为*共模故障率*）。试证明该系统*频率是不平衡的*。提示：首先确定转移率矩阵并计算稳态概率，然后在两个状态之间任意画个边界计算两个频率。

4.2 如图 4.10 所示的一个三元件系统，用频率平衡法求稳态概率，并利用转移率矩阵验证结果。

第5章

可靠性分析中的解析方法

5.1 引言

度量系统可靠性的方法或指标是为了量化与系统故障相关的行为特征。基本的可靠性指标包括故障概率、故障频率、平均周期时间、平均中断时间和平均可用时间。实际上，一旦确定了故障概率和故障频率，其他指标就可以很容易地由这二者计算得到。迄今为止，已经有很多明确的可靠性分析方法提出并得到广泛应用，这些方法一般可分为解析法和蒙特卡洛模拟法。

本章介绍在电力系统可靠性评估中常用的一些解析法，具体包括：

1）基于马尔可夫过程的状态空间法。

2）网络化简法。

3）条件概率法。

4）割集或路集法。

5.2 状态空间法

如果用一个马尔可夫过程来描述系统，那么可以用第3章中提到的状态转移图来表征其随机行为。系统的行为特征可以由其中每个元件的随机行为特征来构建，后者通常由某个元件的状态转移图来呈现。这意味着所构建的系统状态空间包含系统各个组件所有可能状态的组合。系统状态转移图呈现了系统所有可能的状态，并阐释了系统如何通过状态之间的某个状态转移率演变到其他状态。

当系统所有状态可以由一个状态转移图来描述的时候，就可以用状态空间法来计算可靠性指标。一旦知道有关系统状态空间的所有信息，就可以很容易地计算出可靠性指标（如故障概率、故障频率和故障持续时间）。因为状态空间法遍历了所有可能的系统状态，所以被认为是计算可靠性指标最直接的方法；该方法很灵活，可用来解决电力系统中关注的许多问题。

一旦遍历出所有的系统状态，我们就可以将每个系统状态分为故障或正常两大类。所有故障状态概率之和即为故障概率；如果已知状态概率，就可以通过在故障状态和正常状态之间划分边界来直接计算故障频率；持续时间指标则可以通过概率

指标和频率指标求得。

状态空间法步骤如下：

1）明确所有可能的状态；

2）确定状态之间的转移率；

3）计算状态概率；

4）计算可靠性指标。

如果假设元件发生故障和维修互不依赖，也就是说元件是*相互独立*的，则可以省略步骤 3)，因为这时将元件状态概率相乘即可得到状态概率；否则只能利用转移率矩阵的概念来计算状态概率。

在下节中首先介绍如何利用元件状态转移图来构建系统状态转移图，然后在 5.2.2 节中介绍如何构建转移率矩阵，在 5.2.3 节中以矩阵形式再次给出已在第 3 章中阐释的状态概率计算方法，在 5.2.4 节中给出可靠性指标的计算方法。

5.2.1　系统状态转移图

系统状态转移图是由单个元件的状态转移图来构建的，它可视化地表示了所有系统状态以及系统在状态之间进行转换的方式。从原理上说，系统状态遍历了因单个元件状态的变化以及整个系统运行条件和约束的变化而导致的所有系统行为下的状态。从一种系统状态到另一种系统状态的转移率取决于元件状态的变化和其他因素，例如元件之间的相互依赖性以及天气的变化。从系统状态图上可以获得有关系统如何通过元件转移率从一种状态转移到另一种状态的信息。

如果系统状态转移图中包含元件所有可能状态的组合，每个系统状态可以通过一次改变一个元件状态来达到，并且所有元件状态的转换都可以实现，就称元件是*相互独立*的。这意味着一个元件的故障和维修不会干扰其他元件的故障和维修，它们独立地遵循各自的随机行为。

如果一个系统包含 n 个独立元件且每个元件具有 m_k 个状态，则整个系统状态空间中包含所有可能的状态个数为 $\prod_{k=1}^{n} m_k$。下例展示由两个独立元件组成的系统的状态转移图，其中每个元件都有两个状态。

例 5.1　对于一个两元件系统，每个元件的状态转移图如图 5.1 所示。该系统的状态转移图如图 5.2 所示。

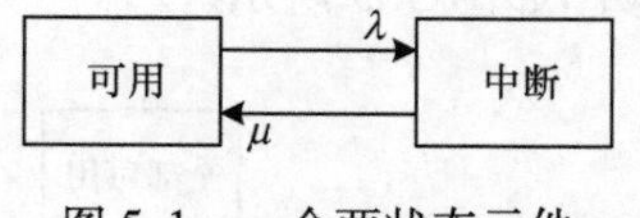

图 5.1　一个两状态元件

在某些情况下，尽管系统包含元件所有可能状态的组合，但是在某些系统状态下，某些元件的状态转移可能无法实现。例如，系统元件的维修可能需要以一个固定的次序进行（称为*受限维修*），这意味着当两个或多个元件发生故障时，我们只能先行修复一个特定的元件，其结果是在某些状态下可能无法实现某些元件的修复率。该系统的状态转移图如例 5.2 中所示。

例 5.2　该系统由两个元件组成，其状态转移图如图 5.1 所示。由于维护预算限制，维修人员有限，并且在元件发生故障时，他们一次只能修复一个元件。另外，该系统的优先级是在修复元件2之前先令元件1恢复投入运行；当两个元件均发生故障时，优先修复元件1。该系统的状态转移图如图5.3所示。

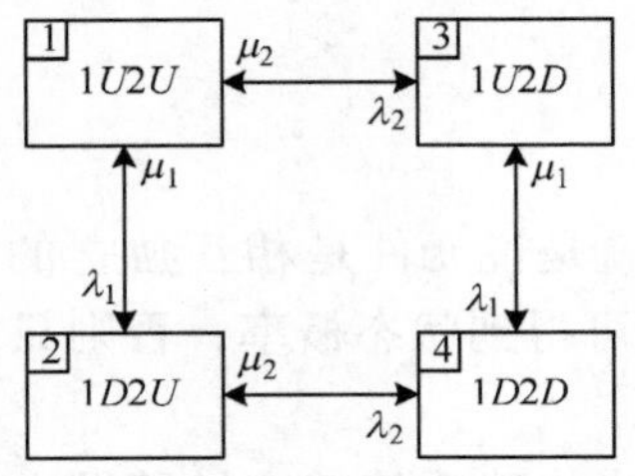

图5.2　一个由两个相互独立元件组成的系统

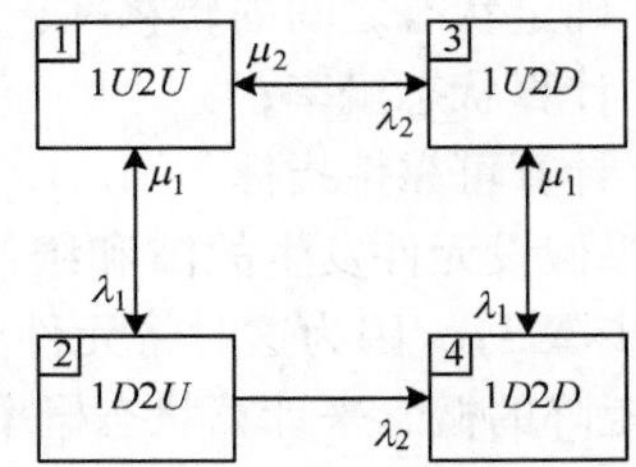

图5.3　受限维修情况下的两元件系统

从这个例子可以看出，当两个元件都发生故障时，元件2的修复率永远不会实现，因为系统总是先修复元件1，然后从状态4转回状态3，所以状态4永远不会转移到状态2；但如果两个元件的修复过程相互独立，状态4则有可能转移到状态2。

系统状态空间内也可能不包含元件所有可能的状态组合，一个典型的例子是如果一个元件故障就会导致整个系统故障，那么其他元件再发生故障的事件就不会出现，这意味永远不会存在两个或多个元件发生故障的系统状态。这类系统的元件故障称为*相关故障*，其状态转移图如图5.4所示。在5.3节中将针对该系统再进行讨论。

有一类较为罕见的情况，即当两个或多个元件的状态在一次转移中都发生改变时，系统会从一种状态转移到另一种状态。如果两个或多个元件状态同时改变会引起系统故障，则称之为*共模故障*。一个典型的例子是两条输电线被雷击导致两条线路被同时切断。共模故障的状态转移图如例5.3中所示。

例5.3　对于一个由两个元件组成的系统，每个元件的状态转移图如图5.1所示。较为罕见的一种情况是两个元件同时以转移率 λ_c 发生故障。该系统的状态转移图如图5.5所示。

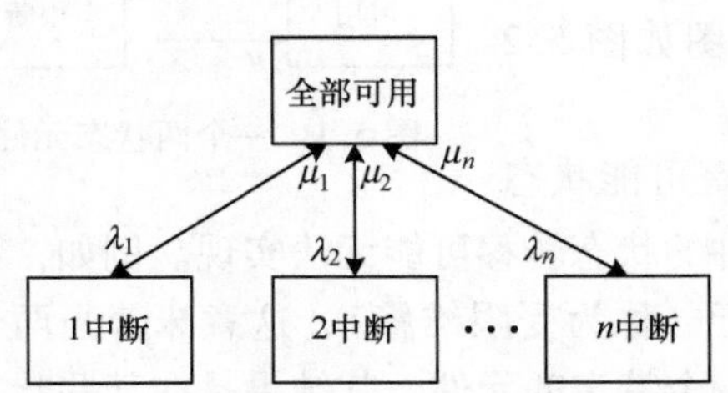

图5.4　发生相关故障的系统状态转移图

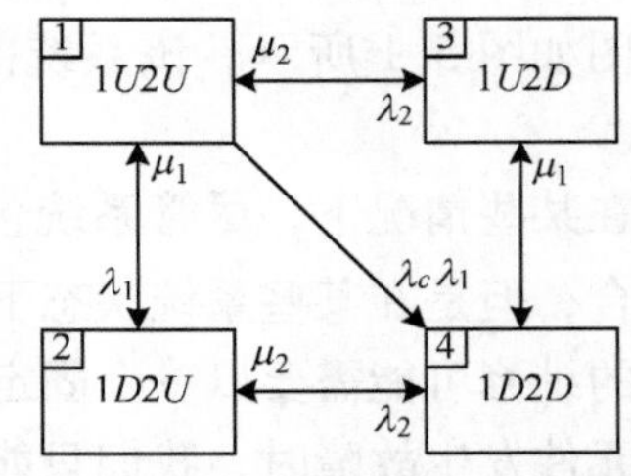

图5.5　发生共模故障的系统状态转移图

由本节可见，系统行为特征决定了状态转移图中的状态以及状态之间的转移率。

只要构建出系统的状态转移图，我们就能按照下节所述方法推导出转移率矩阵。

5.2.2　转移率矩阵

构建转移率矩阵的步骤详述如下：

1）如第 5.2.1 节所述，根据系统行为明确由元件故障和维修导致的所有可能的系统状态。

2）确定状态间转移率并由状态转移图呈现出来。

3）转移率矩阵 $\boldsymbol{R}$ 中的元素满足

$$R_{ij} = \begin{cases} \lambda_{ij} & i \neq j \\ -\sum_{j} \lambda_{ij} & i = j \end{cases} \tag{5.1}$$

式中，λ_{ij}是从状态 i 到状态 j 的转移率。

通过下例说明如何一步步构建转移率矩阵。

例 5.4　对于由两个独立元件组成的系统，其状态转移图如图 5.2 所示。比较状态 1 和状态 2 可以发现，两者区别在于元件 1 发生故障，因此由状态 1 到状态 2 的转移率就是元件 1 的故障率。其他状态之间的转移也能发现有类似规律，因此可以写出转移率矩阵如下：

$$\boldsymbol{R} = \begin{bmatrix} -\lambda_1-\lambda_2 & \lambda_1 & \lambda_2 & 0 \\ \mu_1 & -\mu_1-\lambda_2 & 0 & \lambda_2 \\ \mu_2 & 0 & -\mu_2-\lambda_1 & \lambda_1 \\ 0 & \mu_2 & \mu_1 & -\mu_1-\mu_2 \end{bmatrix}$$

式中，λ_k，μ_k 分别是元件 k 的故障率和修复率。

例 5.5　针对例 5.2 中受限维修情况下的系统，根据图 5.3 可以写出转移率矩阵如下：

$$\boldsymbol{R} = \begin{bmatrix} -\lambda_1-\lambda_2 & \lambda_1 & \lambda_2 & 0 \\ \mu_1 & -\mu_1-\lambda_2 & 0 & \lambda_2 \\ \mu_2 & 0 & -\mu_2-\lambda_1 & \lambda_1 \\ 0 & 0 & \mu_1 & -\mu_1 \end{bmatrix}$$

式中，λ_k，μ_k 分别是元件 k 的故障率和修复率。

例 5.6　对于发生相关故障的两元件系统，其状态转移图如图 5.6 所示，可以发现该系统仅包含三个状态。元件 1 发生故障会导致系统从状态 1 转移到状态 2；类似地，元件 2 发生故障会导致系统从状态 1 转移到状态 3；而在状态 2 和状态 3 之间不会发生转移。据此可以写出转移率矩阵如下：

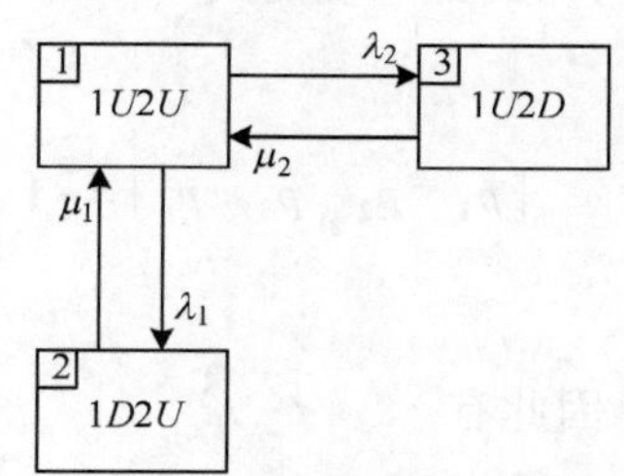

图 5.6　发生相关故障的两元件系统状态转移图

$$R=\begin{bmatrix} -\lambda_1-\lambda_2 & \lambda_1 & \lambda_2 \\ \mu_1 & -\mu_1 & 0 \\ \mu_2 & 0 & -\mu_2 \end{bmatrix}$$

式中，λ_k，μ_k 分别是元件 k 的故障率和修复率。

例 5.7 对于发生共模故障的两元件系统，其状态转移图如图 5.5 所示。类似例 5.4 中的情形，此时状态空间中有 4 个状态，区别在于此时从状态 1 到状态 4 还有一个转移率，描述了两个元件可能同时发生故障的系统行为。可以写出转移率矩阵如下：

$$R=\begin{bmatrix} -\lambda_1-\lambda_2-\lambda_c & \lambda_1 & \lambda_2 & \lambda_c \\ \mu_1 & -\mu_1-\lambda_2 & 0 & \lambda_2 \\ \mu_2 & 0 & -\mu_2-\lambda_1 & \lambda_1 \\ 0 & \mu_2 & \mu_1 & -\mu_1-\mu_2 \end{bmatrix}$$

式中，λ_k，μ_k 分别是元件 k 的故障率和修复率；λ_c 是该系统的共模故障率。

转移率矩阵可被视为状态转移图的一种正规的数学表达方式。由于考虑的是马尔可夫过程，我们可以如下节所述利用转移率矩阵确定状态概率的均衡值。

5.2.3 状态概率计算

在本书第 3 章中介绍了一个马尔可夫过程状态概率均衡值的计算过程，并在第 4 章中介绍了基于频率的方法。通常，我们可以将计算公式用矩阵形式表达，并通过求解式（5.2）得到稳态概率。

由 $\boldsymbol{pR}=\boldsymbol{0}$ 和 $\sum_{\forall i} p_i = 1$ 可得

$$\boldsymbol{p}=\boldsymbol{V}_R\boldsymbol{R}'^{-1} \tag{5.2}$$

式中，$\boldsymbol{R}'$为将转移率矩阵 $\boldsymbol{R}$ 中任意 j 列的元素替换为 1 所得到的矩阵；$\boldsymbol{p}$ 为稳态概率向量，$\boldsymbol{p}=[p_1,p_2,\cdots,p_i,\cdots,]$；$p_i$ 是系统处于状态 i 的稳态概率值；$\boldsymbol{V}_R$ 为第 j 个元素为 1、其他元素设置为 0 的行向量。

下例示意了如何利用式（5.2）来计算状态概率的均衡值。

例 5.8 针对例 5.4 中的同一个系统，将转移率矩阵中的第 1 列元素都替换为 1，可写出此系统的式（5.2）如下

$$[p_1 \quad p_2 \quad p_3 \quad p_4]=[1 \quad 0 \quad 0 \quad 0]\begin{bmatrix} 1 & \lambda_1 & \lambda_2 & 0 \\ 1 & -\mu_1-\lambda_2 & 0 & \lambda_2 \\ 1 & 0 & -\mu_2-\lambda_1 & \lambda_1 \\ 1 & \mu_2 & \mu_1 & -\mu_1-\mu_2 \end{bmatrix}^{-1}$$

因此有

$$p_1=\frac{\mu_1\mu_2}{(\lambda_1+\mu_1)(\lambda_2+\mu_2)}$$

$$p_2=\frac{\lambda_1\mu_2}{(\lambda_1+\mu_1)(\lambda_2+\mu_2)}$$

$$p_3=\frac{\mu_1\lambda_2}{(\lambda_1+\mu_1)(\lambda_2+\mu_2)}$$

$$p_4=\frac{\lambda_1\lambda_2}{(\lambda_1+\mu_1)(\lambda_2+\mu_2)}$$

由此例可以看出，当元件相互独立时，系统状态概率是元件概率的乘积。例如在系统状态1中，元件1和2均正常工作，则状态1的概率均衡值可以通过将元件1正常工作的概率和元件2正常工作的概率相乘得到。

例 5.9 针对例 5.5 所示系统，将转移率矩阵中的第1列元素都替换为1，可写出此系统的式（5.2）如下：

$$[p_1\quad p_2\quad p_3\quad p_4]=[1\quad 0\quad 0\quad 0]\begin{bmatrix}1 & \lambda_1 & \lambda_2 & 0\\ 1 & -\mu_1-\lambda_2 & 0 & \lambda_2\\ 1 & 0 & -\mu_2-\lambda_1 & \lambda_1\\ 1 & 0 & \mu_1 & -\mu_1\end{bmatrix}^{-1}$$

因此有

$$\lambda_{g150\to g100}=\frac{p_{g1}(\lambda_g+\lambda_g+\lambda_g)}{p_{g1}}=3\lambda_g=10.95$$

$$\lambda_{g100\to g50}=\frac{p_{g2}(\lambda_g+\lambda_g)+p_{g3}(\lambda_g+\lambda_g)+p_{g4}(\lambda_g+\lambda_g)}{p_{g2}+p_{g3}+p_{g4}}=2\lambda_g=7.30$$

$$\lambda_{g50\to g0}=\frac{p_{g5}(\lambda_g+p_{g6}\lambda_g+p_{g7}\lambda_g)}{p_{g5}+p_{g6}+p_{g7}}=\lambda_g=3.65$$

$$\lambda_{g0\to g50}=\frac{p_{g8}(\mu_g+\mu_g+\mu_g)}{p_{g8}}=3\mu_g=2190$$

$$\lambda_1\lambda_2(\lambda_1+\lambda_2+2\mu_1+\mu_2)+\mu_1\mu_2(\lambda_1+\lambda_2+\mu_1)+\lambda_2\mu_1(\lambda_2+\mu_1)$$

例 5.10 对于发生相关故障的两元件系统，状态转移图如图 5.6 所示，转移率矩阵参见例 5.6。利用式(5.2)计算状态概率均衡值如下：

$$[p_1\quad p_2\quad p_3]=[1\quad 0\quad 0]\begin{bmatrix}1 & \lambda_1 & \lambda_2\\ 1 & -\mu_1 & 0\\ 1 & 0 & -\mu_2\end{bmatrix}^{-1}$$

因此有

$$p_1=\frac{\mu_1\mu_2}{\mu_1\mu_2+\lambda_1\mu_2+\lambda_2\mu_1}$$

$$p_2=\frac{\lambda_1\mu_2}{\mu_1\mu_2+\lambda_1\mu_2+\lambda_2\mu_1}$$

$$p_3=\frac{\lambda_2\mu_1}{\mu_1\mu_2+\lambda_1\mu_2+\lambda_2\mu_1}$$

计算状态概率之后，需要先确定系统的故障状态，然后就可以相应地计算可靠性指标。

5.2.4 可靠性指标计算

一旦确定状态概率，就可以得到可靠性指标，详述如下：

系统故障概率

故障状态的概率之和即为系统的故障概率，如式（1.1）所示。

系统故障频率

单位时间内发生故障次数的期望值。由第4章可知，该值可以很容易地由式（4.17）计算进入故障状态子集 Y 边界的预期转移次数得到，或者考虑到稳态时频率平衡，由式（4.18）计算故障频率得到。

应该注意的是，尽管式（4.17）或式（4.18）都可以用来计算故障频率指标，但当状态数量相对较大时，用这两个公式计算并不方便。下面将提出一种计算可靠性指标的矩阵方法。

计算系统故障频率的矩阵法

对于较大规模的系统，可以用一种系统化的方法——矩阵法来计算故障频率。

对于一个转移率矩阵 $\boldsymbol{R}$，每个非对角线元代表从状态 i 到状态 j 的转移率；令对角元为零，将此修正转移率矩阵记为 $\overline{\boldsymbol{R}}$：

$$\overline{\boldsymbol{R}}=\begin{bmatrix}0&\lambda_{12}&\lambda_{13}&\cdots&\lambda_{1n}\\\lambda_{21}&0&\lambda_{23}&\cdots&\lambda_{2n}\\\lambda_{31}&\lambda_{32}&0&\cdots&\lambda_{3n}\\\vdots&\vdots&\vdots&\vdots&\vdots\\\lambda_{n1}&\lambda_{n2}&\cdots&\lambda_{n,n-1}&0\end{bmatrix}\tag{5.3}$$

将状态概率与修正转移率矩阵相乘即可得到一个行向量，第 j 个元素如式（5.4）：

$$(\boldsymbol{p}\overline{\boldsymbol{R}})_j=\sum_{i\in S\setminus\{j\}}p_i\lambda_{ij}\tag{5.4}$$

由第4章式（4.9）可知，式（5.4）表示在状态空间中从其他状态 i 转移到状态 j 的频率。当只考虑正常状态时，可以通过修正状态概率向量、利用式（5.4）得到从正常状态转移到状态 j 的频率，如下所述。

将故障状态 Y 中的元素 i 用零替代，$\forall i\in Y$，据此得到修正的稳态概率，记为 $\overline{\boldsymbol{p}}$。将 $\overline{\boldsymbol{p}}$ 与 $\overline{\boldsymbol{R}}$ 相乘即可得到一个行向量，第 j 个元素由式（5.5）给出：

$$(\overline{\boldsymbol{p}}\,\overline{\boldsymbol{R}})_j=\sum_{i\in S\setminus Y}p_i\lambda_{ij}\tag{5.5}$$

这就是从正常状态 $i\in S\setminus Y$ 到状态空间中任意状态 j 的频率。将与故障状态 $j\in Y$

相关的所有元素相加，即可得到从正常状态到故障状态的频率，如下所示：

$$f_f=(\bar{\boldsymbol{p}}\,\overline{\boldsymbol{R}})\cdot\boldsymbol{1}_{(j\in Y)} \tag{5.6}$$

式中，$\boldsymbol{1}_{(j\in Y)}$ 为指示函数 $1_{(i\in Y)}$ 的一个 $n\times1$ 维向量，如果是 Y 中的故障状态取值为1，如果是其他状态取值为零；$\overline{\boldsymbol{R}}$ 为对角元为零的转移率矩阵；$\bar{\boldsymbol{p}}$ 为修正稳态概率，通过用零代替与故障状态相关的元素 i 得到。

转移到正常状态的频率也可以用矩阵形式确定，类似式（5.5），从故障状态到任何其他状态的频率如下：

$$((\boldsymbol{p}-\bar{\boldsymbol{p}})\overline{\boldsymbol{R}})_j=\sum_{i\in Y}p_i\lambda_{ij} \tag{5.7}$$

注意用零代替 $\boldsymbol{p}-\bar{\boldsymbol{p}}$ 中与正常状态相关的元素 i 就得到稳态概率向量；将与正常状态 $j\in S\backslash Y$ 相关的所有元素相加，即可得到转移到正常状态的频率如下：

$$f_s=((\boldsymbol{p}-\bar{\boldsymbol{p}})\overline{\boldsymbol{R}})\cdot\boldsymbol{1}_{(j\in S\backslash Y)} \tag{5.8}$$

式中，f_s 是正常状态的频率；$\boldsymbol{1}_{(j\in S\backslash Y)}$ 是指示函数 $1_{(j\in S\backslash Y)}$ 的一个 $n\times1$ 维向量；如果是 $S\backslash Y$ 中的正常状态取值为1，如果是其他状态取值为零。

根据第4章中的频率平衡概念，在稳态下发生故障的频率和正常的频率相同，所以式（5.6）和式（5.8）均可用来计算此故障频率。下例将说明如何用矩阵法来计算故障频率和正常频率。

例5.11 针对例5.4中的同一系统，假设当任一元件发生故障时系统均会发生故障，即2、3、4均为故障状态，则 $\overline{\boldsymbol{R}}$ 和 $\bar{\boldsymbol{p}}$ 可确定如下：

$$\overline{\boldsymbol{R}}=\begin{bmatrix}0 & \lambda_1 & \lambda_2 & 0\\ \mu_1 & 0 & 0 & \lambda_2\\ \mu_2 & 0 & 0 & \lambda_1\\ 0 & \mu_2 & \mu_1 & 0\end{bmatrix},\ \bar{\boldsymbol{p}}=[p_1\quad 0\quad 0\quad 0]$$

利用式（5.6）可得

$$\boldsymbol{1}_{(j\in Y)}=\begin{bmatrix}0\\1\\1\\1\end{bmatrix}$$

则

$$\begin{aligned}f_f&=(\bar{\boldsymbol{p}}\,\overline{\boldsymbol{R}})\cdot\boldsymbol{1}_{(j\in Y)}\\&=[0\quad p_1\lambda_1\quad p_1\lambda_2\quad 0]\cdot\boldsymbol{1}_{(j\in Y)}\\&=p_1(\lambda_1+\lambda_2)\end{aligned}$$

即为从正常状态转移到故障状态的频率，通过状态转移图可以很容易地进行验证。

另一种方法是利用式（5.8）可得：

$$(\boldsymbol{p}-\overline{\boldsymbol{p}})=[0\quad p_2\quad p_3\quad p_4],\ \boldsymbol{1}_{(j\in S\backslash Y)}=\begin{bmatrix}1\\0\\0\\0\end{bmatrix}$$

则

$$\begin{aligned}f_s &= (\boldsymbol{p}-\overline{\boldsymbol{p}})\overline{\boldsymbol{R}}\cdot\boldsymbol{1}_{(j\in S\backslash Y)}\\ &= [p_2\mu_1+p_3\mu_2\quad p_4\mu_2\quad p_4\mu_1\quad p_2\lambda_2+p_3\lambda_1]\cdot\boldsymbol{1}_{(j\in S\backslash Y)}\\ &= p_2\mu_1+p_3\mu_2\end{aligned}$$

即为从故障状态转移到正常状态的频率，这可以通过状态转移图来验证。

只要确定了故障概率和故障频率，其他指标（如平均周期、平均中断时间和平均可用时间等）就可以很方便地利用式（1.2）、式（1.3）和式（1.4）来计算。

状态空间法是最直接的一种计算可靠性指标的方法，但我们会发现，其主要缺点是必须遍历状态空间图中所有可能的状态；当系统组成元件较多、系统规模较大时，构建全系统的转移率图或转移率矩阵可能是不切实际的。为克服这一缺陷，我们可以将系统分解为若干子系统，而构建每个子系统的状态转移图就比较容易了。

5.2.5 状态空间法中的顺序建模方法

顺序建模指将系统一步步分解为若干子系统，首先构建子系统模型，然后将其合并构成全系统模型；在此过程中，子系统中的一些相似状态被合并，因而减少了状态数量。如第 4 章所述，我们可以合并状态并利用式（4.57）来得到合并状态子集之间的等效转移率，重新写为式（5.9）如下：

$$\lambda_{XY}=\frac{\sum_{i\in X}\sum_{j\in Y}p_i\lambda_{ij}}{\sum_{i\in X}p_i} \tag{5.9}$$

式中，λ_{XY}是从子集 X 到子集 $Y(X,Y\subset S)$ 的等效转移率。

然后，通过合并每个子系统的状态转移图来构建全系统状态转移图。以下用一个简化的电力系统模型来说明如何进行顺序建模。

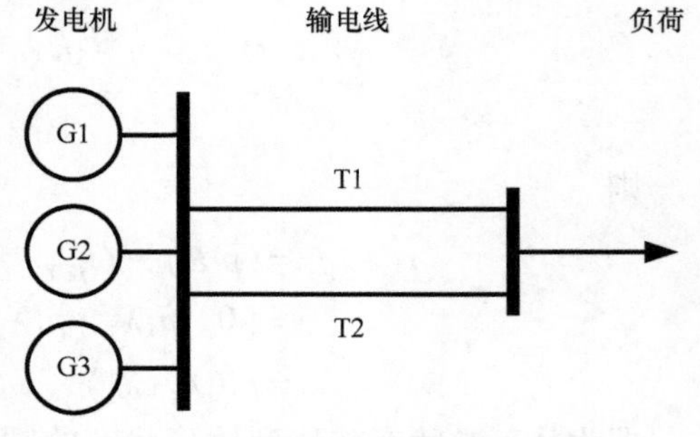

图 5.7　一个电力系统案例分析

例 5.12　图 5.7 所示的电力系统由发电、输电和负荷三个独立的子系统组成，假设所有子系统中的元件也是相互独立的。我们关注的是系统无法满足负荷需求的情况，即缺电事件，因此着眼

于计算电力系统可靠性指标，即缺电概率、缺电频率以及缺电平均持续时间。各子系统的数据如下：

1）发电子系统包括三台发电机；每台发电机满额容量为50MW，故障情况下为0MW。每台发电机的故障率是0.01/天，平均修复时间是12h。

2）输电子系统包含两条并联的输电线。每条线路的故障率为10次/年，平均中断时间为8h。每条输电线容量为100MW，故障情况下为0MW。

3）负荷在150MW和50MW两个状态之间波动，每个状态的平均持续时间分别为8h和16h。

如果直接用状态空间法，则需要在状态空间图中遍历所有可能的系统状态。该例中有6个系统元件（3台发电机、2条输电线和一个负荷），因此有$2^6=64$个状态。如果要一步步遍历所有可能的系统状态，则需要为所有64个状态绘制一个系统状态转移图；尽管对此例直接用状态空间法也是可行的，我们还是用它来说明对大型系统进行顺序建模的过程。

现用顺序建模方法分析该系统，即分别考虑每个子系统，合并子系统中的某些状态，然后用每个子系统的简化模型来构建全系统状态空间。

发电子系统

该子系统由三台发电机组成。每台发电机的状态转移图是一个两状态马尔可夫模型，如图5.8所示。

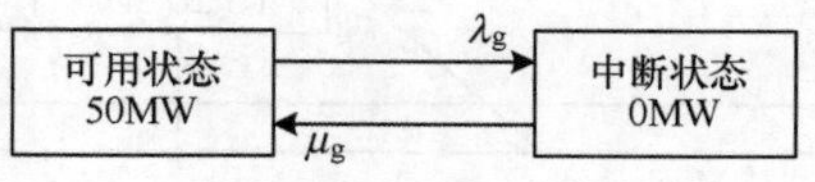

图5.8　发电机状态转移图

每台发电机的故障率为0.01/天，由第3章可知，修复率是元件处于中断状态平均时间（平均修复时间）的倒数，因此每台发电机的修复率是$\frac{1}{12}$/h。为了和本例中其他元件保持一致，同样以年为单位来表示两个转移率如下：

$$\lambda_g = 0.01/\text{天} = 3.65/\text{年}$$

$$\mu_g = \frac{1}{12}/\text{h} = 730/\text{年}$$

由例3.11可知，两状态元件模型的概率可以通过其故障率λ和修复率μ求得，列式如下：

$$p_u = \frac{\mu}{\mu+\lambda}$$

$$p_d = \frac{\lambda}{\mu+\lambda}$$

式中，p_u和p_d分别为元件处于可用状态和中断状态的概率。

绘制由三个相互独立的发电机组成的发电子系统状态转移图，如图5.9所示。

令p_{gi}为发电子系统状态i的概率，$i=\{1,2,\cdots,8\}$。每台发电机都具有相同的故障率和修复率，各自处于可用状态和中断状态的概率分别为$\frac{\mu_g}{\mu_g+\lambda_g}$和$\frac{\lambda_g}{\mu_g+\lambda_g}$。利用乘法律计算状态概率如下：

$$p_{g1}=\left(\frac{\mu_g}{\mu_g+\lambda_g}\right)^3=0.995^3=9.851\times10^{-1}$$

$$p_{g2}=p_{g3}=p_{g4}=\left(\frac{\mu_g}{\mu_g+\lambda_g}\right)^2\left(\frac{\lambda_g}{\mu_g+\lambda_g}\right)=0.995^2\times0.005=4.950\times10^{-3}$$

$$p_{g5}=p_{g6}=p_{g7}=\left(\frac{\mu_g}{\mu_g+\lambda_g}\right)\left(\frac{\lambda_g}{\mu_g+\lambda_g}\right)^2=0.995\times0.005^2=2.488\times10^{-5}$$

$$p_{g8}=\left(\frac{\lambda_g}{\mu_g+\lambda_g}\right)^3=0.005^3=1.250\times10^{-7}$$

注意图 5.9 所示的状态 2、3、4 均表示 100MW 的发电量；类似地，状态 5、6、7 均表示 50MW 的发电量。这些状态可被合并，得到等效状态转移图如图 5.10 所示。

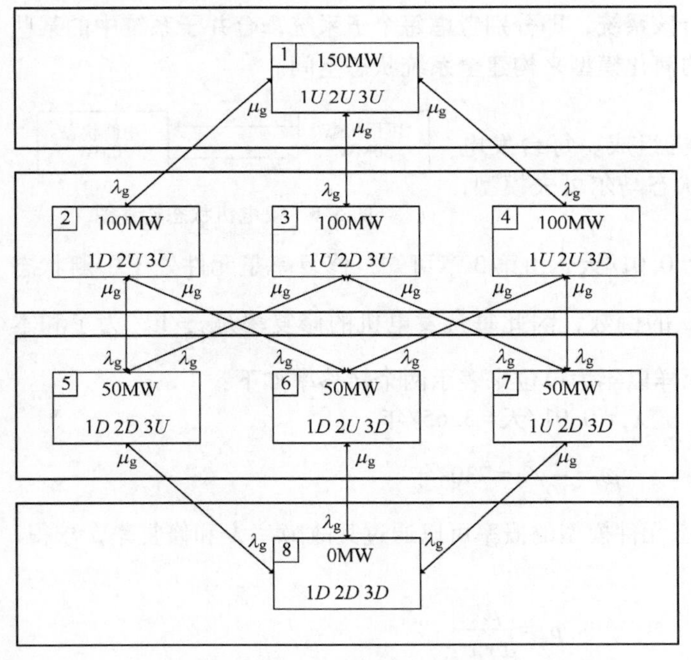

图 5.9　发电子系统的状态转移图

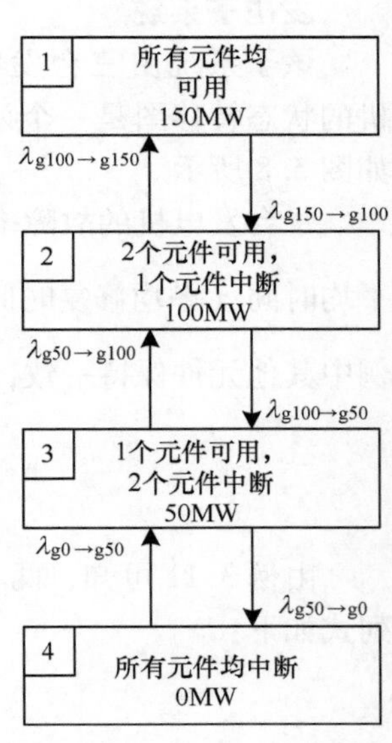

图 5.10　发电子系统的等效状态转移图

发电子系统由 8 个状态减少为 4 个状态。等效转移率记为 λ，计算如下，所有单位都以年为分母：

$$\lambda_{g150\to g100}=\frac{p_{g1}(\lambda_g+\lambda_g+\lambda_g)}{p_{g1}}=3\lambda_g=10.95$$

$$\lambda_{g100\to g50}=\frac{p_{g2}(\lambda_g+\lambda_g)+p_{g3}(\lambda_g+\lambda_g)+p_{g4}(\lambda_g+\lambda_g)}{p_{g2}+p_{g3}+p_{g4}}=2\lambda_g=7.30$$

$$\lambda_{g50\to g0}=\frac{p_{g5}(\lambda_g+p_{g6}\lambda_g+p_{g7}\lambda_g)}{p_{g5}+p_{g6}+p_{g7}}=\lambda_g=3.65$$

$$\lambda_{g0\to g50}=\frac{p_{g8}(\mu_g+\mu_g+\mu_g)}{p_{g8}}=3\mu_g=2190$$

$$\lambda_{g50\to g100}=\frac{p_{g5}(\mu_g+\mu_g)+p_{g6}(\mu_g+\mu_g)+p_{g7}(\mu_g+\mu_g)}{p_{g5}+p_{g6}+p_{g7}}=2\mu_g=1460$$

$$\lambda_{g100\to g150}=\frac{p_{g2}\mu_g+p_{g3}\mu_g+p_{g4}\mu_g}{p_{g2}+p_{g3}+p_{g4}}=\mu_g=730$$

将发电子系统发出150MW、100MW、50MW和0MW等效功率的概率分别用概率p_{g150}、p_{g100}、p_{g50}、p_{g0}来表示。在等效状态图中处于每个状态的概率计算如下：

$$p_{g150}=p_{g1}=9.851\times10^{-1}$$

$$p_{g100}=p_{g2}+p_{g3}+p_{g4}=1.485\times10^{-2}$$

$$p_{g50}=p_{g5}+p_{g6}+p_{g7}=7.463\times10^{-5}$$

$$p_{g0}=p_{g8}=1.250\times10^{-7}$$

至此，得到等效发电子系统的所有参数（即状态概率和转移率）。

输电子系统

每条输电线的状态转移图如图5.11所示，参数如下：

$$\lambda_t=10/\text{年}$$

$$\mu_t=\frac{1}{8}/\text{h}=1095/\text{年}$$

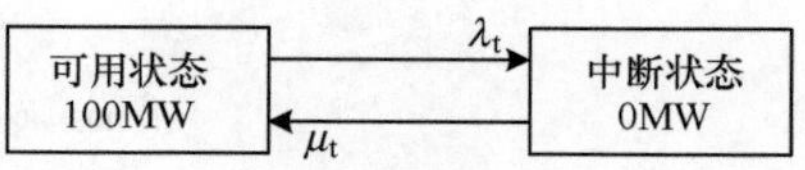

图5.11 一条输电线的状态转移图

令p_{ti}为输电子系统状态i的概率，$i=\{1,2,3,4\}$。每条输电线都具有相同的故障率和修复率，处于可用状态和中断状态的概率分别为$\frac{\mu_t}{\mu_t+\lambda_t}$和$\frac{\lambda_t}{\mu_t+\lambda_t}$。利用乘法律计算状态概率如下：

$$p_{t1}=\left(\frac{\mu_t}{\mu_t+\lambda_t}\right)^2=9.812\times10^{-1}$$

$$p_{t2}=p_{t3}=\left(\frac{\mu_t}{\mu_t+\lambda_t}\right)\left(\frac{\lambda_t}{\mu_t+\lambda_t}\right)=8.968\times10^{-3}$$

$$p_{t4}=\left(\frac{\lambda_t}{\mu_t+\lambda_t}\right)^2=8.190\times10^{-5}$$

如果两条输电线是相互独立的，该子系统的状态转移图如图5.12所示。由于我们只关注输电子系统的传输能力，可以合并容量相同的状态，从而生成输电子系统的等效状态转移图，如图 5.13 所示。

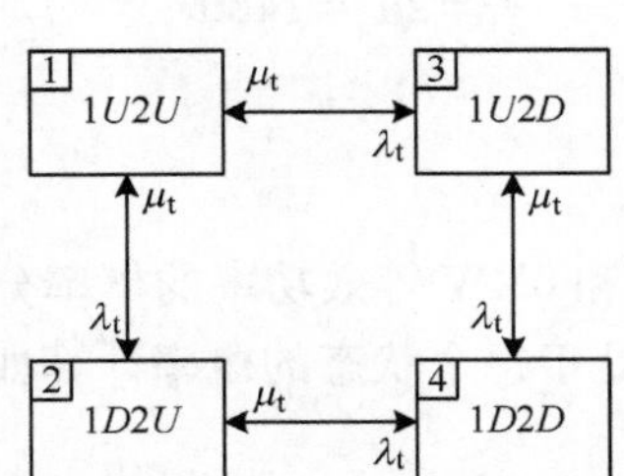

图 5.12　两条输电线的状态转移图

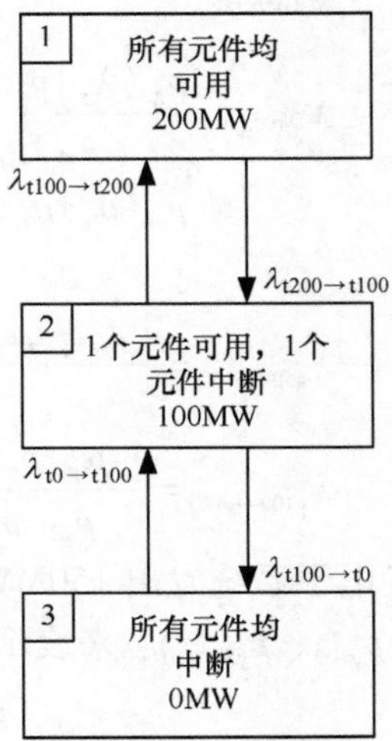

图 5.13　输电子系统的等效状态转移图

输电子系统由 4 个状态减少为 3 个状态。等效转移率记为 λ，由式（5.9）计算如下；所有单位都以年为分母：

$$\lambda_{t200\to t100}=\frac{p_{t1}(\lambda_t+\lambda_t)}{p_{t1}}=2\lambda_t=20$$

$$\lambda_{t100\to t0}=\frac{p_{t2}\lambda_t+p_{t3}\lambda_t}{p_{t2}+p_{t3}}=\lambda_t=10$$

$$\lambda_{t0\to t100}=\frac{p_{t4}(\mu_t+\mu_t)}{p_{t4}}=2\mu_t=2190$$

$$\lambda_{t100\to t200}=\frac{p_{t2}\mu_t+p_{t3}\mu_t}{p_{t2}+p_{t3}}=\mu_t=1095$$

将输电子系统容量为 200MW、100MW 和 0MW 的概率分别用概率 p_{t200}、p_{t100}、p_{t0}来表示。在等效状态图中处于每个状态的概率计算如下：

$$p_{t200}=p_{t1}=9.812\times10^{-1}$$

$$p_{t100}=p_{t2}+p_{t3}=1.794\times10^{-2}$$

$$p_{t0}=p_{t4}=8.190\times10^{-5}$$

发、输电联合子系统

电力系统的目标是将发电容量传输给负荷，因此可以将发电子系统的等效转移图和输电子系统的等效转移图合并；合并容量即为传输给负荷点的总容量。由于等效发电子系统有 4 个状态，等效输电子系统有 3 个状态，所以此发、输电容量的状态转移图中有 3×4=12 个状态。此合并子系统的状态转移图如图 5.14 所示，每个状态下

的发、输电容量由 $\min\{g,t\}$ 确定，即为发电容量和输电容量的最小值，如图所示。

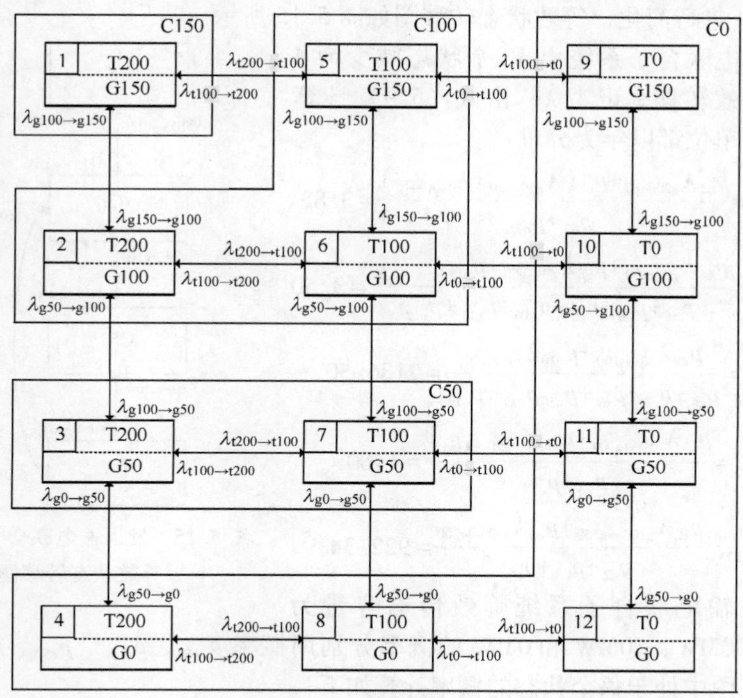

图 5.14　发、输电联合子系统的状态转移图

令 p_{ci} 为发、输电联合系统状态 i 的概率，$i=\{1,2,\cdots,12\}$。假设所有元件相互独立，则可以利用乘法率计算得到状态概率如下：

$$p_{c1}=p_{g150}p_{t200}=9.673\times10^{-1}$$

$$p_{c2}=p_{g100}p_{t200}=1.458\times10^{-2}$$

$$p_{c3}=p_{g50}p_{t200}=7.328\times10^{-5}$$

$$p_{c4}=p_{g0}p_{t200}=1.227\times10^{-7}$$

$$p_{c5}=p_{g150}p_{t100}=1.767\times10^{-2}$$

$$p_{c6}=p_{g100}p_{t100}=2.664\times10^{-4}$$

$$p_{c7}=p_{g50}p_{t100}=1.338\times10^{-6}$$

$$p_{c8}=p_{g0}p_{t100}=2.242\times10^{-9}$$

$$p_{c9}=p_{g150}p_{t0}=8.068\times10^{-5}$$

$$p_{c10}=p_{g100}p_{t0}=1.216\times10^{-6}$$

$$p_{c11}=p_{g50}p_{t0}=6.112\times10^{-9}$$

$$p_{c12}=p_{g0}p_{t0}=1.024\times10^{-11}$$

通过观察发现，输送容量只可能为0MW、50MW、100MW或150MW，因此可以对图5.14进行简化，等效状态转移图如图5.15所示。

发、输电联合子系统由12个状态减少为4个状态。等效转移率记为λ；由式（5.9）计算如下；所有单位都以年为分母：

$$\lambda_{c50\to c0}=\frac{p_{c3}\lambda_{g50\to g0}+p_{c7}(\lambda_{g50\to g0}+\lambda_{t100\to t0})}{p_{c3}+p_{c7}}=3.83$$

$$\lambda_{c0\to c50}=\frac{p_{c4}\lambda_{g0\to g50}+p_{c8}\lambda_{g0\to g50}+p_{c11}\lambda_{t0\to t100}}{p_{c4}+p_{c8}+p_{c9}+p_{c10}+p_{c11}+p_{c12}}=3.50$$

$$\lambda_{c0\to c100}=\frac{p_{c9}\lambda_{t0\to t100}+p_{c10}\lambda_{t0\to t100}}{p_{c4}+p_{c8}+p_{c9}+p_{c10}p_{c11}+p_{c12}}=2186.50$$

$$\lambda_{c50\to c100}=\frac{p_{c3}\lambda_{g50\to g100}+p_{c7}(\lambda_{g50\to g100})}{p_{c3}+p_{c7}}=1460$$

$$\lambda_{c100\to c150}=\frac{p_{c2}\lambda_{g100\to g150}+p_{c5}\lambda_{t100\to t200}}{p_{c2}+p_{c5}+p_{c6}}=922.34$$

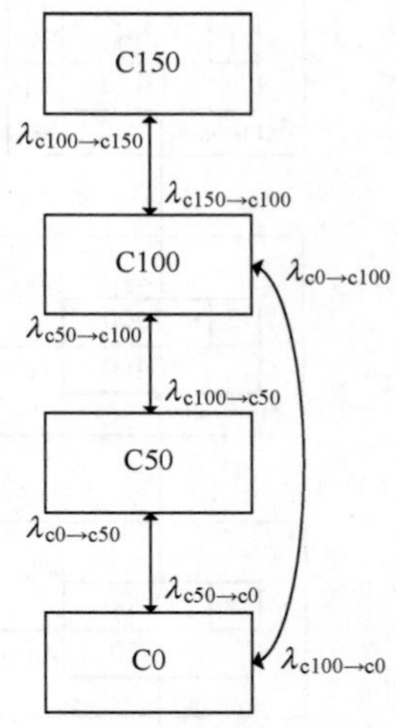

图5.15　发、输电联合子系统的等效状态转移图

将发、输电联合子系统等效传输容量为150MW、100MW、50MW和0MW的概率分别用概率p_{c150}、p_{c100}、p_{c50}、p_{c0}来表示。在等效状态图中处于每个状态的概率计算如下：

$p_{c150}=p_{c1}=9.673\times10^{-1}$

$p_{c100}=p_{c2}+p_{c5}+p_{c6}=3.252\times10^{-2}$

$p_{c50}=p_{c3}+p_{c7}=7.462\times10^{-5}$

$p_{c0}=p_{c4}+p_{c8}+p_{c9}+p_{c10}+p_{c11}+p_{c12}=8.202\times10^{-5}$

负荷子系统

负荷的状态转移图是一个两状态马尔可夫模型，如图5.16所示，参数如下：

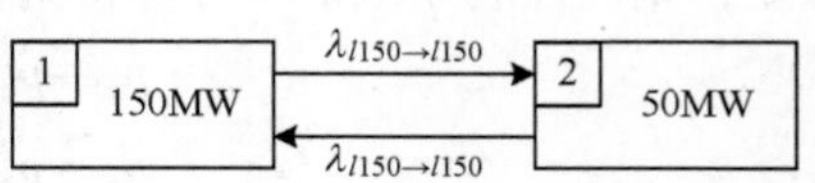

图5.16　一个系统负荷的状态转移图

$$\lambda_{l150\to l50}=\frac{1}{8}/\text{h}=1095/\text{年}$$

$$\lambda_{l50\to l150}=\frac{1}{16}/\text{h}=547.5/\text{年}$$

其中，$\lambda_{l150\to l50}$是负荷从150MW到50MW的转移率，$\lambda_{l50\to l150}$是负荷从50MW到150MW的转移率；负荷为150MW和50MW的概率分别为p_{l150}、p_{l50}，计算如下：

$$p_{l150}=\frac{8}{8+16}=\frac{1}{3}$$

$$p_{l50}=\frac{16}{8+16}=\frac{2}{3}$$

全系统的解

将图5.15所示的状态转移图和图5.16所示的系统负荷状态转移图结合起来，即可得到该问题的解。此问题的系统状态转移图如图5.17所示。

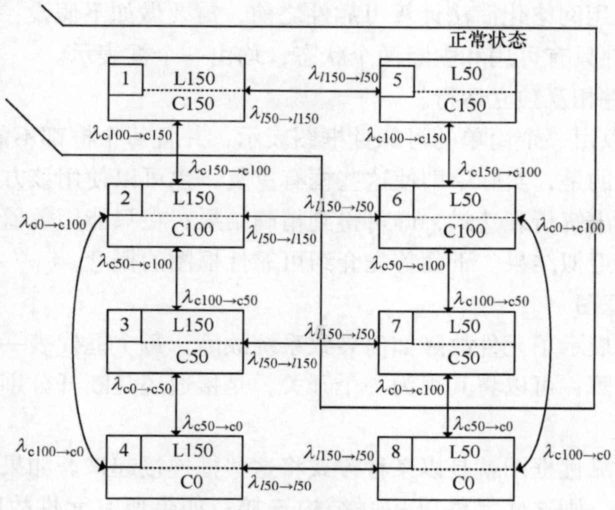

图5.17　全系统的状态转移图

利用乘法律可计算每个系统状态的概率如下：

$$p_1 = p_{c150}p_{l150} = 3.224\times10^{-1}$$

$$p_2 = p_{c100}p_{l150} = 1.084\times10^{-2}$$

$$p_3 = p_{c50}p_{l150} = 2.487\times10^{-5}$$

$$p_4 = p_{c0}p_{l150} = 2.734\times10^{-5}$$

$$p_5 = p_{c150}p_{l50} = 6.449\times10^{-1}$$

$$p_6 = p_{c100}p_{l50} = 2.168\times10^{-2}$$

$$p_7 = p_{c50}p_{l50} = 4.975\times10^{-5}$$

$$p_8 = p_{c0}p_{l50} = 5.468\times10^{-5}$$

显然，系统状态2、3、4均代表缺电事件，则可计算缺电概率如下：

$$p_f = p_2 + p_3 + p_4 + p_8 = 1.095\times10^{-2}$$

每年的缺电频率可以由状态图得到，计算如下：

$$f_f = p_1\lambda_{c150\to c100} + p_6(\lambda_{l50\to l150} + \lambda_{c100\to c0}) + p_7(\lambda_{l50\to l150} + \lambda_{c50\to c0}) = 22$$

最后，可以利用式（1.3）确定以小时计的平均中断时间如下：

$$T_D = \frac{p_f\times24\times365}{f_f} = 4.36$$

由此例可以看出，发生缺电事件的次数近似为每月两次，一年的总中断时间均值为4.36h。

5.3 网络化简法

如果系统元件之间的交互便于由可靠性框图来描述，则对此系统可以应用*网络化简法*。在用网络化简法计算可靠性之前，需要做如下假设：

1）每个元件只有可用和中断两个状态，均由一个框表示。

2）每个元件相互独立运行。

3）系统可以由一个简单的可靠性框图表示，并且每个框都不能重复。

但应该注意的是，实际中即使这些框有重复，也可以使用该方法。在这种情况下，只要能推导出解析表达式，即可得到精确结果；在只能用数值方法计算的情况下，则只有一些近似结果。下面首先介绍可靠性框图的概念。

5.3.1 可靠性框图

可靠性框图展示了元件故障如何导致系统故障。每个框代表一个元件，其状态只能是正常或故障；可以将其视为一个开关，是接通还是断开分别取决于元件是正常还是故障。

绘制系统可靠性框图就是以某种方式将这些框连接起来。如果任一元件故障就会导致系统故障，则这些元件以*串联结构*连接；如果所有元件故障才会导致系统故障，则这些元件以*并联结构*连接。以下为一些可靠性框图示例。

例 5.13 如果一个简单的电气馈线系统由一个变压器和一个断路器组成，如图 5.18 所示。

每个元件都有可用或中断两个状态，如图 5.1 所示。当两个元件中任意一个发生故障时，系统就会发生故障，因此该系统是串联结构。令 A 框代表变压器，B 框代表断路器，绘制可靠性框图，如图 5.19 所示。

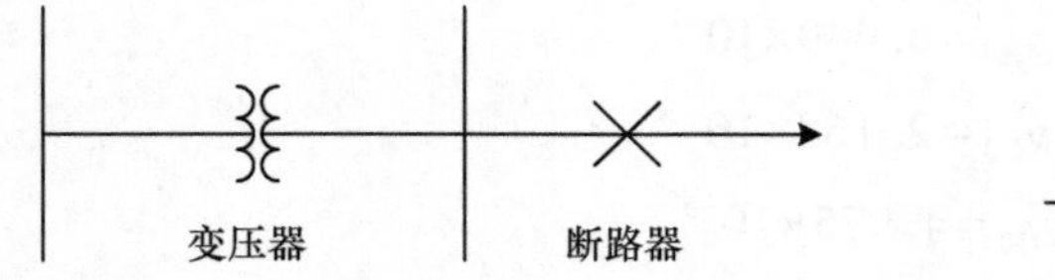

图 5.18 一个简单的电气馈线系统

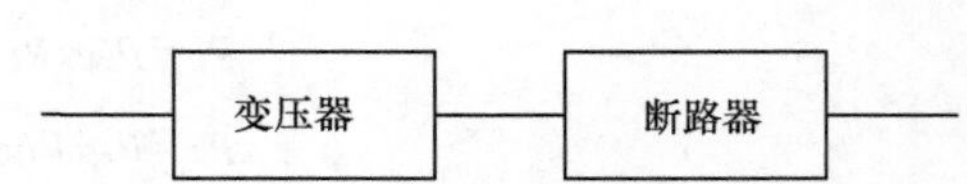

图 5.19 一个简单的电气馈线系统的可靠性框图

例 5.14 对于如图 5.20 所示的两条并联输电线系统，只有当两条输电线均发生故障时，系统才会发生故障，因此该系统是并联结构，可靠性框图如图 5.21 所示。

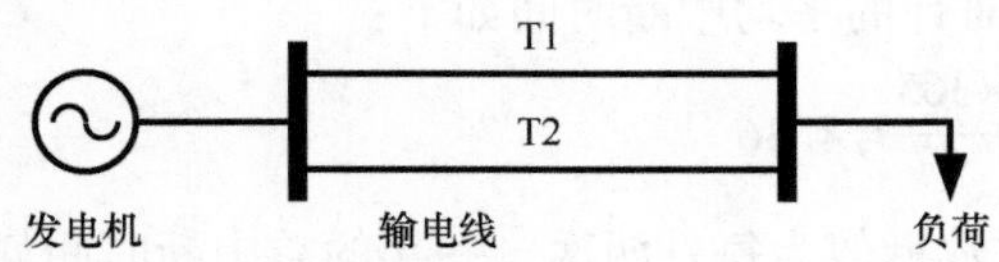

图 5.20 包含两条并联输电线的系统

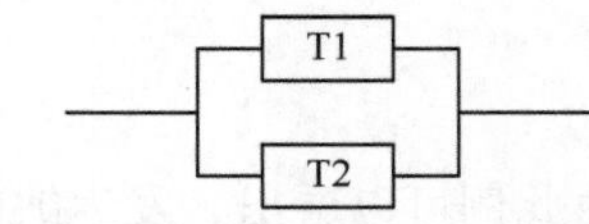

图 5.21 两条输电线系统的可靠性框图

由此可见，如果将一个元件发生故障用开路表示，一个元件正常工作用短路表示，那么可靠性框图的理念与电路图类似。为了使系统正常工作，应该至少有一条连通路径；如果没有连通路径，则系统会发生故障。

5.3.2 串联结构

如果任一元件的故障会导致系统故障，则称两个元件是串联的。例5.13为一个串联结构的示例。应该强调的是，串联系统并非指实际的物理布局，而是指对故障的影响效应。以两个并联二极管为例，如果其中一个因短路被击穿，则这组二极管也无法正常工作，此情形下的运行故障模式就是串联的。两元件串联系统的框图通常如图5.22所示。

当假定元件相互独立时，绘制系统状态转移图如图5.23所示，并将状态2、3、4标识为系统的故障状态。

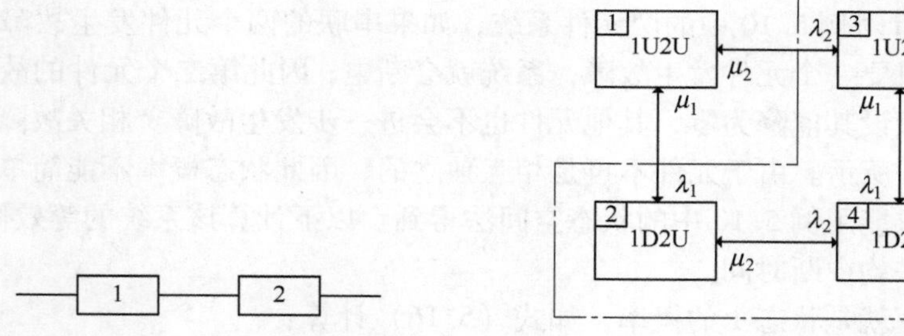

图5.22 一个串联结构的可靠性框图　　图5.23 两个串联元件的状态转移图

现计算串联系统的可靠性指标如下，该系统正常的概率就是两个元件处于正常状态的概率相乘：

$$p_s = p_1 = \frac{\mu_1\mu_2}{\lambda_1\lambda_2+\lambda_1\mu_2+\lambda_2\mu_1+\mu_1\mu_2} \tag{5.10}$$

状态2、3、4的概率之和就是该系统的故障概率，即

$$p_f = p_2+p_3+p_4 = \frac{\lambda_1\lambda_2+\lambda_1\mu_2+\lambda_2\mu_1}{\lambda_1\lambda_2+\lambda_1\mu_2+\lambda_2\mu_1+\mu_1\mu_2} \tag{5.11}$$

故障频率是从状态1到状态2、3、4的频率，即

$$f_{\mathrm{f}} = p_1(\lambda_1+\lambda_2) \tag{5.12}$$

式中，λ_i，μ_i 分别是元件 i 的故障率和修复率。

故障频率除以正常概率就是从正常状态1到故障状态2、3、4的系统等效故障率 λ_{eq}：

$$\lambda_{\mathrm{eq}} = \frac{f_{\mathrm{f}}}{p_{\mathrm{s}}} = \lambda_1+\lambda_2 \tag{5.13}$$

这意味着可以合并两个串联元件，将系统用一个等效元件来表示，其故障率就

是两个元件的故障率之和。

故障频率除以故障概率就是系统的等效修复率。根据频率平衡的概念，在稳态下正常工作的频率和发生故障的频率相等，因此等效修复率可计算如下：

$$\mu_{eq}=\frac{p_1(\lambda_1+\lambda_2)}{1-p_1}=\frac{\mu_1\mu_2(\lambda_1+\lambda_2)}{\lambda_1\mu_2+\lambda_2\mu_1+\lambda_1\lambda_2} \tag{5.14}$$

修复率的倒数就是该等效元件的平均中断时间。令元件 i 的中断时间为 r_i，则有

$$T_d=\frac{1}{\mu_{eq}}=\frac{\lambda_1 r_1+\lambda_2 r_2+\lambda_1\lambda_2 r_1 r_2}{\lambda_1+\lambda_2} \tag{5.15}$$

利用式（5.13）、式（5.14）和式（5.15）即可将两个独立的串联元件合并为一个等效元件。上述分析适用于独立发生的故障，例 5.15 中将讨论在串联结构中相关故障的特例。

例 5.15 针对例 5.10 中的两元件系统，如果串联的两个元件发生故障不是相互独立的，则只要一个元件发生故障，系统就会断电；因此第二个元件的故障率发生改变，在此假设其值降为零，其他元件也不会进一步发生故障。相关故障的状态转移图如图 5.6 所示。由于元件不再是相互独立的，因此状态概率不能简单地通过相乘得到，而只能用例 5.10 中的状态空间法得到。以下计算该系统的等效修复率、等效故障率和平均中断时间。

正常的概率就是状态 1 的概率，如式（5.16）计算：

$$p_s=p_1=\frac{\mu_1\mu_2}{\lambda_1\mu_2+\lambda_2\mu_1+\mu_1\mu_2} \tag{5.16}$$

发生故障的概率为

$$p_f=\frac{\lambda_1\mu_2+\lambda_2\mu_1}{\lambda_1\mu_2+\lambda_2\mu_1+\mu_1\mu_2} \tag{5.17}$$

故障频率由式（5.18）得到：

$$f_f=p_1(\lambda_1+\lambda_2)=\frac{\lambda_1+\lambda_2}{1+\lambda_1 r_1+\lambda_2 r_2} \tag{5.18}$$

系统等效故障率计算如下：

$$\lambda_{eq}=\frac{f_f}{p_s}=\lambda_1+\lambda_2 \tag{5.19}$$

正常工作的频率除以故障概率就是该系统的等效修复率：

$$\mu_{eq}=\frac{\mu_1\mu_2(\lambda_1+\lambda_2)}{\lambda_1\mu_1+\lambda_2\mu_1} \tag{5.20}$$

修复率的倒数就是该等效元件的平均中断时间：

$$T_d=\frac{1}{\mu_{eq}}=\frac{\lambda_1 r_1+\lambda_2 r_2}{\lambda_1+\lambda_2} \tag{5.21}$$

可见，两种情况下的等效故障率是相同的。两个串联元件的相关故障和独立故障之间的区别在于状态概率和等效修复率/平均中断时间。两种情况下的故障概率等式相差一个 $\lambda_1\lambda_2$ 因子；类似地，两种情况下等效修复率/平均中断时间的等式也相差一个 $\lambda_1\lambda_2 r_1 r_2$ 因子。

一般而言，$\lambda_1\lambda_2$ 和 $\lambda_1\lambda_2 r_1 r_2$ 都非常小，与其他项相比可以忽略不计，所以尽管从概念上来看，两个串联元件的独立故障和相关故障结果是不同的，但从数值上来看它们近似相等，这对大部分实际情况都是成立的。

下节分析并联结构，介绍如何合并两个并联元件的公式。

5.3.3 并联结构

如果两个元件都发生故障才会引起系统故障，则称两个元件是并联的，但需要记住的是，这些元件不一定非得是物理意义上的并联。例 5.14 为一个两条输电线并联的电路示例，其框图一般如图 5.24 所示。

当假定元件相互独立时，绘制系统状态转移图如图 5.25 所示，并将状态 4 标识为系统的故障状态。注意并联系统的状态转移图与串联系统的完全相同，区别仅在于并联结构只有一种故障状态。

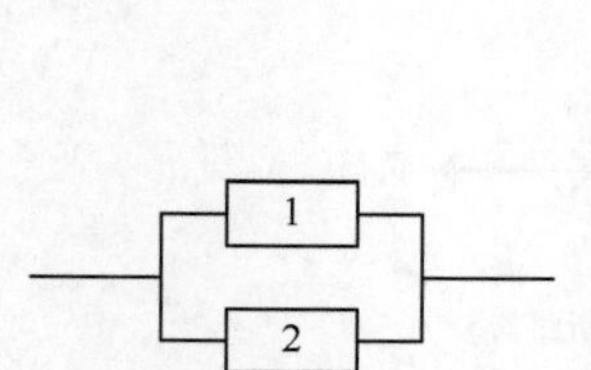

图 5.24 一个并联结构的可靠性框图

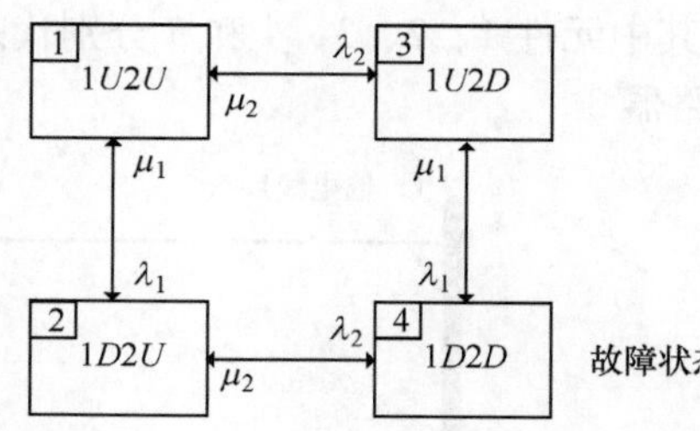

图 5.25 两个并联元件的状态转移图

在这种情况下，元件 1 和 2 的故障概率乘积就是系统的故障概率：

$$p_f = p_4 = \frac{\lambda_1\lambda_2}{\lambda_1\lambda_2+\lambda_1\mu_2+\lambda_2\mu_1+\mu_1\mu_2} \tag{5.22}$$

状态 1、2、3 的概率之和就是该系统正常工作的概率，相当于用 1 减去故障概率。

$$p_s = p_1+p_2+p_3 = \frac{\lambda_1\mu_2+\lambda_2\mu_1+\mu_1\mu_2}{\lambda_1\lambda_2+\lambda_1\mu_2+\lambda_2\mu_1+\mu_1\mu_2} \tag{5.23}$$

从正常状态（状态 1、2、3）到故障状态（状态 4）的预期转移率就是故障频率。

可以用另一种方法确定故障频率，由于在稳态时发生故障的频率就等于正常工作的频率，而后者是从故障状态（状态 4）到正常状态（状态 1、2、3）的预期转移率，更容易计算：

$$f_f = f_s = p_4(\mu_1+\mu_2) \tag{5.24}$$

正常工作的频率除以发生故障的概率就是等效修复率：

$$\mu_{eq}=\frac{f_s}{p_f}=\mu_1+\mu_2 \tag{5.25}$$

修复率的倒数就是该等效元件的平均中断时间。令元件 i 的中断时间为 r_i，则有

$$T_d=\frac{1}{\mu_{eq}}=\frac{r_1 r_2}{r_1+r_2} \tag{5.26}$$

该系统的等效故障率也可以计算如下，即用故障频率除以正常概率：

$$\lambda_{eq}=\frac{p_4(\mu_1+\mu_2)}{1-p_4}=\frac{\lambda_1\lambda_2(\mu_1+\mu_2)}{\lambda_1\mu_2+\lambda_2\mu_1+\mu_1\mu_2}=\frac{\lambda_1\lambda_2(r_1+r_2)}{1+\lambda_1 r_1+\lambda_2 r_2} \tag{5.27}$$

利用式（5.25）、式（5.26）和式（5.27）即可将两个独立的并联元件合并为一个等效元件。

有些结构既非串联也非并联，例如例 5.16 所示的*桥型结构*。

例 5.16 如果一个系统中有两条配电馈线，通过一个常开断路器互连，如图 5.26 所示。在任一配电馈线故障期间，此断路器可以将故障馈线重新连至正常馈线，从而向故障馈线所带的负荷供电。用可靠性框图来表示该系统，如图 5.27 所示，其中元件 1、2、3、4 和 5 分别代表变压器 1、变压器 2、断路器 1、断路器 2 和断路器 3。

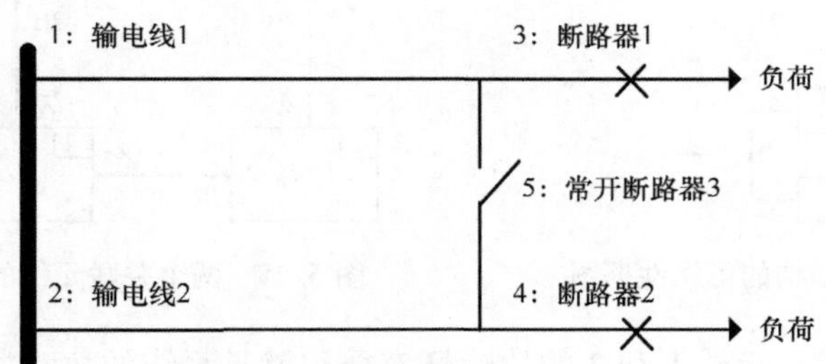

图 5.26　两条配电馈线系统

尽管已有星-三角变换等方法将较为复杂的结构转换为串-并联结构，但迄今为止，绝大部分情况下还是用网络化简法来化简此类串联和/或并联系统。网络化简法的目的就是将两个并联或串联元件合并为一个等效元件。

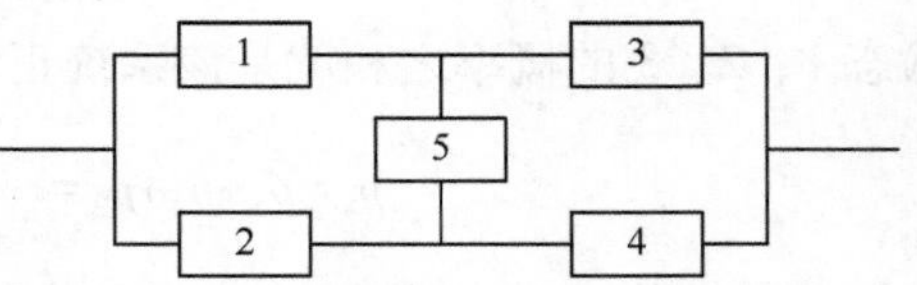

图 5.27　桥型结构系统的可靠性框图

5.3.4　网络化简法步骤

前节介绍了两个串联和并联元件系统的等效故障率、修复率和平均中断时间。本节介绍如何一步步进行网络化简：

1）明确可靠性框图中的串并联结构。

2）用等效元件替换所有串联框和并联框。

3）重复上述步骤，直到整个网络被简化为一个等效元件为止。

等效元件的可靠性指标就是系统指标。上述过程由下例说明。

例 5.17　一个系统由一个串联元件和两个并联元件组成，如图 5.28 所示。每个元件的故障率是 0.05 次/年，平均修复时间是 10h。利用网络化简法确定该系统的故障率和平均中断时间。

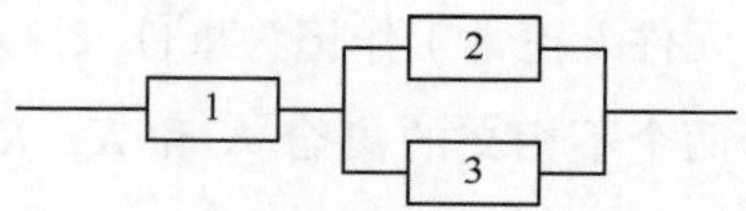

图 5.28　例 5.17 系统的可靠性框图

首先合并并联元件 2、3。此例中，$\lambda_1=\lambda_2=\lambda_3=0.05$ 次/年，换言之，5.708×10^{-6}次/h；$r_1=r_2=r_3=10\text{h}$。根据式（5.27），合并的等效故障率为

$$\begin{aligned}\lambda_{23}&=\frac{5.708\times10^{-6}\times5.708\times10^{-6}\times(10+10)}{1+5.708\times10^{-6}\times10+5.708\times10^{-6}}\\&=6.515\times10^{-10}\text{次/h}\\&=5.707\times10^{-6}\text{次/年}\end{aligned}$$

根据式（5.26），等效的平均中断时间为

$$d_{23}=\frac{10\times10}{20}=5\text{h}$$

其次，将上述等效结果与第一个串联元件合并；利用式（5.13）和式（5.15）确定系统的等效故障率和平均中断时间：

$$\begin{aligned}\lambda_{123}&=\lambda_1+\lambda_{23}\\&=0.05+5.707\times10^{-6}\\&\approx0.05\text{ 次/年}\end{aligned}$$

$$\begin{aligned}d_{123}&=\frac{5.707\times10^{-6}\times5+0.05\times10+5.707\times10^{-6}\times0.05\times10\times5}{0.05+5.707\times10^{-6}}\\&=9.999\text{h}\\&\approx10\text{h}\end{aligned}$$

对于串联-并联结构的系统使用网络化简法很方便。有些系统可能既不属于串联也不属于并联，如图 5.27 所示的桥型结构。对于这类系统，当元件 5 故障时，元件 1 和 2 之间以及元件 3 和 4 之间都是串联结构；当元件 5 正常时，元件 1 和 3 之间以及元件 2 和 4 之间都是并联结构。这意味着只要知道元件 5 的状态，就可以很容易地分析系统结构，我们将此方法称为*条件概率法*，在下节给予阐释。

5.4　条件概率法

对那些既非串联结构也非并联结构的复杂系统，我们可以找出一些关键元件，其状态变化可以简化可靠性框图，使之变为一系列串并联结构的组合。该方法的基本理念就是第 2 章中介绍的*条件概率*以及第 4 章中介绍的*条件频率*，均可用来计

算此类网络的可靠性指标。本节将再次回顾这两个概念。

在这类应用中，我们用条件概率的概念来计算故障事件的概率 Y。首先明确系统中的一个关键元件，假设为元件 k，掌握其状态信息即有助于简化整个系统的结构。元件 k 正常工作记为事件 K，发生故障记为事件 $\bar{K}$。这意味着状态空间 S 被划分为两个不相交的集合 K 和 $\bar{K}$，$K\cap\bar{K}=\varnothing$，$K\cup\bar{K}=S$。故障事件 Y 的概率计算如下：

$$P(Y)=P(Y\mid K)\times P(K)+P(Y\mid\bar{K})\times P(\bar{K}) \tag{5.28}$$

只要已知关键元件 k 的状态，就可以将系统结构简化为一系列串并联结构的组合，然后用网络化简法来确定各结构对应的故障概率。

类似地，也可以用条件频率的概念来确定故障频率如下：

$$\mathrm{Fr}_{\to Y}=\mathrm{Fr}_{(S\backslash Y)\mid K\to Y\mid K}+\mathrm{Fr}_{(S\backslash Y)\mid\bar{K}\to Y\mid\bar{K}}+\mathrm{Fr}_{(S\backslash Y)\mid K\to Y\mid\bar{K}} \tag{5.29}$$

式中，$\mathrm{Fr}_{(S\backslash Y)\mid K\to Y\mid K}$是在元件 k 正常时发生故障的频率。$\mathrm{Fr}_{(S\backslash Y)\mid\bar{K}\to Y\mid\bar{K}}$是在元件 k 失效时发生故障的频率，$\mathrm{Fr}_{(S\backslash Y)\mid K\to Y\mid\bar{K}}$是因元件 k 状态发生变化而发生故障的频率，该项在第 4.7 节中进行过推导，复述如下：

$$\mathrm{Fr}_{(S\backslash Y)\mid K\to Y\mid\bar{K}}=(P\{(S\backslash Y)\mid K\}-P\{(S\backslash Y)\mid\bar{K}\})\times p_k\lambda_k \tag{5.30}$$

式中，p_k 是元件 k 正常工作的概率，λ_k 是元件 k 的故障率。

在稳态下，发生故障的频率与正常工作的频率相同，所以也可以由正常频率计算故障频率如下：

$$\mathrm{Fr}_{Y\to}=\mathrm{Fr}_{Y\mid K\to(S\backslash Y)\mid K}+\mathrm{Fr}_{Y\mid\bar{K}\to(S\backslash Y)\mid\bar{K}}+\mathrm{Fr}_{Y\mid\bar{K}\to(S\backslash Y)\mid K} \tag{5.31}$$

式中，$\mathrm{Fr}_{Y\mid\bar{K}\to(S\backslash Y)\mid K}$是因元件 k 状态发生变化而正常工作的频率，该项在第 4.7 节中进行过推导，复述如下：

$$\mathrm{Fr}_{Y\mid\bar{K}\to(S\backslash Y)\mid K}=(P\{Y\mid\bar{K}\}-P\{Y\mid K\})\times p_{\bar{k}}\mu_k \tag{5.32}$$

式中，$p_{\bar{k}}$是元件 k 发生故障的概率，μ_k 是元件 k 的修复率。

条件概率和条件频率的概念如图 5.29 所示。

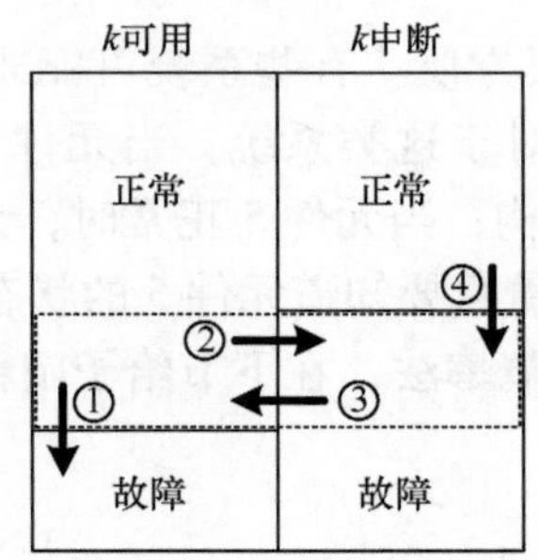

① $\mathrm{Fr}_{(S\backslash Y)|K\to Y|K}=\mathrm{Fr}\{Y|K\}\times p_k$

② $\mathrm{Fr}_{(S\backslash Y)|K\to Y|\bar{K}}=(P\{(S\backslash Y)|K\}-P\{(S\backslash Y)|\bar{K}\})\times p_k\lambda_k$

③ $\mathrm{Fr}_{Y|\bar{K}\to(S\backslash Y)|K}=(P\{Y|\bar{K}\}-P\{Y|K\})\times p_{\bar{k}}\mu_k$

④ $\mathrm{Fr}_{(S\backslash Y)|\bar{K}\to Y|\bar{K}}=\mathrm{Fr}\{Y|\bar{K}\}\times p_{\bar{k}}$

图 5.29　具有一个关键元件 k 的复杂系统的条件概率和条件频率

条件概率方法的概念由下例阐释。

例 5.18 对于图 5.27 所示的桥型结构，每个元件的故障率为 λ/年，修复率为 μ/年。结合网络化简法和条件概率法来确定故障概率、故障频率、全系统的等效修复率和等效故障率。

由故障率和修复率可以很容易地得到每个元件的故障概率 p_d：

$$p_d=\frac{\lambda}{\lambda+\mu}$$

当元件 5 中断时，系统简化为图 5.30，记为系统 A。

可见，此时元件 1 和 3、2 和 4 都是串联的，因此系统 A 的故障概率如下：

$$p_f^A=(1-(1-p_d)^2)^2=\frac{\lambda^2(\lambda+2\mu)^2}{(\lambda+\mu)^4}$$

也可以用网络化简法确定系统 A 的故障频率。由于元件 1 和 3 是串联的，根据式（5.14），其等效修复率

$$\mu_{1\&3}=\frac{2\mu^2}{\lambda+2\mu}$$

由于元件 2 和 4 也是串联的，其等效修复率为 $\mu_{2\&4}=\mu_{1\&3}$；由于元件 1、3 与元件 2、4 并联，系统 A 的等效修复率为

$$\mu_{eq}^A=\mu_{1\&3}+\mu_{2\&4}=\frac{4\mu^2}{\lambda+2\mu}$$

系统 A 的故障频率计算如下：

$$f_f^A=p_f^A\times\mu_{bq}^A=\frac{4\lambda^2\mu^2(\lambda+2\mu)}{(\lambda+\mu)^4}$$

当元件 5 可用时，系统将简化为图 5.31，记为系统 B。

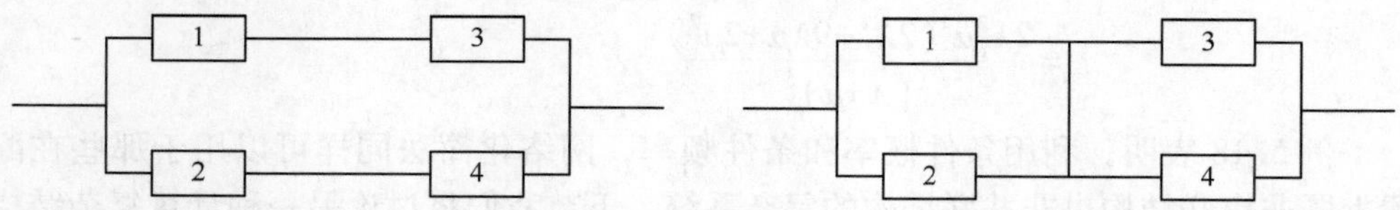

图 5.30 例 5.18 中元件 5 中断时的桥型网络　　图 5.31 例 5.18 中元件 5 可用时的桥型网络

可见，此时元件 1 和 2、3 和 4 都是并联的，因此系统 B 的故障概率如下：

$$p_f^B=1-(1-p_d^2)^2=\frac{\lambda^2(\lambda^2+4\lambda\mu+2\mu^2)}{(\lambda+\mu)^4}$$

也可以用网络化简法确定系统 B 的故障频率。由于元件 1 和 2 是并联的，根据式（5.27），其等效修复率

$$\lambda_{1\&2}=\frac{2\lambda^2}{2\lambda+\mu}$$

由于元件 3、4 也是并联的，其等效故障率为 $\lambda_{3\&4}=\lambda_{1\&2}$；由于元件 1、2 和元件 3、4 并联，系统 B 的等效修复率为

$$\lambda_{\mathrm{eq}}^{\mathrm{B}}=\lambda_{1\&2}+\lambda_{3\&4}=\frac{4\lambda^2}{2\lambda+\mu}$$

系统 B 的故障频率计算如下：

$$f_{\mathrm{f}}^{\mathrm{B}}=f_{\mathrm{s}}^{\mathrm{B}}=p_{\mathrm{s}}^{\mathrm{B}}\times\lambda_{\mathrm{eq}}^{\mathrm{B}}=\frac{4\lambda^2\mu^2(2\lambda+\mu)}{(\lambda+\mu)^4}$$

根据式（5.28），可得故障概率如下：

$$\begin{aligned}p_{\mathrm{f}}&=P\{故障\mid 5 中断\}\times P\{5 中断\}+P\{故障\mid 5 可用\}\times P\{5 可用\}\\&=p_{\mathrm{f}}^{\mathrm{A}}\times\frac{\lambda}{\lambda+\mu}+p_{\mathrm{f}}^{\mathrm{B}}\times\frac{\mu}{\lambda+\mu}\\&=\frac{\lambda^2(\lambda^3+5\lambda^2\mu+8\lambda\mu^2+2\mu^3)}{(\lambda+\mu)^5}\end{aligned}$$

利用式（5.29）、式（5.30），可得发生故障的频率如下：

$$\begin{aligned}f_{\mathrm{f}}&=\mathrm{Fr}_{(S\backslash Y)\mid K\to Y\mid K}+\mathrm{Fr}_{(S\backslash Y)\mid \overline{K}\to Y\mid \overline{K}}+\mathrm{Fr}_{(S\backslash Y)\mid K\to Y\mid \overline{K}}\\&=f_{\mathrm{f}}^{\mathrm{A}}\times\frac{\lambda}{\lambda+\mu}+f_{\mathrm{f}}^{\mathrm{B}}\times\frac{\mu}{\lambda+\mu}+((1-p_{\mathrm{f}}^{\mathrm{B}})-(1-p_{\mathrm{f}}^{\mathrm{A}}))\times(1-p_{\mathrm{d}})\lambda\\&=\frac{2\lambda^2\mu^2(2\lambda^2+9\lambda\mu+2\mu^2)}{(\lambda+\mu)^5}\end{aligned}$$

类似地，利用式（5.31）、式（5.32），可得正常工作的频率如下，即与稳态下的故障频率相同：

$$\begin{aligned}f_{\mathrm{f}}&=\mathrm{Fr}_{Y\mid K\to(S\backslash Y)\mid K}+\mathrm{Fr}_{Y\mid \overline{K}\to(S\backslash Y)\mid \overline{K}}+\mathrm{Fr}_{Y\mid \overline{K}\to(S\backslash Y)\mid K}\\&=f_{\mathrm{s}}^{\mathrm{A}}\times\frac{\lambda}{\lambda+\mu}+f_{\mathrm{s}}^{\mathrm{B}}\times\frac{\mu}{\lambda+\mu}+(p_{\mathrm{f}}^{\mathrm{A}}-p_{\mathrm{f}}^{\mathrm{B}})\times p_{\mathrm{d}}\mu\\&=\frac{2\lambda^2\mu^2(2\lambda^2+9\lambda\mu+2\mu^2)}{(\lambda+\mu)^5}\end{aligned}$$

例 5.18 表明，利用条件概率和条件频率，网络化简法同样可以用于那些在配置上既非串联结构也非并联结构的复杂系统。下节我们将讨论另一种计算复杂结构可靠性指标的方法，称为*割集法*和*路集法*。

5.5 割集法和路集法

割集法和路集法的基本思想是用一个等效框图来表示一个复杂结构的可靠性框图，该等效框图由一系列串并联结构组合而成，其中同一设备的框可能多次出现，因此网络化简法的假设条件在此不成立。以下章节将详述两种方法的概念，并分别用来推导故障概率和故障频率等可靠性指标。

5.5.1 割集法

首先对割集和最小割集进行定义和解释。

定义 5.1 如果一个元件故障就会导致系统故障，割集是这类元件的一个集合。

定义 5.2 最小割集（记为 C）指除了这个割集本身，不存在其他还适合作为一个割集的子集。

换言之，最小割集包含一组元件，这些元件都发生故障将导致系统故障。此处所用的“元件”这一术语具有普遍意义，既可以认为是一个物理元件，也可以认为是一个客观存在的条件。通过使用这一更为广义的元件概念，该方法成为可靠性分析的一个非常强大的工具。一个割集的阶数就是该割集中的元件个数。

例 5.19 确定图 5.27 中系统的最小割集。

对于此系统，最小割集为 $C_1=\{1,2\}$，$C_2=\{4,5\}$，$C_3=\{1,3,5\}$和 $C_4=\{2,3,4\}$。

需要注意割集和最小割集之间的主要区别。例如，在此系统中，$\{1,2,4\}$也是一个割集，但它的一个子集$\{1,2\}$也是割集，所以它就不是最小割集。在此例中，C_1 和 C_2 是二阶割集，C_3 和 C_4 是三阶割集。

确定最小割集之后就可以计算可靠性指标，有两种基本方法：直接法和框图表示法，以下分别解释。

计算可靠性指标的直接法

如前所述，每个最小割集都代表集合中所有元件故障造成系统故障的一个事件，也就是说，系统故障是由任意一个最小割集中的所有元件故障引起的。

令 $\overline{C}_i$表示 C_i 中所有元件故障的事件，Y 表示系统故障这一事件，有

$$Y=\overline{C}_1\cup\overline{C}_2\cup\overline{C}_3\cdots\cup\overline{C}_n$$

根据第 2 章，故障概率即为事件的并集，如下所示：

$$p_{\mathrm{f}}=P(\overline{C}_1\cup\overline{C}_2\cup\overline{C}_3\cdots\cup\overline{C}_n) \tag{5.33}$$

$$=\sum_i P(\overline{C}_i)-\sum_{i<j}P(\overline{C}_i\cap\overline{C}_j)+ \tag{5.34}$$

$$\sum_{i<j<k}P(\overline{C}_i\cap\overline{C}_j\cap\overline{C}_k)-\cdots+ \tag{5.35}$$

$$(-1)^{n-1}P(\overline{C}_1\cap\overline{C}_2\cap\cdots\cap\overline{C}_n) \tag{5.36}$$

在第 4 章中也有一个类似的表达式计算频率。首先根据式（4.16），$\forall X$，$Y\subset S$，$X\cap Y=\varnothing$且 $Y=\overline{C}_1\cup\overline{C}_2\cup\overline{C}_3\cdots\cup\overline{C}_n$，则有

$$\mathrm{Fr}_{X\to Y}=\sum_i\mathrm{Fr}_{X\to\overline{C}_i}-\sum_{i<j}\mathrm{Fr}_{X\to\overline{C}_i\cap\overline{C}_j}+\sum_{i<j<k}\mathrm{Fr}_{X\to\overline{C}_i\cap\overline{C}_j\cap\overline{C}_k}-\cdots+(-1)^{n-1}\mathrm{Fr}_{X\to\overline{C}_1\cap\overline{C}_2\cap\cdots\cap\overline{C}_n}$$

令 X 为正常状态的集合，上式表明可以通过正常状态或系统正常工作的频率来计算转变为故障状态的频率；或者利用第 4.9 节中给出的转换规则，通过式（5.36）中的故障概率来计算正常工作的频率，重写转换规则如下：

$$\mathrm{Fr}_{Y\to}=\sum_{i\in Y}p_i\left(\sum_{k\in\overline{K}_i}\mu_k-\sum_{k\in K_i}\frac{p_{\bar{k}}\mu_k}{p_k}\right)$$

式中，p_i 是状态 i 的概率，$\overline{K}_i$ 是在系统状态 i 下那些中断元件的集合，K_i 是在系统

状态 i 下那些可用元件的集合，p_k 是元件 k 处于可用状态的概率，$p_{\bar{k}}$是元件 k 处于中断状态的概率，μ_k 是元件 k 的修复率。

由于最小割集 $\overline{C}_i$ 中的元件都处于故障状态，上式可简化为

$$\mathrm{Fr}_{Y\to}=\sum_{i\in Y}p_i\Big(\sum_{k\in\overline{K}_i}\mu_k\Big)$$

利用上述转换规则即可将概率表达式（5.36）转换成正常工作的频率。基本而言，概率表达式中的每一项都要与该项中发生故障的元件修复率之和相乘，因此正常工作的频率如式（5.37）所示：

$$f_{\mathrm{s}}=\sum_{i=1}^{n}P(\overline{C}_i)\overline{\mu}_i-\sum_{i<j}^{n}P(\overline{C}_i\cap\overline{C}_j)\overline{\mu}_{i+j}+ \tag{5.37}$$

$$\sum_{i<j<k}^{n}P(\overline{C}_i\cap\overline{C}_j\cap\overline{C}_k)\overline{\mu}_{i+j+k}-\cdots+ \tag{5.38}$$

$$(-1)^nP(\overline{C}_1\cap\overline{C}_2\cap\overline{C}_3\cap\overline{C}_4\cap\cdots\cap\overline{C}_n)\overline{\mu}_{i+j+\cdots+n} \tag{5.39}$$

式中，$\overline{\mu}_i$ 是集合 C_i 中所有元件的 μ_i 之和，且有

$$\overline{\mu}_{i+j+\cdots+n}=\sum_{m\in C_i\cup C_j\cup C_k\cup\cdots\cup C_n}\mu_m \tag{5.40}$$

在稳态下，正常工作的频率和发生故障的频率是相同的，因此可以利用式（5.37）确定系统的故障频率。一旦计算出概率和频率，就可以计算平均持续时间。以下通过例 5.19 中一个桥型系统的最小割集来解释上述表达式中的各项含义。

例 5.20 如果有两个最小割集，$C_1=\{1,2\}$，$C_3=\{1,3,5\}$，用上划线表示每个割集中的元件发生故障。

$$\overline{C}_1=\overline{1},\overline{2}$$

$$\overline{C}_3=\overline{1},\overline{3},\overline{5}$$

$$\overline{C}_1\cap\overline{C}_3=\overline{1},\overline{2},\overline{3},\overline{5}$$

每个割集的等效修复率由式（5.48）计算。

$$\overline{\mu}_1=\mu_1+\mu_2$$

$$\overline{\mu}_3=\mu_1+\mu_3+\mu_5$$

$$\overline{\mu}_{1+3}=\mu_1+\mu_2+\mu_3+\mu_5$$

每个割集的故障概率和故障频率计算如下：

$$P(\overline{C}_1)=p_{1\mathrm{d}}p_{2\mathrm{d}}$$

$$P(\overline{C}_3)=p_{1\mathrm{d}}p_{3\mathrm{d}}p_{5\mathrm{d}}$$

$$P(\overline{C}_1\cap\overline{C}_3)=p_{1\mathrm{d}}p_{2\mathrm{d}}p_{3\mathrm{d}}p_{5\mathrm{d}}$$

$$\mathrm{Fr}_{\to\overline{C}_1}=P(\overline{C}_1)\times\overline{\mu}_1=p_{1\mathrm{d}}p_{2\mathrm{d}}(\mu_1+\mu_2)$$

$$\mathrm{Fr}_{\to\bar{C}_3}=P(\bar{C}_3)\times\bar{\mu}_3=p_{1d}p_{3d}p_{5d}(\mu_1+\mu_3+\mu_5)$$

$$\mathrm{Fr}_{\to(\bar{C}_1\cap\bar{C}_3)}=P(\bar{C}_1\cap\bar{C}_3)\times\bar{\mu}_{1+3}=p_{1d}p_{2d}p_{3d}p_{5d}(\mu_1+\mu_2+\mu_3+\mu_5)$$

计算可靠性指标的框图法

由于一个最小割集中的所有元件故障才会引起系统故障，因此可以将这些元件看作是以并联结构连接；由于任何一个最小割集内所有元件故障都会引起系统故障，因此最小割集之间以串联结构连接。因此利用割集法就可以将复杂的结构重新布置为一系列串并联结构的组合。下例对此进行说明。

例 5.21　对于如图 5.27 所示的桥型系统，其最小割集在例 5.19 中确定，分别为{1,2}，{4,5}，{1,3,5}和{2,3,4}；根据这些最小割集可以绘制等效可靠性框图，如图 5.32 所示。

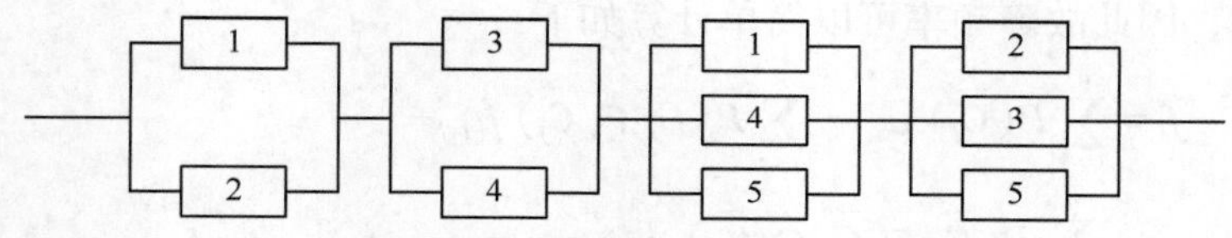

图 5.32　一个桥型系统的等效可靠性框图

我们可以利用网络化简法将并联和串联组合相继简化为一个表示系统的等效元件，从而确定可靠性指标。但需要注意的是，只有在图中没有重复出现的框时，通过这种方法得到的结果才是正确的，而在例 5.21 中的等效框图中有重复出现的框，如框 1 重复出现在割集 1 和割集 3 中，因此结果就是不准确的。下例将对此进行说明。

例 5.22　计算图 5.32 所示等效框图的故障概率：

$$\begin{aligned}p_f&=1-(1-p_{1d}p_{2d})(1-p_{4d}p_{5d})(1-p_{1d}p_{3d}p_{5d})(1-p_{2d}p_{3d}p_{4d})\\&=p_{1d}p_{2d}+p_{4d}p_{5d}-p_{1d}p_{2d}p_{4d}p_{5d}+p_{1d}p_{3d}p_{5d}-\\&\quad p_{1d}p_{3d}p_{4d}p_{5d}^2-p_{1d}^2p_{2d}p_{3d}p_{5d}+p_{1d}^2p_{2d}p_{3d}p_{4d}p_{5d}^2+\\&\quad p_{2d}p_{3d}p_{4d}-p_{2d}p_{3d}p_{4d}^2p_{5d}-p_{1d}p_{2d}^2p_{3d}p_{4d}+\\&\quad p_{1d}p_{2d}^2p_{3d}p_{4d}^2p_{5d}-p_{1d}p_{2d}p_{3d}^2p_{4d}p_{5d}+p_{1d}p_{2d}p_{3d}^2p_{4d}^2p_{5d}^2+\\&\quad p_{1d}^2p_{2d}^2p_{3d}p_{4d}p_{5d}-p_{1d}^2p_{2d}^2p_{3d}^2p_{4d}^2p_{5d}^2\end{aligned}$$

由此可以看出，某些项的指数大于 1。例如，第 5 项中有 p_{5d} 的二次方，表示元件 5 连同元件 5 故障的联合概率，这显然毫无意义；由于这一联合概率实际上就是 p_{5d}，将所有指数设置为 1 即可修正故障概率表达式，保证结果的准确性。此时

$$\begin{aligned}p_f&=p_{1d}p_{2d}+p_{4d}p_{5d}+p_{1d}p_{3d}p_{5d}+p_{2d}p_{3d}p_{4d}-\\&\quad(p_{1d}p_{2d}p_{4d}p_{5d}+p_{1d}p_{3d}p_{4d}p_{5d}+p_{1d}p_{2d}p_{3d}p_{5d}+p_{2d}p_{3d}p_{4d}p_{5d}+\\&\quad p_{1d}p_{2d}p_{3d}p_{4d})+2p_{1d}p_{2d}p_{3d}p_{4d}p_{5d}\end{aligned}$$

这些项与直接法中讨论的 p_f 表达式的展开项完全相同。

根据第 4 章计算故障频率：

$$f_{\mathrm{f}}=f_{\overline{C}_1\cup\overline{C}_2\cup\overline{C}_3\cdots\cup\overline{C}_n} \tag{5.41}$$

$$=\sum_i f_{\overline{C}_i}-\sum_{i<j} f_{\overline{C}_i\cap\overline{C}_j}+ \tag{5.42}$$

$$\sum_{i<j<k} f_{\overline{C}_i\cap\overline{C}_j\cap\overline{C}_k}-\cdots+ \tag{5.43}$$

$$(-1)^{n-1} f_{\overline{C}_1\cap\overline{C}_2\cap\cdots\cap\overline{C}_n} \tag{5.44}$$

式中，$f_{\overline{C}}$是因割集 $\overline{C}$ 中元件故障而引起故障的频率。

由上述表达式可见，与割集 $\overline{C}_i$、$\overline{C}_i\cap\overline{C}_j$、$\overline{C}_i\cap\overline{C}_j\cap\overline{C}_k$ 等对应的故障频率均需要确定。由于一个割集中的所有元件都是并联连接的，因此正常工作的频率就是每个割集的故障概率乘以其等效修复率。根据网络化简法，等效修复率就是所有元件的修复率之和，因此故障频率可以简单计算如下：

$$f_{\mathrm{f}}=\sum_{i=1}^{n} P(\overline{C}_i)\,\overline{\mu}_i-\sum_{i<j}^{n} P(\overline{C}_i\cap\overline{C}_j)\,\overline{\mu}_{i+j}+ \tag{5.45}$$

$$\sum_{i<j<k}^{n} P(\overline{C}_i\cap\overline{C}_j\cap\overline{C}_k)\,\overline{\mu}_{i+j+k}-\cdots+ \tag{5.46}$$

$$(-1)^{n}P(\overline{C}_1\cap\overline{C}_2\cap\overline{C}_3\cap\overline{C}_4\cap\cdots\cap\overline{C}_n)\overline{\mu}_{i+j+\cdots+n} \tag{5.47}$$

式中，等效修复率 $\overline{\mu}_i$ 是 C_i 中所有元件的 μ_i 之和。

$$\overline{\mu}_{i+j+\cdots+n}=\sum_{m\in C_i\cup C_j\cup C_k\cup\cdots\cup C_n}\mu_m \tag{5.48}$$

此公式与利用转换规则通过直接法得到的公式相同。下例介绍了如何通过故障概率计算故障频率。

例 5.23 计算如图 5.32 所示的等效框图的故障频率。可得：

$$\begin{aligned}f_{\mathrm{f}}=&p_{1\mathrm{d}}p_{2\mathrm{d}}(\mu_1+\mu_2)+p_{4\mathrm{d}}p_{5\mathrm{d}}(\mu_4+\mu_5)+p_{1\mathrm{d}}p_{3\mathrm{d}}p_{5\mathrm{d}}(\mu_1+\mu_3+\mu_5)+\\&p_{2\mathrm{d}}p_{3\mathrm{d}}p_{4\mathrm{d}}(\mu_2+\mu_3+\mu_4)-(p_{1\mathrm{d}}p_{2\mathrm{d}}p_{4\mathrm{d}}p_{5\mathrm{d}}(\mu_1+\mu_2+\mu_4+\mu_5)+\\&p_{1\mathrm{d}}p_{3\mathrm{d}}p_{4\mathrm{d}}p_{5\mathrm{d}}(\mu_1+\mu_3+\mu_4+\mu_5)+p_{1\mathrm{d}}p_{2\mathrm{d}}p_{3\mathrm{d}}p_{5\mathrm{d}}(\mu_1+\mu_2+\mu_3+\mu_5)+\\&p_{2\mathrm{d}}p_{3\mathrm{d}}p_{4\mathrm{d}}p_{5\mathrm{d}}(\mu_2+\mu_3+\mu_4+\mu_5)+p_{1\mathrm{d}}p_{2\mathrm{d}}p_{3\mathrm{d}}p_{4\mathrm{d}}(\mu_1+\mu_2+\mu_3+\mu_4))+\\&2p_{1\mathrm{d}}p_{2\mathrm{d}}p_{3\mathrm{d}}p_{4\mathrm{d}}p_{5\mathrm{d}}(\mu_1+\mu_2+\mu_3+\mu_4+\mu_5)\end{aligned}$$

通过以上两个例子可见，如果可以写出故障概率的显示表达式，就可以利用最小割集的框图表示法来确定系统故障概率和故障频率的精确值，但这只能用于小型系统。对于规模相对较大的系统，必须用依次简化串并联结构的方法，而且在每一步简化中只能保留数值解。因此，只能得到近似解。

可靠性指标的边界

对于大型系统，由于涉及项数多、计算量大而难以实现；如果有 n 个最小割集，则项数为 2^n 个。可以通过两种方式减少计算量：首先，由于割集阶数越高，其元件均发生故障的概率越小，因此只使用阶数在一定范围内的最小割集进行计算。其次，将最终结果替换为边界值。

发生故障的概率和频率的初始上、下限如下：

$$p_{\mathrm{U}} = p_{\mathrm{f}} \text{ 的初始上限}$$
$$= \sum_i P(\overline{C}_i)$$
$$p_{\mathrm{L}} = p_{\mathrm{f}} \text{ 的初始下限}$$
$$= p_{\mathrm{U}} - \sum_{i<j} P(\overline{C}_i \cap \overline{C}_j)$$
$$f_{\mathrm{U}} = f_{\mathrm{f}} \text{ 的初始上限}$$
$$= \sum_i P(\overline{C}_i)\mu_i$$
$$f_{\mathrm{L}} = f_{\mathrm{f}} \text{ 的初始下限}$$
$$= f_{\mathrm{U}} - \sum_{i<j} P(\overline{C}_i \cap \overline{C}_j)\mu_{i+j}$$

通过依次添加奇数项和偶数项，可以得到越来越接近的上、下限。需要注意的是，故障概率连续两个边界值始终是收敛的，即第 i 个上限小于第 $i-1$ 个上限，第 i 个下限大于第 $i-1$ 个下限。然而，对于频率而言，这种收敛性在一般情况下成立，但不能保证[13]。

例 5.24 仍以桥型结构系统为例，若令所有元件的故障率为 1 次/年，修复率为 20 次/年，绘制故障概率和故障频率的上、下限如图 5.33 所示。

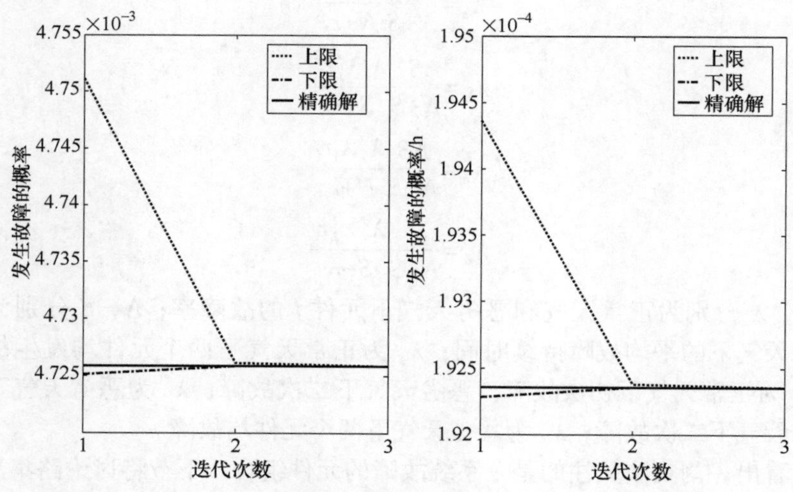

图 5.33 桥型系统故障概率和故障频率的上、下限（例 5.24）。

最小割集法的一种近似

只要将最小割集组织成串、并联框的形式，对两个串、并联元件就可以用公式相继进行串、并联化简，这些公式汇总如下：

1）一阶割集 k：包含一个元件

$$\lambda_{\overline{C}_k}=\lambda_i \tag{5.49}$$

$$r_{\overline{C}_k}=r_i \tag{5.50}$$

式中，λ_i，r_i 分别是元件 i 的故障率和平均持续时间，$\lambda_{\overline{C}_k}$，$r_{\overline{C}_k}$分别是元件 i 所属割集 k 的故障率和平均持续时间。

2）二阶割集 k：包含两个元件

$$\lambda_{\overline{C}_k}=\frac{\lambda_i\lambda_j(r_i+r_j)}{1+\lambda_i r_i+\lambda_j r_j} \tag{5.51}$$

$$r_{\overline{C}_k}=\frac{r_i r_j}{r_i+r_j} \tag{5.52}$$

式中，λ_i、λ_j 分别是割集 k 中元件 i、j 的故障率；r_i、r_j 分别是割集 k 中元件 i、j 的平均故障持续时间。

当并联元件处于多变的天气状况下，即天气时而正常、时而恶劣，会出现一种特殊情况。此时元件在恶劣天气下的故障率要比在正常天气下高很多，如果用平均故障率计算，所得的故障概率显然会小于实际值。这一问题可以用两种方法解决：一种方法是构建两个并联元件的马尔可夫模型，将其置于两种状态的天气下；另一种方法是用如下所示的近似方程：

$$\lambda_{\overline{C}_k}=\lambda_a+\lambda_b+\lambda_c+\lambda_d \tag{5.53}$$

$$\lambda_a=\frac{N^2}{N+S}\frac{\lambda_i\lambda_j r_i}{N+r_i} \tag{5.54}$$

$$\lambda_b=\frac{S}{N+S}\frac{\lambda_i\lambda_j' r_i^2}{S+r_i} \tag{5.55}$$

$$\lambda_c=\frac{NS}{N+S}\frac{\lambda_i'\lambda_j r_i}{N+r_i} \tag{5.56}$$

$$\lambda_d=\frac{S^2}{N+S}\frac{\lambda_i'\lambda_j' r_i}{S+r_i} \tag{5.57}$$

式中，λ_i，λ'分别为正常天气和恶劣天气下元件 i 的故障率；N，S 分别为正常天气和恶劣天气下的平均故障持续时间；λ_a 为正常天气下两个元件均发生故障的故障率；λ_b 为正常天气下初次故障，恶劣天气下二次故障；λ_c 为恶劣天气下初次故障，正常天气下二次故障；λ_d 为恶劣天气下两个元件均故障。

可以看出，割集法关注的是令系统故障的元件组合。下节将讨论路集法，关注于令系统正常工作的元件组合。

5.5.2 路集法

首先定义路集和最小路集。

定义 5.3 如果一个元件正常工作，系统也正常工作，那么路集是这些元件的一个集合。

定义 5.4 最小路集（记为 T）指除了这个路集本身，不存在其他还适合作为一个路集的子集。

最小路集包含一组元件，这些元件都正常工作则系统正常工作。类似于割集法，此处所用的“元件”这一术语具有普遍意义，既可以认为是一个物理元件，也可以认为是一个客观存在的条件。

例 5.25 确定图 5.27 中系统的最小路集。

对于此系统，最小路集为 $T_1=\{1,3\}$，$T_2=\{2,4\}$，$T_3=\{1,4,5\}$ 和 $T_4=\{2,3,5\}$。

利用直接法或框图表示法确定所有最小路集之后，就可以计算可靠性指标，以下对此进行说明。

计算可靠性指标的直接法

如前所述，每个最小路集都代表集合中所有元件的工作状态能够使得系统正常运行的一个事件，也就是说，系统正常是任意一个最小路集中所有元件正常的结果。

令 T_i 表示最小路集中所有元件正常的事件，Y 表示系统故障事件，$S\backslash Y$ 表示系统正常事件，有

$$S\backslash Y=T_1\cup T_2\cup T_3\cdots\cup T_n$$

根据第 2 章，系统正常概率即为事件的并集，如下所示：

$$p_s=P(T_1\cup T_2\cup T_3\cdots\cup T_n) \tag{5.58}$$

$$=\sum_i P(T_i)-\sum_{i<j}P(T_i\cap T_j)+ \tag{5.59}$$

$$\sum_{i<j<k}P(T_i\cap T_j\cap T_k)-\cdots+ \tag{5.60}$$

$$(-1)^{n-1}P(T_1\cap T_2\cap\cdots\cap T_n) \tag{5.61}$$

利用第 4 章中的转换规则即可将式（5.61）中的概率表达式转换为故障频率。基本而言，概率表达式中的每一项都要与该项中正常工作元件的修复率之和相乘，因此，发生故障的频率如式（5.62）所示：

$$f_f=\sum_{i=1}^{n}P(T_i)\overline{\lambda}_i-\sum_{i<j}^{n}P(T_i\cap T_j)\overline{\lambda}_{i+j}+ \tag{5.62}$$

$$\sum_{i<j<k}^{n}P(T_i\cap T_j\cap T_k)\overline{\lambda}_{i+j+k}-\cdots+ \tag{5.63}$$

$$(-1)^nP(T_1\cap T_2\cap T_3\cap T_4\cap\cdots\cap T_n)\overline{\lambda}_{i+j+\cdots+n} \tag{5.64}$$

式中，$\overline{\lambda}_i$ 是集合 T_i 中所有元件的 λ_i 之和，且有

$$\overline{\lambda}_{i+j+\cdots+n}=\sum_{m\in T_i\cup T_j\cup T_k\cup\cdots\cup T_n}\lambda_m \tag{5.65}$$

其他如平均持续时间之类的可靠性指标可以通过故障概率和故障频率来计算。

计算可靠性指标的框图法

利用路集法可以确定等效可靠性框图。由于一个最小路集中的所有元件正常才

会使系统正常，因此可以将这些元件看作是以串联结构连接；由于只要一个最小路集内所有元件正常，系统就是正常的，因此最小路集之间以并联结构连接。下例对此概念进行说明。

例 5.26 对于如图 5.27 所示的桥型系统，其最小路集在例 5.25 中确定，分别为{1,3}，{2,4}，{1,4,5}和{2,3,5}；根据这些最小路集可以绘制等效可靠性框图，如图 5.34 所示。

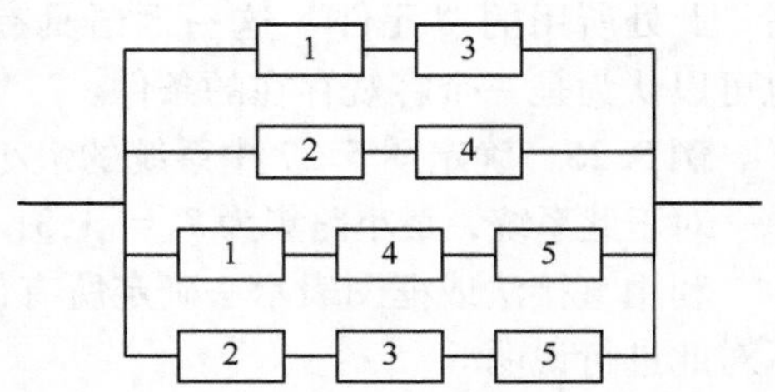

图 5.34 利用路集法得到一个桥型系统的等效可靠性框图

正常工作的概率通过合并串、并联结构的框来计算。但与割集法类似，需要对概率表达式进行修正，即将所有指数设置为 1，从而保证结果的准确性。

根据第 4 章中介绍的概念来计算故障频率，有：

$$f_f = f_{T_1 \cup T_2 \cup T_3 \cdots \cup T_n} \tag{5.66}$$

$$= \sum_i f_{T_i} - \sum_{i<j} f_{T_i \cap T_j} + \tag{5.67}$$

$$\sum_{i<j<k} f_{T_i \cap T_j \cap T_k} - \cdots + \tag{5.68}$$

$$(-1)^{n-1} f_{T_1 \cap T_2 \cap \cdots \cap T_n} \tag{5.69}$$

式中，f_T 是路集 T 中所有元件的状态导致系统故障的频率。

由上述表达式可见，与路集 T_i、$T_i \cap T_j$、$T_i \cap T_j \cap T_k$ 等对应的故障频率均需要确定。由于路集中所有元件都是串联连接的，因此发生故障的频率就是每个路集的正常概率乘以其等效故障率。根据网络化简法，等效故障率就是所有元件的故障率之和，因此故障频率可以简单计算如下：

$$f_f = \sum_{i=1}^{n} P(T_i)\,\overline{\lambda}_i - \sum_{i<j}^{n} P(T_i \cap T_j)\,\overline{\lambda}_{i+j} + \tag{5.70}$$

$$\sum_{i<j<k}^{n} P(T_i \cap T_j \cap T_k)\,\overline{\lambda}_{i+j+k} - \cdots + \tag{5.71}$$

$$(-1)^n P(T_1 \cap T_2 \cap T_3 \cap T_4 \cap \cdots \cap T_n)\,\overline{\lambda}_{i+j+\cdots+n} \tag{5.72}$$

式中，等效故障率 $\overline{\lambda}_i$ 是集合 T_i 中所有元件的 λ_i 之和，且有

$$\overline{\lambda}_{i+j+\cdots+n} = \sum_{m \in T_i \cup T_j \cup T_k \cup \cdots \cup T_n} \lambda_m \tag{5.73}$$

此公式与利用转换规则通过直接法得到的公式相同。

可靠性指标的边界

当系统包含若干最小路集时，通过计算得到精确的概率可能是不切实际的，可以利用以下上、下限值来近似估算正常概率和故障频率：

$$p_{\mathrm{U}}=p_{\mathrm{f}}\text{ 的初始上限}$$
$$=\sum_{i}P(T_i)$$
$$p_{\mathrm{L}}=p_{\mathrm{f}}\text{ 的初始下限}$$
$$=p_{\mathrm{U}}-\sum_{i<j}P(T_i\cap T_j)$$
$$f_{\mathrm{U}}=f_{\mathrm{f}}\text{ 的初始上限}$$
$$=\sum_{i}P(T_i)\lambda_i$$
$$f_{\mathrm{L}}=f_{\mathrm{f}}\text{ 的初始下限}$$
$$=f_{\mathrm{U}}-\sum_{i<j}P(T_i\cap T_j)\lambda_{i+j}$$

应用边界值方法计算同一桥型系统的示例如下。

例 5.27 与例 5.24 一样，若令所有元件的故障率为 1 次/年，修复率为 20 次/年，正常概率和故障频率的上、下限如图 5.35 所示。

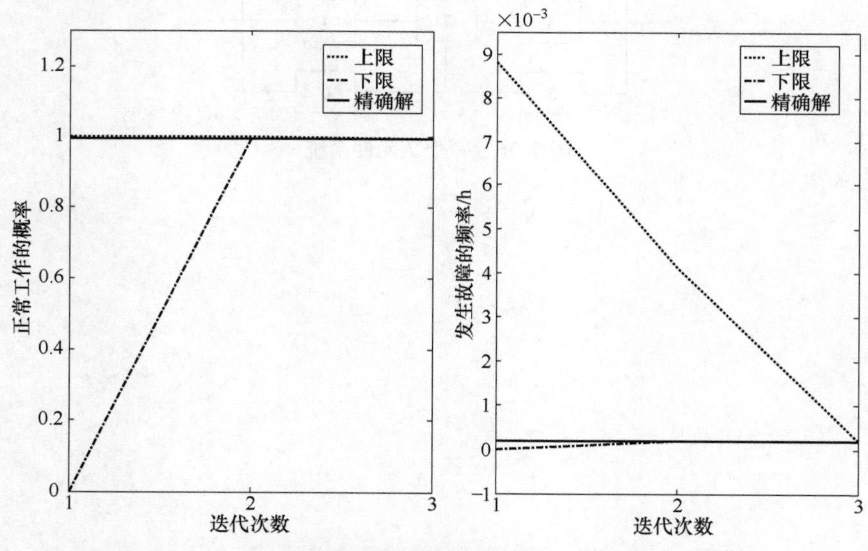

图 5.35 桥型系统正常概率和故障频率的上、下限（例 5.27）

5.5.3 割集法和路集法比较

显然，割集法和路集法都可以用来计算可靠性指标。但需要注意的是，在大多数系统中，高概率的故障状态数量比高概率的正常状态的数量少，即识别故障状态相对容易。因此，割集法在包括电力系统在内的多种领域中应用更为广泛。

另一个能观察到的重要区别是指标的精度。在很多高可靠系统中，正常工作的概率远远高于 90%，因此当使用路集法计算正常概率及其边界值时会发现，指标精度与每个边界值的数量级相比可能微不足道。例如，比较 0.999 和 0.998 这两个正常概率值会发现，两者之间的差值百分比非常小；但如果比较 0.001 和 0.002 这两个故障概率，就会发现后者是前者的两倍。这意味着用割集法能更好地控制故障概率的精度，对于高可靠系统尤其如此。

练习

5.1 如果有一个两元件系统，每个元件有故障或正常两种状态；任何一个元件发生故障都会导致系统故障。每个元件的故障率为 $\lambda_1 = \lambda_2 = 0.1$ 次/年，修复率为 $\mu_1 = \mu_2 = 10$ 次/年。两个处于正常状态的元件同时发生故障的情况极其少见，因此，假设共模故障率 $\lambda_c = 0.01$/年。绘制系统的状态转移图并确定故障状态。计算系统发生故障的频率。系统的等效故障率和修复率是多少？

5.2 如图 5.36 所示为一个 7 元件网络，若故障率为 2 次/年，平均修复时间为 24h，利用关键元件 7 的条件概率计算系统发生故障的频率。

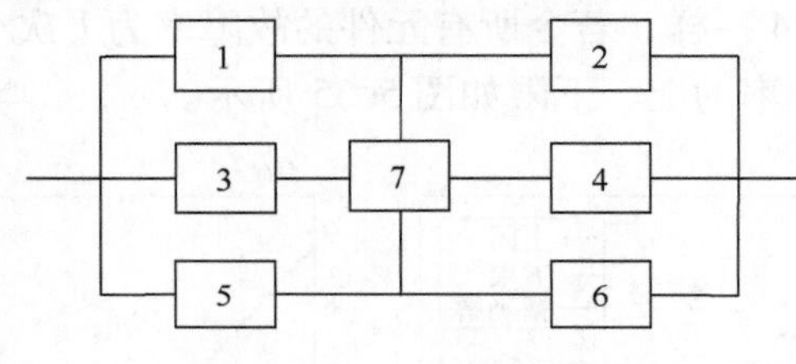

图 5.36 一个 7 元件系统

第6章

蒙特卡洛模拟

6.1 引言

蒙特卡洛模拟是一组对某个物理系统随机行为的仿真，符合此特征的一大类方法因摩纳哥的蒙特卡洛市（Monte Carlo）而得名，因为这些方法与机会博弈相似。一般而言，只要一个系统呈现出任何形式的随机行为，该系统就可以用蒙特卡洛方法来模拟。利用蒙特卡洛模拟评估一个系统的可靠性就是确定系统组成元件的随机故障如何影响系统的可靠性。

蒙特卡洛模拟常被用来替代解析法。解析法效率高，如果能构建出表示物理系统的合理模型且该模型易于求解，那么无一例外地要采用解析法；但有些问题过于复杂，无法用解析法求解，那么只能用模拟法。

在模拟法中，系统被分为若干要素，这些要素的行为可以通过确定性方法或概率分布来预测，然后将这些要素组合起来就可以确定系统的可靠性。因此，模拟法也要用到某个数学模型，但模拟是通过对该模型进行采样实验来进行。模拟实验本质上与普通的统计实验一样，只不过它们是针对数学模型进行，而不是针对实际系统进行。

前几章中介绍的数学方法在所做的假设下一般都给出精确的结果（不考虑四舍五入），但模拟法只能给出精确结果的估计值；不仅如此，模拟法只给出一个数值，但只要数据中有一点不同，就必须重复整个模拟实验来得到结果。因此，用模拟法做灵敏度分析可能计算成本非常高，但对于大规模复杂系统，这种方法又非常灵活。

蒙特卡洛模拟的基本概念

本节以一个由两个独立元件组成的系统为例来介绍蒙特卡洛模拟应用于电力系统的基本概念，此外，本节还介绍了随机数生成方法，因为模拟高度依赖于这些随机数来对系统状态进行采样。

在模拟法中，对指标进行估计的方式与在实际系统中所采用的方式相同，区别仅在于使用一个系统的数学模型而不是物理系统本身来生成历史数据。借由两个并联独立元件的例子对此进行说明。当两个元件均发生故障时，我们认为系统也发生故障，通过构建一个数学模型来对该系统进行模拟，其中元件的行为由概率分布来表示。

假设在一个两元件系统中，观察初期发现元件 1 处于可用状态。利用元件 1 可用时间的一个随机数及其概率分布来确定该元件发生故障的时间，后续章节将解释实现方法；用类似方法也可以生成一个可能的修复持续时间。以这种方式生成元件的一个历史场景就是随机过程的一种可能的实现，对元件 2 同样构造出其历史场景的实现，如果假设系统正常的必要条件是两个元件都正常，那么两者停电持续时间重叠的部分就代表系统故障的持续时间。用此方式可以构造出系统历史场景的许多实现，用统计方法就可以通过这些实现来量化评估可靠性。模拟法本质上就是构造系统固有的随机过程的一系列实现，从中提取出所需要的系统性能参数。模拟理论中的大多数改进方法要么是考虑如何开发更高效的实现构造方法，要么是考虑如何从最少数量的可能实现场景中提取信息。

6.2 随机数生成方法

我们需要随机数通过概率分布生成观测值，对随机数的基本要求是必须符合均匀分布，这意味着一个序列中的每个数取任何可能值的概率相等，并且与序列中的其他数在统计意义上必须是相互独立的。随机数生成方法有好几种，这里只介绍其中一种——乘同余法。

该方法由 Lehmer 提出，通过以下递归关系从第 n 个随机数 R_n 得到第$(n+1)$个随机数 R_{n+1}：

$$R_{n+1} \equiv (aR_n \bmod m) \tag{6.1}$$

式中，a 和 m 均为正整数，$a<m$。上述符号表示 R_{n+1} 是(aR_n)除以 m 所得的余数。假设第一个随机数（种子）为 R_0，后续的随机数就可以通过此递归关系生成。当生成的随机数又等于种子时，如此生成的一个随机数序列构成一个循环。必须格外注意如何选择 R_0、a 和 m 这一组合，序列的循环周期必须大于所需的随机数个数。一种理想组合是

$$a = 455470314$$

$$m = 2^{31} - 1 = 2147483647$$

$R_0 = 1$ 和 2147483646 之间的任意整数

例如，我们需要 0 和 999 之间的随机数，那么可以指示计算机取所生成的随机数的后三位数字。由此可见，所产生的序列是可预测、可复制的，所以这并不是一个严格意义上的随机数序列，因此将这些数字称为伪随机数。尽管如此，只要模拟在序列开始重复之前完成，那么在某个计算机仿真中用这些数字充当随机数也可以获得较为满意的结果。实际上，在很多需要评估各种设计配置替代方案的应用领域中，可能正好需要用同一个随机数序列。

6.3　蒙特卡洛模拟法分类

用于系统可靠性分析的大部分蒙特卡洛模拟法可分为序贯法和非序贯法两类。非序贯模拟是对观察期内系统可能所处的所有状态集总进行随机采样，而序贯法则是构建系统的数学模型来人为生成过去一段时间的历史场景，据此推导合理的统计结果。从集总的样本群中抽取合理数量的样本之后，就可以用样本统计值来估计从中采样的样本群的统计值了，这就是本章要讨论的内容。蒙特卡洛模拟法如下所述。

6.3.1　随机采样

进行非序贯模拟就是对状态空间按比例采样。比例采样是一种随机采样方法，即令抽取一个特定系统状态的概率与物理系统处于该状态的实际概率相等。抽取的状态数量要足以构建一个状态样本集，能够代表集总状态空间中的样本群（置信度在可接受的范围之内）。系统可靠性的统计值通过系统状态样本集来估算。

对系统状态进行采样最基本的一步是用均匀分布在 0 和 1 之间的随机数作为元件状态的样本，然后由这些元件状态来确定系统状态。以下介绍对元件状态进行采样的两种基本方法。

比例概率法

这种方法给每个状态分配一个属于[0,1]且与此状态发生概率成正比的数值区间，如果抽取的随机数在区间内，就认为该状态发生，如此，每个状态的采样就与其发生概率是成比例的。以对某个元件采样为例来理解此过程，表 6.1 为该元件的概率分布。

对每个状态分配随机数区间，如表 6.2 所示。一旦抽取了随机数，就能看出哪个状态被采样。例如，如果随机数在 0.3+和 0.7 之间，那么就是状态 3 被采样。不难看出，在此过程中状态采样是与其概率成比例的。

概率分布法

我们也可以用累积概率分布函数对状态进行采样。仍以上述元件采样为例来阐释。表 6.1 为概率分布，图 6.1 为该元件的概率质量函数，旁边给出了累积分布函数，则采样状态很简单：与纵轴上抽取的随机数相对应的横轴读数即为被采样的状态。显然，此过程和按比例分配方法达到了基本相同的目的，但更方便、更容易实现。

表 6.1　示例元件的概率分布

状态(随机变量)	概率
1	0.1
2	0.2
3	0.4
4	0.2
5	0.1

表 6.2　分配的状态数值区间

抽取的随机数	被采样的状态
0~0.1	1
0.1+~0.3	2
0.3+~0.7	3
0.7+~0.9	4
0.9+~1.0	5

若系统由 n 个相互独立的元件组成，为了对一个系统状态进行采样，需要 n 个随机数来对每个元件的状态进行采样。假如有一个两元件系统，概率分布如图 6.1 所示。对此系统可以按如表 6.3 所示的方式进行采样。

现估计状态(3,3)的概率如下：

$$\Pr(3,3)=\frac{n}{N} \tag{6.2}$$

式中，N 是样本总数；n 是状态(3,3)的样本数。

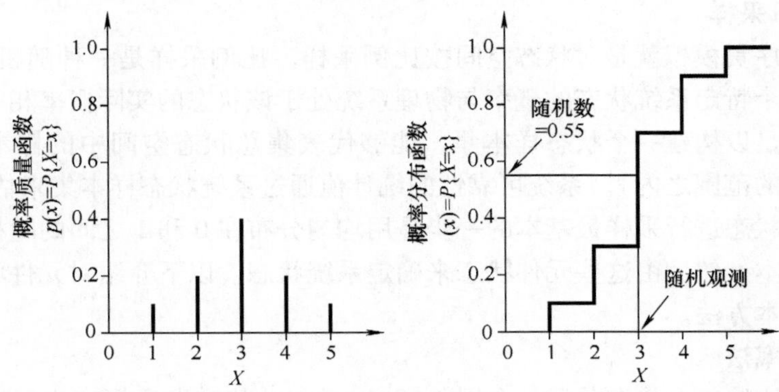

图 6.1 通过一个概率分布采样

表 6.3 两元件系统的状态采样

元件 1 的随机数	元件 2 的随机数	系统状态
0.946	0.601	(5,3)
0.655	0.671	(3,3)
0.791	0.333	(4,3)
0.345	0.532	(3,3)
0.438	0.087	(3,1)
0.311	0.693	(3,3)
0.333	0.918	(3,5)
0.998	0.209	(5,2)
0.923	0.883	(5,4)
0.851	0.135	(4,2)
0.651	0.034	(3,1)
0.316	0.525	(3,3)
0.965	0.427	(5,3)
0.839	0.434	(4,3)

根据表 6.3，Pr(3,3) = 4/14 = 0.286，(3,3) 的实际概率为 0.4×0.4 = 0.16。估计值和真实值之间的差异强调了样本数量的重要性。如果这种采样和近似计算不断进行下去，则在合适的样本数量下估计值就会接近 0.16。因此，需要一些准则来确定样本数量是否合适以及指标是否已经收敛。收敛是指估计值以一定的概率达到所需要的精度范围。6.5 节将讨论近似计算和收敛性，下节介绍序贯模拟法。

6.3.2　序贯采样

根据时间的步进方式可以将序贯模拟法分为两类：固定时间间隔法和顺序事件法。两种方法概述如下：

固定时间间隔法

根据系统的运行特性选择基本时间间隔 Δt。从初始状态开始，时间按照 Δt 推进并确定是否发生了一个事件。如果没有事件发生，则系统保持状态不变，否则系统状态根据事件改变。以上两步重复进行，直到所计算的指标在统计意义上已收敛。由于马尔可夫链中的转移概率是针对一个时间步长来定义的，所以此方法对于模拟马尔可夫链非常有用。在进行模拟时基本使用了前述按比例分配采样法。由下例可见，这实际上是在一个给定状态条件下的采样。假设有一个两状态系统，以下矩阵为经过一个时间步长后状态之间的转移概率：

$$\begin{array}{cc} & \text{最终状态} \\ & \begin{array}{cc} 0 & 1 \end{array} \\ \text{初始状态} & \\ \begin{array}{c} 0 \\ 1 \end{array} & \begin{bmatrix} 0.3 & 0.7 \\ 0.4 & 0.6 \end{bmatrix} \end{array} \tag{6.3}$$

利用一个随机数表来构造场景实现。从状态 0 开始，抽取一个随机数，然后用表 6.4 来确定下一个状态。类似地，如果过程处于状态 1，则利用表 6.5 确定下一个状态。经过 10 步的场景实现如表 6.6 所示。

表 6.4　固定时间间隔法示例：初始状态为 0

随机数	事件
0~0.3	始终为 0
0.3~1.0	转变为 1

表 6.5　固定时间间隔法示例：初始状态为 1

随机数	事件
0~0.4	转变为 0
0.4~1.0	始终为 1

表 6.6　固定时间间隔法示例：场景实现

步数	随机数	状态
1	0.947	0
2	0.601	1
3	0.655	1
4	0.671	1

（续）

步数	随机数	状态
5	0.791	1
6	0.333	1
7	0.345	0
8	0.531	1
9	0.478	1
10	0.087	1

顺序事件法

该方法在不断推进的过程中会记录下一个按计划发生的模拟事件。假设临近的事件已经发生，则将模拟时间推进到下一个事件发生的那一刻。

上述循环会根据收敛需要重复多次。这类模拟对应于连续时间的马尔可夫过程，其中元件驻留某状态的时间通过连续随机变量分布来定义。因此，通过连续分布确定某个随机变量的值是关键的一步。

第 6.3.2 节中介绍的固定时间间隔法也可以用于连续分布，只不过连续分布由离散分布来近似，后者的不规则间隔点具有相同的概率。通过增加在[0,1]内划分的区间个数可以提高精度，但这需要额外增加表格数据；尽管这种方法非常通用，但其缺点是形成表格需要较大的工作量，而且可能会有计算机存储的问题。以下介绍一种较为简单的逆解析法。令 z 为一个[0,1]之间的随机数，其概率密度函数可以是均匀分布，也可以是三角分布，即

$$f(z)=\begin{cases}0 & Z<0\\ 1 & 0\leqslant Z\leqslant 1\\ 0 & 1<Z\end{cases}\tag{6.4}$$

类似地

$$F(z)=\begin{cases}0 & Z<0\\ z & 0\leqslant Z\leqslant 1\\ 0 & 1<Z\end{cases}\tag{6.5}$$

若随机观测值通过分布函数 $F(x)$ 生成，即 $z=F(x)$。求解 x 的方程可以得到 X 的一个随机观测值。因此，所生成的观测值的概率分布也为 $F(x)$，证明如下：

令 φ 为 F 的反函数，则

$$x=\varphi(z)\tag{6.6}$$

这时 x 是所生成的随机观测值。计算其概率分布：

$$\Pr(x\leqslant X)=\Pr(F(x)\leqslant F(X))=\Pr(z\leqslant F(X))=F(X)\tag{6.7}$$

因此正如所期望的那样，x 的分布函数为 $F(x)$。目前对于几种重要的分布函数已经研究出一些特别的方法，能够进行高效的随机采样，这里只针对指数分布进行讨论。

指数概率分布函数如式（6.8）：

$$P(X \leqslant x)=1-\mathrm{e}^{-\rho x} \tag{6.8}$$

式中，$1/\rho$ 是随机变量 X 的平均值。

令此函数等于(0,1)之间的一个随机小数：

$$z=1-\mathrm{e}^{-\rho x} \tag{6.9}$$

因为这样一个随机数被 1 减还是一个随机数，所以上述等式可写为式（6.10）：

$$z=\mathrm{e}^{-\rho x} \tag{6.10}$$

两边同取自然对数，有

$$x=-\frac{\ln(z)}{\rho} \tag{6.11}$$

这就是通过指数分布得到的随机观测值，平均值为 $1/\rho$。

以一个两状态元件为例来说明顺序事件法，假设两个元件的可用（Up）时间和中断（Down）时间呈指数分布，两个元件的故障率和修复率如表 6.7 所示，对这两个元件的模拟如表 6.8 所示。

表 6.7　顺序事件法示例

元件	λ/(f/h)	μ/(rep/h)
1	0.01	0.1
2	0.005	0.1

表 6.8　利用顺序事件法模拟两个元件

时间	元件的随机数		变化时间		元件状态①	
	1	2	1	2	1	2
0	0.946	0.601	5←	101	*U*	*U*
5	0.655	——	0/4←	96	*D*	*U*
9	0.670	——	0/40←	92	*U*	*U*
49	0.790	——	0/2←	52	*D*	*U*
51	0.332	——	0/110	50←	*U*	*U*
101	——	0.345	60	0/11←	*U*	*D*
112	——	0.531	49←	0/127	*U*	*U*
161	0.437	——	0/8←	78	*D*	*U*
169	0.087	——	0/244	70←	*U*	*U*
239	——	0.311	174	0/12←	*U*	*D*
251	——	0.693	162	0/73←	*U*	*U*
324	——	0.333	89	0/	*U*	*D*
		↓				

① *D* 表示“Down”状态，*U* 表示“Up”状态。

在表 6.8 中，符号“←”表示引起变化的采样时间，加起来就是总的时间。

例如在0时刻，为元件1、2发生故障的时间随机抽取两个数，代入式（6.11），得到元件1、2发生故障的时间分别为5h和101h。由于5h较短，所以元件1故障会导致在第5h出现状态DU（元件1中断，元件2可用），此时元件1不会再有时间出现正常工作状态，而元件2还有96h才会发生故障。接下来，为元件1随机抽取一个数，根据式（6.11）确定其修复时间，计算结果为4h。该过程如此进行下去，如表6.8所示。

6.4 采样中的近似估计和收敛性

对于可靠性指标评估，采样的状态数量是否充足至关重要。

本节介绍了随机采样和序贯采样两种方法的近似估计和收敛准则，详述如下：

6.4.1 随机采样

令电力系统的状态为

$$x=(x_1,x_2,\cdots,x_m)$$

式中，x_i 为第 i 个元件的状态。

令 $F(x)$ 表示用于验证状态 x 是否能够满足负荷需求的测试，其期望值由式（6.12）计算：

$$E[F(x)] = \sum_{x\in X} F(x)P(x) \tag{6.12}$$

式中，X 为系统所有可能状态的集合；$P(x)$ 为状态 x 的概率。

为了令 $E[F(x)]$ 等于缺电概率，定义

$$F(x)=\begin{cases}1 & \text{缺电情况下}\\ 0 & \text{其他}\end{cases} \tag{6.13}$$

在随机采样中，从 x 的联合分布中进行抽样，$x\in X$。对 $E[F(x)]$ 用式（6.14）进行估算：

$$\hat{E}[F(x)] = \frac{1}{N_S}\sum_{i=1}^{N_S} F(x_i) \tag{6.14}$$

式中，N_S 为采样数；$F(x_i)$ 为第 i 个采样值的测试结果。

此估计值的方差为

$$\text{Var}(\hat{E}[F(x)]) = \frac{\text{Var}(F(x))}{N_S} \tag{6.15}$$

由于 $\text{Var}(F(x))$ 未知，可以用式（6.16）进行估算：

$$\hat{\text{Var}}(F(x)) = \frac{1}{N_S}\sum_{i=1}^{N_S}(F(x_i)-\hat{E}[F(x)])^2 \tag{6.16}$$

通常将变异系数（COV）的值作为收敛性的依据，由式（6.17）计算

$$\text{COV} = \frac{\text{SD}(\hat{E}[F(x)])}{\hat{E}[F(x)]} \tag{6.17}$$

式中，$\mathrm{SD}(\hat{E}[F(x)])$ 为 $E[F(x)]$ 的标准差。

由于 $\mathrm{SD}(\hat{E}[F(x)])=\sqrt{\mathrm{Var}(\hat{E}[F(x)])}$，利用式（6.16）可得

$$\mathrm{COV}=\frac{1}{\hat{E}[F(x)]}\sqrt{\frac{\mathrm{Var}(F(x))}{N_{\mathrm{S}}}} \tag{6.18}$$

因此

$$N_{\mathrm{S}}=\frac{\mathrm{Var}(F(x))}{(\mathrm{COV}\times\hat{E}[F(x)])^{2}} \tag{6.19}$$

由式（6.19）可见：

1）样本数量不受系统规模或复杂性的影响。

2）样本数量受所需要的精度和估算出的概率的影响。

3）计算成本取决于样本数和每个样本需要的 CPU 时间。

6.4.2 序贯采样

一般而言，我们利用元件状态持续时间的概率分布和取自[0,1]的随机数令系统从当前状态转移到下一个状态，如此序贯生成系统状态。

如果有一个元件 i 可用（Up），其可用状态持续时间表示为一个随机变量 U_i。令 z 为一个随机数，可用时间的观测值就可以用式（6.20）来抽取：

$$z=\Pr(U_i\leqslant U)=F_i(U) \tag{6.20}$$

可用状态持续时间最短的元件会发生一个状态转移，从而令系统也发生状态转移。状态发生转移的采样时间采用类似随机采样的方式来确定，如图 6.2 所示；如第 6.3.2 节所述，通常可以用解析方法来确定。

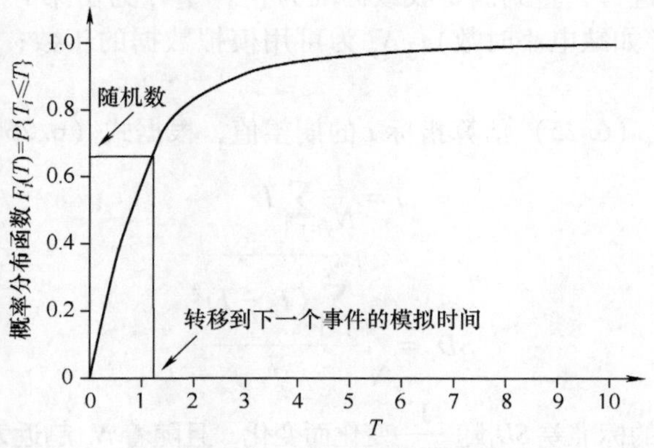

图 6.2 转移到下一个事件的模拟时间

算法流程描述如下。假设在 t_n 时刻发生了第 n 次状态转移，元件 i 转移到下一个状态的时间为 T_i，因此 T_i 就是元件转移的一个时间向量，模拟流程按如下步骤进行：

1）确定系统下一次发生状态转移的时间：

$$T=\min T_i \tag{6.21}$$

如果这个 T 是第 p 个元件的 T_p，那么该元件状态改变就会使系统发生下一次状态转移。

2）向前推进模拟时间：

$$t_{n+1}=t_n+T \tag{6.22}$$

3）计算元件还剩多少时间发生状态转移：

$$T_i^r=T_i-T \tag{6.23}$$

式中，T_i^r 为元件 i 发生状态转移剩余的时间。

4）引起系统发生状态转移的元件 p 剩余时间变为零，通过抽取一个随机数来确定它下一次转移的时间 T_p。

5）设置时间 T_i：

$$T_i=\begin{pmatrix} T_i^r & i\neq p \\ T_p & i=p \end{pmatrix} \tag{6.24}$$

6）从 t_n 到 t_{n+1}，设备状态保持不变，并按以下步骤操作：

① 将每个节点的负荷更新为当前小时负荷值。

② 如果没有节点缺电，则模拟前进一小时，否则调用状态估计模块。

③ 如果在采取补救措施之后所有负荷均已满足，则模拟前进一小时。否则，当前时刻被视为那些节点和系统的缺电时刻。同样，如果在上一个小时没有缺电，那么当前时刻就被视为发生缺电事件。

④ 执行步骤①~③直到 t_{n+1}。

7）按照步骤 8）所述更新统计值，然后流程移至步骤 2）。

8）模拟持续进行，直到满足收敛标准为止。令 I_i 为由第 i 年的模拟数据得到的可靠性指标值（如缺电小时数）；N_y 为可用模拟数据的年数；SD_{I} 为估计值 I 的标准差。

然后，根据式（6.25）估算指标 I 的期望值，根据式（6.26）计算标准差：

$$\bar{I}=\frac{1}{N_y}\sum_{i=1}^{N_y}I_i \tag{6.25}$$

$$SD_{\mathrm{I}}=\sqrt{\frac{\sum_{i=1}^{N_y}(I_i-\bar{I})^2}{N_y}} \tag{6.26}$$

注意估计值 $\bar{I}$ 的标准差 SD_{I}随$\frac{1}{\sqrt{N_y}}$变化而变化，且随着 N_y 趋近无穷大而趋近于零。

6.5 方差缩减技术

现有研究指出，样本数量足够多就可以提高样本估计值的精度。提高精度相当于减小样本估计值的方差。一种简单的方法是重复计算（或在一次计算中使样本

量非常大并将其等区间划分)，即将每次采样得到的测量值当成独立样本值处理，直到方差减小到所需大小，这种方法一般非常耗时。目前已经提出一些专门用于减少方差的技术，都是从大量模拟中提取尽可能多、尽可能准确的信息，从而减小模拟的计算成本。几种方差缩减技术包括重点采样法、控制变量法、对偶变量法和分层法。

重点采样法对系统元件的分布函数进行修改，从而增加缺电状态的发生频率。控制变量法和对偶变量法都是通过引入一个新的随机变量来控制可靠性指标的方差，该随机变量均值相同但方差较小。这两种方法都是利用新的随机变量和实际指标之间的相关性来减少方差。上述方法都改变了实际随机变量的结构，要么通过修改分布函数改变，要么通过修改随机变量本身改变；所得估计值的分布情况不能代表实际指标的分布情况，而只能用于估计平均值。

在分层法中，以按比例采样为例，在采样前先将状态分为若干属性相斥的层，以提高样本的代表性。由于难以选择分层标准，该方法可能不适用于分析大型系统。另一种变化形式混合了随机抽样和分层抽样，即拉丁超立方体抽样（LHS)。提出该技术是为了评估具有多个随机变量的复杂系统的不确定性。利用 LHS 可以估计指标的均值和分布情况，但是该方法计算成本较高，因为要完全构造出采样期间所需的等效概率函数和状态空间。这种方法的主要缺点是需要在采样前确定样本大小，对这些方法的深入讨论参见参考文献[14,15]。

6.5.1　重点采样

重点采样的概念可以通过式（6.12)、式（6.13）来理解，式（6.12）是计算 LOLP 的解析表达式，式（6.13）则是利用随机变量 X 的概率质量函数 $P(x)$ 对状态进行采样来估算 LOLP，得到 $\hat{E}[F(x)]$。重点采样的思想是通过一个不同的概率质量函数（如 $g(x)$）进行采样，以加快模拟过程，使得估计值的方差减小，收敛速度更快。重写式（6.12）如下：

$$E[F(x)] = \sum_{x \in X} F(x)P(x) \tag{6.27}$$

$$= \sum_{x \in X} F(x)g(x)\frac{P(x)}{g(x)} \tag{6.28}$$

$$= E_g\left[F(x)\frac{P(x)}{g(x)}\right] \tag{6.29}$$

式中，E_g 是对应于概率质量函数 $g(x)$ 的期望值，将$\frac{P(x)}{g(x)}$这一项称为似然比。

若考虑非序贯模拟，可将式（6.29）写为通过重点采样分布函数 $g(x)$ 进行采样的估算式如下：

$$\hat{E}(F(x)) = \frac{1}{N_S}\sum_{i=1}^{N_S} F(x_i)\frac{P(x)}{g(x)} \tag{6.30}$$

我们的目标是选择使样本差异最小的最佳采样密度函数或质量函数 $g(x)$。已有研究证明，以下密度函数是进行重点采样的最优解：

$$g^{opt}(x)=\frac{F(x)P(x)}{E(x)} \tag{6.31}$$

如果用 $g^{opt}(x)$ 代替式（6.30）中的 $g(x)$，则发现采用这种方式只需要抽取一个样本。显然这样做没有任何价值，因为我们首先需要知道 $E(x)$，但却没有必要做蒙特卡洛模拟。合理的做法是采用一个与最佳样本分布偏差最小的样本分布。针对某一类分布行之有效的一种方法是确定样本分布中的参数，使得 g^{opt} 与实际使用的 g 之间的 Kullback-Leibler 散度最小。密度函数 $g(x)$ 和 $h(x)$ 之间的 Kullback-Leibler 散度定义如下：

$$D(g,h)=E_g[\ln g(x)-\ln h(x)] \tag{6.32}$$

式中，下标 g 表示期望值与 $g(x)$ 相关。已有研究表明，对于一些分布，此问题可以用随机最小化来解决。在电力系统中，如果假设元件相互独立，令 u_j 表示元件 j 的失效度，则可以定义状态变量 x 的概率分布为二项分布。如果使用重点采样法，为了使计算时间最小，可以将失效度修改为 v_j。此类问题的求解方法参见文献［16］，应用案例参见文献［17］。例如，有 n_g 台相互独立的发电机，第 j 台发电机的失效度为 u_j，修改后的失效度为 v_j。因为通过修改后的 v_j 进行采样，所以在采样过程中用似然比对概率进行归一化校正。发电系统状态的似然比可以表示为

$$W(X_i,u,v)=\frac{\prod_{j=1}^{n_g}(u_j)^{1-s_j}(1-u_j)^{s_j}}{\prod_{j=1}^{n_g}(v_j)^{1-s_j}(1-v_j)^{s_j}} \tag{6.33}$$

式中，向量 u 的第 j 个元素是第 j 台发电机的初始失效度，向量 v 的第 j 个元素是第 j 台发电机修改后的失效度。s_j 为发电机 j 的状态，如果发电机可用，则 $s_j=0$；如果发电机中断，则 $s_j=1$。为了确定最佳向量 v，需要做一些前期工作，参考文献［17］介绍了一种确定向量 v 的算法。需要记住的是，尽管使用 Kullback-Leibler 散度这一概念相当普遍，如何计算重点采样分布的参数向量还是会依系统的不同而改变。

6.5.2 控制变量采样

令 Z 为与随机变量 F 强相关的一个随机变量，定义 $Y=F-\alpha(Z-E(Z))$，则

$$E(Y)=E(F) \tag{6.34}$$

$$V(Y)=V(F)+\alpha^2V(Z)-2\alpha\mathrm{Cov}(F,Z) \tag{6.35}$$

如果 $2\alpha\mathrm{Cov}(F,Z)>\alpha^2V(Z)$，则

$$V(Y)<V(F) \tag{6.36}$$

式（6.36）意味着如果令模拟过程收敛于 Y 而不是收敛于 Z，那么收敛速度会

更快。同时，式（6.34）保证了由 Y 计算得到的平均值也是由 Z 计算得到的，因此加速收敛措施不会对估计值造成任何偏差。

6.5.3　对偶变量采样

对偶变量概念定义如下。令

$$F_\alpha=\frac{1}{2}(F'-F'')$$

如果 $E(F')=E(F'')=E(F)$，则有

$$E(F_\alpha)=E(F)$$

$$V(F_\alpha)=\frac{1}{4}[V(F')-V(F'')]+2\mathrm{Cov}(F',F'')$$

如果 F' 和 F'' 负相关，则有 $\mathrm{Cov}(F',F'')<0$，因此

$$V(F_\alpha)<V(F)$$

利用随机数 Z_i 计算 $E(F')$、利用 $(1-Z_i)$ 计算 $E(F'')$ 就可以形成负相关关系。

6.5.4　拉丁超立方体采样

拉丁超立方体采样法（LHS）由 McKay、Conover 和 Beckman 在 1979 年提出，它综合了分层采样和随机采样的概念[14,15]。预先选择样本大小为 n，将概率分布函数划分为 n 个区间，每个区间具有相同的事件发生概率。然后，对每个区间以该区间对应的概率分布函数进行随机采样。这意味着 LHS 是一种受约束的蒙特卡洛采样方法，与使用相同样本大小的蒙特卡洛法相比，它的估算更为精确。因此，LHS 被视为是一种方差缩减技术，这一大优势可在求解可靠性评估结合优化问题时加以利用。与蒙特卡洛采样不同，目前 LHS 主要在随机优化范畴内使用。结果表明，该方法得到的最优解边界比蒙特卡洛法得到的更为严格[18,19]；此外，通过 LHS 还会生成可靠性指标的近似分布，由于可靠性指标本身只表示平均值，因此 LHS 可以作为一种用于风险评估的工具。LHS 是为近似估计一个问题中的不确定性而提出，问题中的关键变量表示为随机变量的函数如下[14]：

$$y=f(x) \tag{6.37}$$

式中，y 是关键变量，x 是一个随机变量向量。

当要估算的函数复杂且计算量很大时，研究关键变量与其他多维随机变量之间的相互作用必然很繁琐，LHS 就是作为一个专门用于协助研究此类问题的概率风险评估工具而提出的。蒙特卡洛法通常用于解决电力系统可靠性问题，而相较于蒙特卡洛法，LHS 能对关键变量的分布进行更好的估算[14,15]，这是因为 LHS 在采样前先将分布函数划分为若干等概率区间，区间个数就是样本大小。然后，LHS 根据每一个子区间的分布从中随机选取一个值，这意味着 LHS 对分布函数全域（包括尾端值）进行采样，因此比用蒙特卡洛法得到的采样值更能体现实际分布情况，尤其是远离中心的分布区域。由于 LHS 给出的是随机变量的分层样本，我们认为其样本方差比蒙特卡洛样本方差小。

如果是多维随机变量，LHS 单独对每个随机变量进行采样，然后通过对采样值配对来生成系统状态。如果随机变量互不相关，则配对方案非常简单。从每个元件的采样值中随机选取一个值就能确定系统状态，这些值不会重复使用。但是，如果随机变量之间具有某种相关性，则在配对方案使用策略中要涉及到优化，文献［20］详细介绍了随机变量之间具有相关性时的详细配对过程，感兴趣的读者可以参考。

练习

6.1 如果一个电力系统中有两台发电机接在一条母线上，通过一条输电线给负荷供电。假设每台发电机可以输出 50MW 的功率，故障概率为 0.01。输电线传输容量为 100MW，故障概率为 0.1。系统负荷 85%的可能是 50MW，15%的可能是 100MW。假设所有元件发生故障是相互独立的，当样本大小为 100 时，利用随机采样法确定系统的缺电概率，并用概率定理验证所得结果。

6.2 某一电力系统由一台发电机和两条输电线组成。100MW 的发电机通过两条并联输电线路给一个 100MW 负荷供电。每条输电线的最大传输容量为 100MW。发电机的故障率为 0.01 次/天，平均修复时间为 12h。两条输电线的故障率分别为 10 次/年和 15 次/年，平均修复时间为 6h。假设所有元件发生故障和修复都是相互独立的，利用随机采样法确定样本大小分别为 100、500 和 1000 个状态时的缺电概率。然后，将模拟结果和由解析法得到的精确解进行对比。

第 2 部分

电力系统可靠性建模和分析方法

第 7 章

电力系统可靠性概论

7.1 引言

本书第一部分详细阐述了针对由很多元件组成的系统进行可靠性分析的方法。为了分析系统的可靠性，所用到的概念包括每个组成元件的可靠性以及这些元件之间相互作用的方式。第 6 章详细介绍了蒙特卡洛模拟法的基本概念，该方法常被用来替代解析法。以下章节将介绍如何应用或修正这些方法（通过解析法、模拟法或者两者相结合）来确定电力系统的可靠性。由于电力系统规模较大且较为复杂，通常需要使用专门的技术对其进行可靠性评估，包括对电力系统元件和对系统整体进行建模和评估。另外，就可靠性指标而言，业界已经形成了各自的术语，其中一些指标与本书第 1 部分中用到的区别很大。第 2 部分将对一些指标和方法进行介绍。

7.2 电力系统可靠性分析范围

电力系统可靠性分析一般侧重于分析以下功能系统之一：

1）发电系统：这类分析评估发电系统充裕度，即其满足系统总负荷的能力。第 8 章对此进行了详细讨论。

2）输电系统：这类分析评估输电系统的完整性及其将所需的功率从发电机传输到负荷的能力。

3）配电系统：这类分析确定负荷点的可靠性指标。这部分不在本书讨论之列，更多内容可参见文献［21］。

4）互联系统或多节点系统：这类分析评估发-输电联合系统的可靠性。主要针对综合系统和多区域系统两类多节点系统进行可靠性分析。第 10、11 章对此进行详细阐述。

5）保护系统：这类分析评估保护系统的可靠性及其故障对电力系统的影响。这部分不在本书讨论之列，参考文献[22,23]详细介绍了定义和实践应用，参考文献[24,25]讨论了模型和分析方法。

6）工商业系统：这类分析侧重于确定工商业系统可靠性和维护服务的提升手

段。这部分不在本书讨论之列，更多内容可参见文献［26］。

由于电力系统规模较大且较为复杂，不会分析评估“整个电力系统”的可靠性，但是可以依次进行一系列的分析，评估所关注的功能系统，确定适合其应用范围的合理指标。例如，如果需要评估某个负荷点的供电可靠性，则对互联系统进行分析，确定该负荷点上游变电站的供电可靠性，然后评估该配电系统的可靠性，综合评估结果确定所需的负荷点可靠性指标。

7.3　电力系统可靠性指标

电力系统可靠性关注的是电力系统在保证安全运行的同时满足系统负荷需求的能力，即保证发电、输电（和配电）元件均在其容量范围内运行，并且在较长的一段时间内容量都不会越限。系统可靠性的一个组成要素是系统的安全性，即系统的抗干扰（如故障或设备失效）能力，这些干扰不会令系统失去稳定或发生连锁故障⊖。

电力系统可靠性指标及其评估方法可分为两大类——预测性的和经验性的。确定预测性指标的相关信息包括元件可靠性以及元件构成系统的方式，即系统配置、行为、运行特性以及可能存在的物理、时间关联性。本书所述方法用于确定预测性指标。与之对比，经验性指标一般是通过直接观测来确定，如直接在研究地点收集数据。例如，有很多预测性方法可用于评估配电系统可靠性，但在许多情况下配电可靠性指标由直接在负荷点收集数据汇报而来。参考文献［21］给出了确定配电可靠性指标的公式和方法。

电力系统可靠性指标还可以按如下方式进行分类：

1）概率和期望指标：包括缺电概率（Loss of Load Probability，LOLP）指标和缺电期望（Loss of Load Expectation，LOLE）指标。LOLE 指标可以表示为以小时计的缺电期望值（Hourly Loss of Load Expectation，HLOLE，单位“小时/年”），也可以表示为以天计的缺电期望值（Daily Loss of Load Expectation，DLOLE，单位“天/年”），前者表示一年中全系统或部分系统发生供电故障的预期小时数，后者表示全系统或部分系统在峰荷期发生供电故障的预期天数。

2）频率和持续时间指标：表示影响可靠性的事件发生的频率和持续时间。例如，缺电频率（Loss of Load Frequency，LOLF，单位“故障次数/年”）和平均无故障时间（Mean Time Between Failures，MTBF，通常以小时表示）。一些配电可靠性指标，如系统平均中断持续时间指标（System Average Interruption Duration Index，SAIDI）和系统平均中断频率指标（System Average Interruption Frequency Index，SAIFI）也属于此类。

⊖ 这是对系统安全性的传统定义。近年来，系统安全性定义有所改变，表征系统能够承受影响可靠性的自然灾害或恶意攻击等事件的能力。

3）严重性指标：反映了影响可靠性事件的严重程度。例如，功率不足期望（Expected Power Not Served，EPNS，单位“MW/年”）和电能不足期望（Expected Unserved Energy，EUE，也即 Expected Energy Not Served，EENS，以 MW·h/年表示）。

看懂图 7.1 可以帮助我们更好地理解上述指标量，图中展示了一个典型系统在某一典型年内的容量和负荷情况，也展示了导致功率缺额或缺电的原因，并从物理上解释了系统可靠性的频率、持续时间和严重性指标。

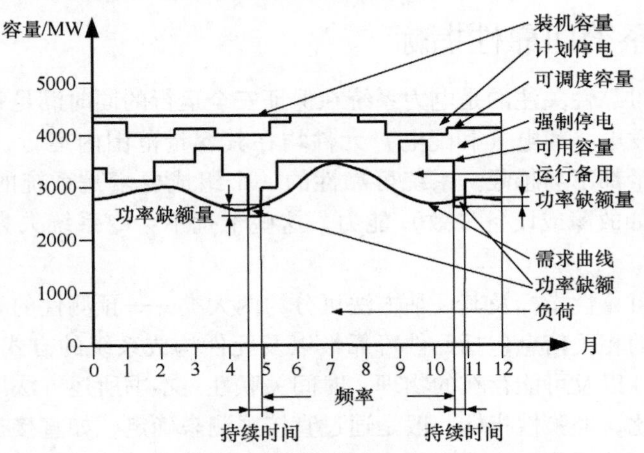

图 7.1　一年内的容量、需求和功率缺额情况

上述所有指标均为系统可靠性的概率值。在早期电力系统运行中使用一些确定性的指标，这是因为对概率指标的研究尚不完善。这些指标本质上与发电充裕度相关，目前还在和概率指标一起使用。以下是一些发电充裕度的确定性指标：

1）备用容量百分比：定义为装机容量超过年峰值负荷的大小，表示为年峰值负荷的百分比。它不能直接反映系统参数（如机组大小、停电率、负荷曲线），但在除了备用容量之外其他参数基本保持不变的时候，这个指标的确能相对合理地评估可靠性水平。

2）以最大发电机容量表示的备用容量：计划备用容量应不小于最大发电机的容量。这个指标体现了发电机容量对于备用容量的重要性，但它体现不出影响系统可靠性的其他因素。

7.4　电力系统可靠性评估的考虑因素

至此有一点应该很明确，那就是进行某种可靠性分析会推动我们考虑如何构建元件及其相互之间交互方式的模型，以及如何形成用于评估系统可靠性的方法。推动建模和方法形成需要考虑的因素包括系统规模、拓扑结构、地理范围、负荷多样性、运行策略、元件之间统计意义上的依赖性以及时间依赖性。总结出上述所有因素如何影响模型和方法不太可能，但以下章节将对我们用的其中一些方法进行说明。

在可靠性评估的语境下如何定义系统“故障”也很重要。由于在实际中通常使用缺电作为一个判据，所以可以将故障定义为导致可靠性下降的事件或导致断电的现象，表现为一个或多个元件的*强制停电*，也称为一个*偶然事件*。

元件停电可分为*计划性停电*和*强制性停电*两类。发生计划性停电是指在一个预定时段内令一个元件停运（一般是出于预防性维护的目的）。发生*强制性停电*是指元件因随机或不可预见的事件（如设备失灵或人为失误）而发生失灵或故障。概率可靠性评估考虑的是后一类，即强制性停电。这种停电形式有好几种，此处不再赘述；如果想进一步了解停电的不同类型和分类方式，文献［27］和［28］是非常好的参考。

第 8~11 章将介绍在电力系统不同功能系统中进行可靠性建模和评估的若干方法。虽然本书无法穷尽这些方法，但对它们进行了直观解释，并提供了大量可参考的文献，以使读者能进一步了解这些方法。

第8章

基于离散卷积的发电充裕度评估方法

8.1 引言

本章介绍了基于离散卷积法的发电充裕度评估过程。在此过程中假设输电设备能够将发电量输送到负荷点，本章侧重于评估发电资源的充裕度，在下一章中将考虑输电系统对可靠性的影响。本章的内容还包括解释如何以可靠性分析为目的构建电力系统元件模型。

离散卷积方法包括构建发电模型和负荷模型，以代表系统总发电和总负荷的随机变量的概率和频率分布形式呈现。发电模型通常表示为停电时的容量大小，即所谓停电容量概率和频率表（Capacity Outage Probability And Frequency Table，COPAFT）。负荷模型表示为系统总负荷的概率和频率分布。利用 C_0（停电容量）和 L（负荷）的分布模型来构建*发电备用模型*，包括表示系统发电超出负荷余量的随机变量的概率和频率分布。通过在发电和负荷模型之间做离散卷积得到这些分布；通过发电备用模型确定发电充裕度指标。

以下讨论上述过程中的详细步骤。

8.2 发电模型

前述章节研究了系统元件的马尔可夫模型。发电机组可以被构建为具有两种或两种以上状态的马尔可夫元件模型。一个两状态模型包括一个可用（Up）状态和一个中断（Down）状态，而具有更多状态的模型则包括可用状态、中断状态以及若干中间（低载）状态。本章主要讨论发电机组的两状态和三状态模型，在此基础上推及更多状态的情形并不难。

如果某系统由两台独立发电机组成，一台容量为10MW，故障率为 λ_1，修复率为 μ_1，另一台容量为20MW，故障率为 λ_2，修复率为 μ_2。该系统的状态转移图如图8.1所示。

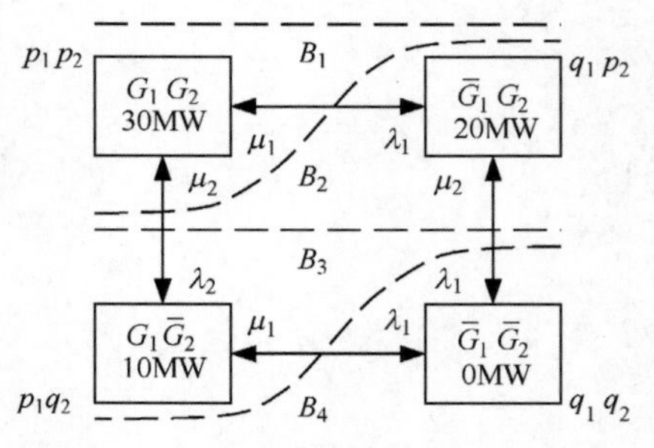

图8.1 两台两状态发电机组系统

图 8.1 还展示了 4 种系统状态下的概率和容量以及 4 条虚线，分别标记为 B_1、B_2、B_3 和 B_4；概率表示为 $p_1=P\{G_1\}$、$q_1=P\{\overline{G_1}\}$、$p_2=P\{G_2\}$ 和 $q_2=P\{\overline{G_2}\}$；后面将解释虚线的含义。由图 8.1 可见 4 种状态的概率和频率，如表 8.1 所示。

虽然表 8.1 完整描述了两机组的发电系统，但发电系统模型用如表 8.2 所示的*停电容量概率和频率表*（COPAFT）来表示更方便，原因本章稍后解释。表 8.2 的第二列为*停电容量*，即总容量减去可用容量；第三列为累积概率；第四列为累积频率。

我们注意到表 8.2 中的累积概率可以很容易地通过表 8.1 中实际的状态概率得到，也可以通过研究图 8.1 得到。边界线 B_4 以下的状态对应 30MW 的停电容量，边界线 B_3 以下的状态对应大于等于 20MW 的停电容量，两者概率加起来等于 P_3。对 B_2 和 B_1 可类似分析。

表 8.1　两机组系统的状态概率和频率

状态 i	可用容量/MW	概率	频率
1	30	p_1p_2	$p_1p_2(\lambda_1+\lambda_2)$
2	20	q_1p_2	$q_1p_2(\mu_1+\lambda_2)$
3	10	p_1q_2	$p_1q_2(\lambda_1+\mu_2)$
4	0	q_1q_2	$q_1q_2(\mu_1+\mu_2)$

对累积频率 F_i 解释如下：F_i 是状态转移到停电容量等于 C_i 或大于 C_i 的频率，也就是从边界线 B_i 以上的状态转移到 B_i 以下的状态的频率。在稳态下，当满足频率平衡条件时，也等于从边界线 B_i 以下的状态转移到 B_i 以上的状态的频率。通常如果方便的话，计算该频率以确定 F_i。由于在 B_1 处不会发生状态转移，所以 $F_1=0$，如表 8.2 所示。

表 8.2　两机组系统的 COPAFT

状态 i	$C_0=C_i$/MW	$P_i=P\{C_0\geqslant C_i\}$	$F_i=F\{C_0\geqslant C_i\}$
1	0	1.0	0.0
2	10	$q_1p_2+p_1q_2+q_1q_2=1-p_1p_2$	$p_1q_2\mu_2+q_1p_2\mu_1$
3	20	$p_1q_2+q_1q_2=q_2$	$(p_1q_2+q_1q_2)\mu_2=q_2\mu_2$
4	30	q_1q_2	$q_1q_2(\mu_1+\mu_2)$

8.2.1　机组添加算法

上述方法说明了 COPAFT 的本质特点，但对于有大量发电机组的系统，我们使用一种更为实用的方法，称为*机组添加算法*。这是一种递归算法，取已有的一个 COPAFT，不断添加一个机组进去，此过程通过将“新机组”（被加进来的机组）的概率和频率分布与现有系统的概率和频率分布做离散卷积来实现。该算法从第一台发电机组开始，一直持续到添加了所有发电机组为止，所以是递归的，通过以下两个例子来解释。

例 8.1 假设已有一个 COPAFT，如表 8.3 所示，现添加一个与前文提到的 G_1 一样的新机组。

表 8.3 当前系统的 COPAFT

状态 i	$C_0=C_i$(MW)	$P_i=P\{C_0\geqslant C_i\}$	$F_i=F\{C_0\geqslant C_i\}$
1	0	1.0	0.0
2	20	q_2	$q_2\mu_2$

系统当前所处的状态和因增加新发电机组而引入的新状态如图 8.2 所示。

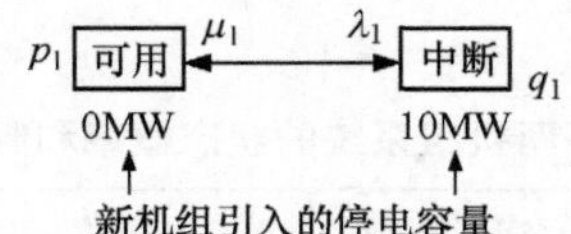

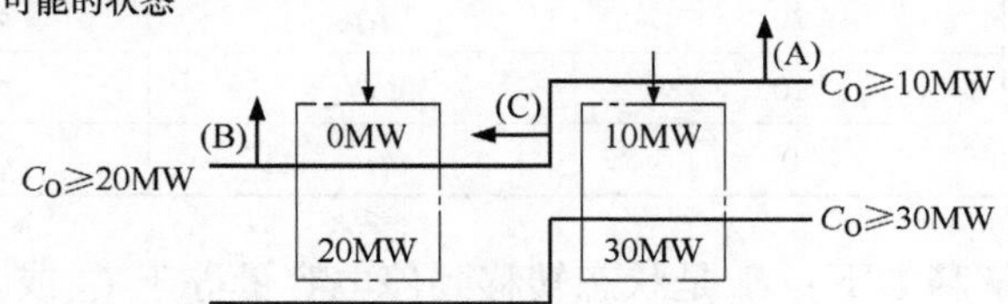

图 8.2 新增一台 10MW 发电机组

添加 10MW 机组的结果是在 COPAFT 中插入了两个新的停电状态：10MW 和 30MW。现计算 10MW 停电状态的累积概率。更新系统（即包含新机组的系统）在下述两种情形下停电容量都有可能等于或大于 10MW：①原系统（不含 10MW 机组）停电容量等于或大于 0MW，新机组中断，即其停电容量为 10MW；②原系统停电容量为 20MW，新机组可用，即其停电容量为 0MW。利用这些概率分量计算如下：

$$P\{C_0\geqslant 10\}=P_1^- q_1+P_2^- q_1=q_q+q_2p_1=(1-p_1)+(1-p_2)p_1=1-p_1p_2 \tag{8.1}$$

上标“-”表示添加新机组前的值，参见表 8.3。类似地，

$$P\{C_0\geqslant 30\}=P_2^- q_1=q_2q_1 \tag{8.2}$$

其中没有第二项，这是因为原系统（见表 8.3）不存在停电容量大于 20MW 的状态。如果有这样一种状态，式（8.2）将变为

$$P\{C_0\geqslant 30\}=P_2^- q_1+P_3^- p_1 \tag{8.3}$$

现计算累积频率。一般而言，可能有三种转移方式穿过 $\{C_0\geqslant 10\text{MW}\}$ 和 $\{C_0<10\text{MW}\}$ 之间的边界，对应各自的频率，在图 8.2 上标记为（A）、（B）、（C），

解释如下：

（A）事件代表新机组处于 10MW 停电容量状态，当前系统从 $C_0=0$ 转移到 $C_0<0$，因此更新系统从 $C_0=10\text{MW}$ 转移到 $C_0<10\text{MW}$。

（B）事件代表新机组处于 0MW 停电容量状态，当前系统从 $C_0\geqslant 10\text{MW}$ 转移到 $C_0<10\text{MW}$，因此更新系统从 $C_0\geqslant 10\text{MW}$ 转移到 $C_0<10\text{MW}$。

（C）事件代表当前系统处于 0MW 停电容量状态，新机组从 $C_0=10\text{MW}$ 转移到 $C_0=0$，因此更新系统从 $C_0\geqslant 10\text{MW}$ 转移到 $C_0<10\text{MW}$。

利用这些频率分量计算如下：

$$\begin{aligned}F\{C_0\geqslant 10\}&=F_1^-q_1+F_2^-p_1+(P_1^--P_2^-)q_1\mu_1\\&=0+(q_2\mu_2)p_1+(1-q_2)q_1\mu_1=p_1q_2\mu_2+q_1p_2\mu_1\end{aligned}\tag{8.4}$$

$$\begin{aligned}F\{C_0\geqslant 30\}&=F_2^-q_1+0\times p_1+(P_2^--0)q_1\mu_1\\&=(q_2\mu_2)q_1+0+(q_2-0)q_1\mu_1=q_1q_2(\mu_1+\mu_2)\end{aligned}\tag{8.5}$$

与前述相同，上标“-”表示添加新机组前的值。

此例中需要注意的是，标记为（A）和（B）的转移事件起因是原机组而非新加机组的状态变化，而（C）事件的起因是新加机组的状态变化。

明确如何将一个新机组添加到现有系统之后，我们再来考虑如何使用机组添加算法来构建如表 8.2 所示的 COPAFT。从零台机组开始（参见表 8.4），添加 20MW 机组后得到表 8.3，然后根据式（8.1）~式（8.5）添加 10MW 机组后得到表 8.2，这一计算过程直接明了。现分析如果两台机组的添加顺序发生改变会怎样。本例将阐明例 8.1 中对机组添加算法没有解释清楚的一些地方。

例 8.2　从表 8.4 开始，依次添加 10MW、20MW 机组。首先添加 10MW 机组得到表 8.5，这一步很简单，但再添加 20MW 机组会产生如图 8.3 所示的结果。概率和频率的计算照旧，但为方便起见，采用以下符号习惯：略去表示“旧表”（本例为表 8.5）中各项条目的变量上标“-”。$P_G(X)$ 和 $F_G(X)$ 表示停电容量 X 的累积概率和频率。此外，对表 8.5 进行扩充，假设其还有一行元素 $C_3=\infty$，$P_3=0$，$F_3=0$，这将有助于推出通用表达形式：

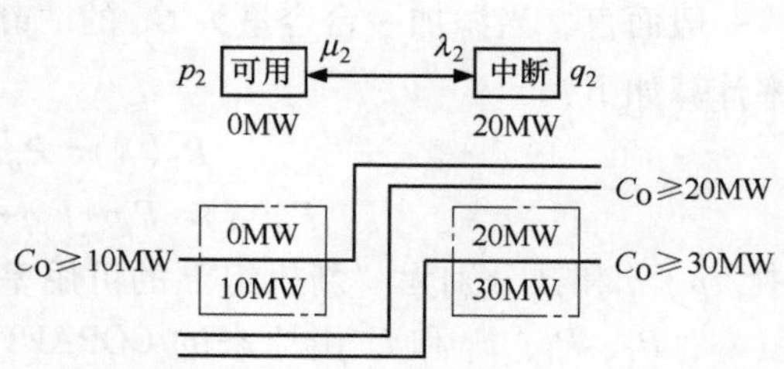

图 8.3　添加一台 20MW 机组

表 8.4　一个零机组系统的 COPAFT

状态 i	$C_0=C_i$/MW	$P_i=P\{C_0\geqslant C_i\}$	$F_i=F\{C_0\geqslant C_i\}$
1	0	1.0	0.0

表 8.5　有一台 10MW 机组的当前系统的 COPAFT

状态 i	$C_0=C_i$(MW)	$P_i=P\{C_0\geqslant C_i\}$	$F_i=F\{C_0\geqslant C_i\}$
1	0	1.0	0.0
2	10	q_1	$q_1\mu_1$

$$P_G(10)=P_1q_2+P_2p_2=1\times q_2+q_1p_2=1-p_1p_2 \tag{8.6}$$

$$\begin{aligned}F_G(10)&=F_1q_2+F_2p_2+(P_1-P_2)q_2\mu_2\\&=0+(q_2\mu_2)p_1+(1-q_2)q_1\mu_1=p_1q_2\mu_2+q_1p_2\mu_1\end{aligned} \tag{8.7}$$

$$P_G(20)=P_1q_2+P_3p_2=1\times q_2+0\times p_2=q_2 \tag{8.8}$$

$$\begin{aligned}F_G(20)&=F_1q_2+F_3p_2+(P_1-P_3)q_2\mu_2\\&=0\times q_2+0\times p_2+(1-0)q_2\mu_2=q_2\mu_2\end{aligned} \tag{8.9}$$

$$P_G(30)=P_2q_2+P_3p_2=q_1q_2+0\times p_2=q_1q_2 \tag{8.10}$$

$$\begin{aligned}F_G(30)&=F_2q_2+F_3p_2+(P_2-P_3)q_2\mu_2\\&=(q_1\mu_1)q_2+0\times p_2+(q_1-0)q_2\mu_2=q_1q_2(\mu_1+\mu_2)\end{aligned} \tag{8.11}$$

需要注意的是，例 8.1 和例 8.2 中，前者“旧表”中的 $P_G(20)$ 和 $F_G(20)$ 的值无需重新计算，而在后者中这两个值必须重新计算。其原因是在例 8.1 中，因添加新机组（10MW）发生状态转移而引起的系统变化仍然在集合 $\{C_0<20\text{MW}\}$ 中，不会穿过边界进入 $\{C_0\geqslant 20\text{MW}\}$；而在例 8.2 中，因添加新机组（20MW）发生状态转移而引起的系统变化会穿过 $\{C_0\geqslant 10\text{MW}\}$ 的边界。

两状态机组的一般形式

一般而言，当添加一台容量为 C_N 的“新机组”时，停电状态 X 的累积概率和频率计算如下：

$$P_G(X)=P_ip+P_jq \tag{8.12}$$

$$F_G(X)=F_ip+F_jq+(P_j-P_i)q\mu \tag{8.13}$$

式中，p、q 和 μ 分别为“新机组”的可用率、故障概率（也称为*强制停电率*）和修复率；P_i、P_j、F_i 和 F_j 由原来的 COPAFT 确定如下。i 是当前停电容量状态 C_i 的下标且有 $C_i=X$；如果在原 COPAFT 中不存在这一状态，那么 C_i 是那些大于 X 的当前状态中的最小值。j 是当前停电容量状态 C_j 的下标且有 $C_j=X-C_N$；如果不存在这一状态，那么 C_j 是那些大于 $X-C_N$ 的当前状态中的最小值。

式（8.12）、式（8.13）将针对两状态机组的机组添加算法推广到了一般情形，因此构建一个 COPAFT 可以从表 8.4 开始，根据式（8.12）和式（8.13）每次添加一个机组，直到系统中的所有机组都添加完毕。需要注意的是，机组添加算法是 4.7 节中讨论的条件概率和条件频率的一种实际应用。下节将此算法推广到包含三状态机组的情形。

添加三状态机组

如图 8.4 所示，在当前停电容量表中添加一个三状态机组，停电状态 x_i 按大

小以升序排列，如图 8.5 所示。和图 8.2、图 8.3 不同，图 8.4 给出了转移频率而不是转移率，这些频率按通常方式计算，如$f_{12}=p_1\lambda_{12}$，这样就简化了后续等式中的数学符号。

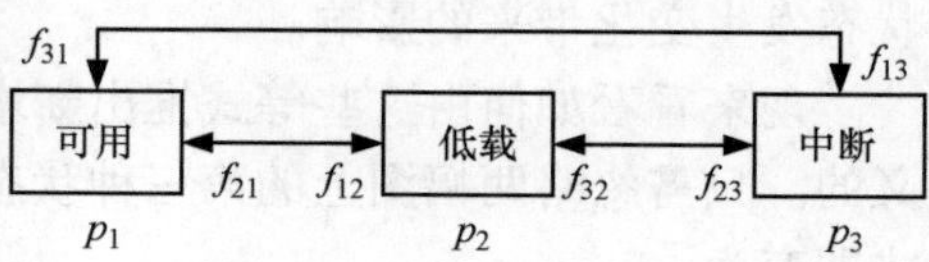

图 8.4 三状态机组

令 x_i 为状态 i 下的停电容量，添加一个三状态机组会产生以下 3 个状态子集：

$$S_1=\{x_i\}$$
$$S_2=\{x_i+C_D\}$$
$$S_3=\{x_i+C_T\}$$

式中，C_T 为被添加的机组容量；C_D 为被添加机组低载时减少的容量。

这些子集在图 8.5 中按 3 列排布，具有相同的状态数，每个子集中的停电容量均以升序排列。

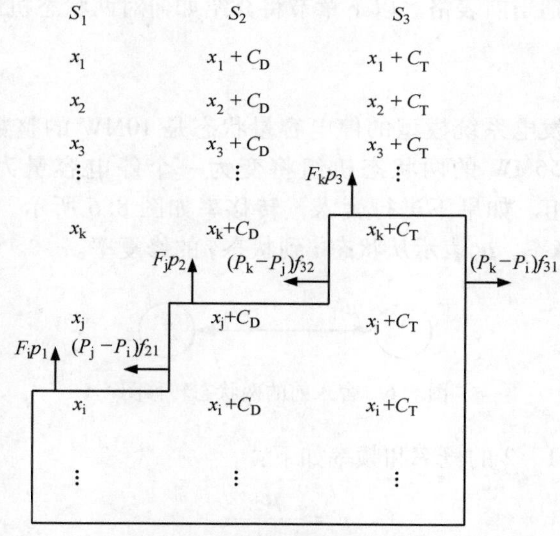

图 8.5 添加机组时的状态频率图

如果用集合 S_1、S_2、S_3 中大于等于 i、j、k 的状态来分别定义一个大于等于 X 的容量

$$P_G(X)=P_ip_1+P_jp_2+P_kp_3 \tag{8.14}$$

以及

$$F_G(X)=G(X)+N(X) \tag{8.15}$$

其中

$$G(X)=F_ip_1+F_jp_2+F_kp_3 \tag{8.16}$$

$$N(X)=(P_j-P_i)f_{21}+(P_k-P_i)f_{31}+(P_k-P_j)f_{32} \tag{8.17}$$

P_i，F_i 分别为停电容量大于等于 x_i 的概率和频率。

此处，$G(X)$表示非新增机组状态发生变化而产生的频率，$N(X)$表示新增机组状态发生变化带来的影响。

现来看看如何由这些等式推出新增一台两状态机组的等式，这是非常有启发意义的。只需忽略两幅图上的第三种状态，并将低载状态作为完全停电状态，上述等式即变为

$$P_{\mathrm{G}}(X)=P_ip_1+P_jp_2 \tag{8.18}$$

$$F_{\mathrm{G}}(X)=F_ip_1+F_jp_2+(P_j-P_i)f_{21} \tag{8.19}$$

本质上与式（8.12）、式（8.13）一样。

8.2.2 对发电状态进行“舍入”

通常对于大型系统，发电模型（COPAFT）是以一个合适的值（如 10MW、100MW）为“步长”递增来构建的；只要“舍入误差”在可接受的范围内，这样做就有利于控制模型规模。一种有效的舍入方法是先对每个机组模型进行适当的修改，然后将其添加到当前表格。以下章节将介绍如何对两状态机组和三状态机组进行修改。

两状态机组

假设用来构建发电系统模型的停电容量状态是 10MW 的整数倍，因此一个停电容量为 0MW 和 56MW 的两状态机组将变为一个停电容量为 0MW、50MW 和 60MW 的三状态机组。如果不进行舍入，转移率如图 8.6 所示，其中 λ_{ij}表示从状态 i 到状态 j 的故障率，μ_{ij}表示从状态 i 到状态 j 的修复率。

图 8.6　舍入前的两状态转移图

机组处于状态 1、2 的概率和频率如下：

$$p_1=\frac{\mu_{21}}{\lambda_{12}+\mu_{21}} \tag{8.20}$$

$$p_2=\frac{\lambda_{21}}{\lambda_{12}+\mu_{21}} \tag{8.21}$$

$$f_{12}=\frac{\lambda_{12}\mu_{21}}{\lambda_{12}+\mu_{21}} \tag{8.22}$$

$$f_{21}=\frac{\lambda_{12}\mu_{21}}{\lambda_{12}+\mu_{21}} \tag{8.23}$$

式中，p_i 为机组处于状态 i 的概率；f_{ij}为机组从状态 i 转移到状态 j 的频率。

在图 8.6 中，状态 2 表示 56MW 的停电容量。如果进行舍入，转移率如图 8.7 所示，可见状态 2 拆分为 2′和 2″两个状态；需要注意的是，在状态 2′和 2″之间没有任何转移。在图 8.7 中，α 为转移率修正参数，它是状态 2″下的停电容量与机组

停电容量之差和递增步长的比值，此例中为

$$\alpha=(60-56)/10=0.4$$

$$1-\alpha=0.6$$

转移率按机组原状态下的停电容量与舍入后状态下的停电容量之差的相反的比值进行修正，这样就会使得状态 2′和 2″的停电容量均值与状态 2 的停电容量相等。在本例中，由于相比停电容量为 50MW 的状态，56 更接近停电容量为 60MW 的状态，因此转移到 60MW 状态的次数会比转移到 50MW 状态的次数多，但转移到状态 2′和 2″的总次数应该等于转移到状态 2 的次数，因此转移到这些修正状态的次数应该是转移到状态 2 的次数的某个分数，这通过将转移率与 α、(1-α) 相乘实现，这两个值与实际停电容量和以递增步长定义的新停电容量之差成反比。因此，图 8.7 中的转移率计算如下：

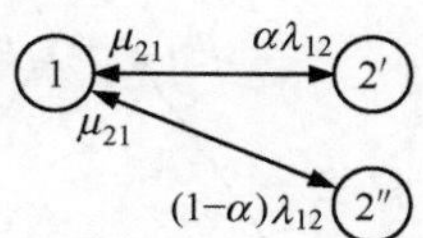

图 8.7　舍入后的状态转移图

$$\lambda_{12'}=\alpha\lambda_{12} \tag{8.24}$$

$$\lambda_{12''}=(1-\alpha)\lambda_{12} \tag{8.25}$$

$$\mu_{2''1},\mu_{2'1}=\mu_{21} \tag{8.26}$$

显然，修复率没有改变，这是因为两个状态下的修复率均保持不变。可以证明，图 8.7 中转移到状态 2′和 2″的次数之和等于图 8.6 中转移到状态 2 的次数，即

$$\lambda_{12}=\lambda_{12'}+\lambda_{12''}=\alpha\lambda_{12}+(1-\alpha)\lambda_{12} \tag{8.27}$$

很容易证明，两个舍入后状态下的停电容量之和的均值等于原状态下的停电容量，即：

$$c_i=\alpha c_{i1}+(1-\alpha)c_{i2} \tag{8.28}$$

式中，c_i 为原状态下的停电容量；c_{i1}，c_{i2} 为舍入后状态下的停电容量。

由于修正了转移率，对概率和频率也相应修正如下：

$$p_{2'}=\alpha\lambda_{12}/(\mu_{21}+\lambda_{12})=\alpha p_2 \tag{8.29}$$

$$p_{2''}=(1-\alpha)\lambda_{12}/(\mu_{21}+\lambda_{12})=(1-\alpha)p_2 \tag{8.30}$$

$$f_{12'},f_{2'1}=p_{2'}\mu_{21}=\alpha f_{21} \tag{8.31}$$

$$f_{12''},f_{2''1}=p_{2''}\mu_{21}=(1-\alpha)f_{21} \tag{8.32}$$

进行这些修正之后，就可以利用前述机组添加算法按通常做法添加机组。

三状态机组

在这种情况下，舍入后的三状态机组要么变成一个四状态机组，要么变成一个五状态机组，具体取决于低载和中断状态下的停电容量。如果一个机组状态就是递增步长的整数倍，那么就不需要对该状态进行舍入。下面介绍以 10MW 为递增步长可能得到的各种情形。

1）当低载下的停电容量或全停电容量都不是递增步长的整数倍时，进行舍入后将得到一个四状态机组。例如有一台停电容量状态为 0MW、32MW、50MW 的机组，如图 8.8 所示，进行舍入后将出现 0MW、30MW、40MW、50MW 的停电容量状态，如图 8.9 所示。

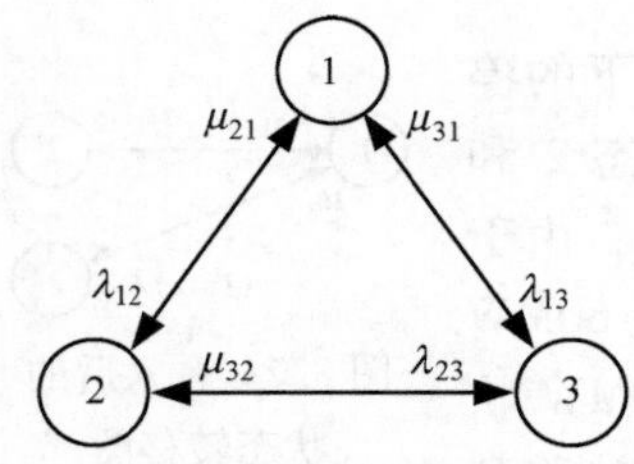

图 8.8 舍入前的三状态转移图

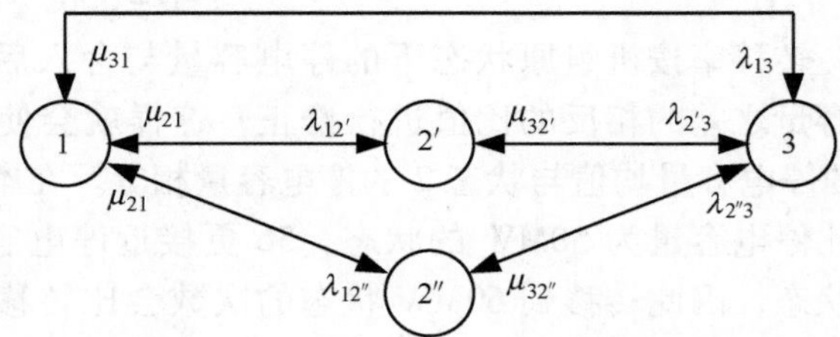

图 8.9 舍入到四状态后的状态转移图

2）当所有状态都不是递增步长的整数倍时，则在舍入后将得到一个五状态机组，如图 8.10 所示。例如一台停电容量状态为 0MW、17MW、43MW 的机组。

3）还有一种可能是低载下的停电容量和全停电容量都在递增步长取值范围内，此时得到的机组只有 3 种状态。例如，对一个状态为 0MW、13MW、19MW 的机组以 10MW 递增步长进行舍入，则得到一个状态为 0MW、10MW、20MW 的机组。这时对转移率的修正和其他情况相比略有不同。

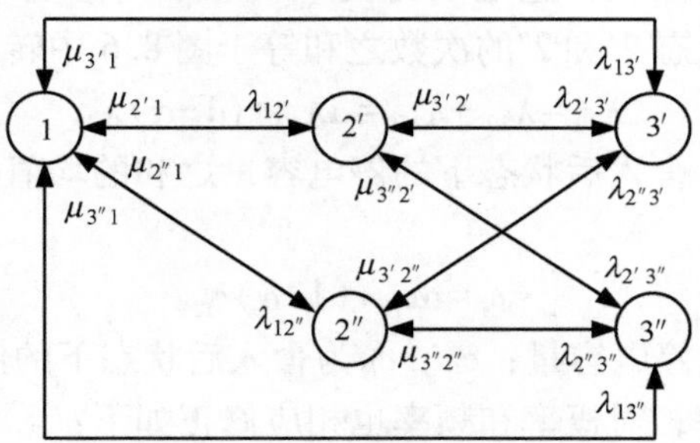

图 8.10 舍入到五状态后的状态转移图

如何对一个三状态机组进行舍入：假设一个三状态机组在低载下的停电容量或全停电容量都不是递增步长（例如，10MW）的整数倍，舍入前的状态转移如图 8.8所示，舍入后的状态转移如图 8.9、图 8.10 所示，图 8.8 中的状态 2 和状态 3 分别拆分为状态 2′、2″和状态 3′、3″。图 8.9、图 8.10 中的各个转移率计算如上。

与两状态机组情形相同，我们需要修正参数 α，但此时需要两个这样的参数，记为 α_1 和 α_2，其中 α_1 与低载状态相关，α_2 与全停电状态相关；两者均按前述方法计算。得到 α_1、α_2 之后即可计算各状态间的转移率。转移率 $\lambda_{12'}$、$\lambda_{12''}$、$\mu_{2'1}$、$\mu_{2''1}$ 根据式（8.24）~式（8.26）计算得到，其中 α 由 α_1 替代；其他转移率用表 8.6 中的公式计算得到。

等效机组的概率和频率可以用原机组相应的那些参数用表 8.7 中的公式来表示。

最后将这一概率、频率均被修正的机组添加到当前的发电系统模型中。

表 8.6 五状态模型的等效转移率

等效故障率	等效修复率
$\lambda_{13'}=\alpha_2\lambda_{13}$	$\mu_{3'1}=\mu_{31}$
$\lambda_{13''}=(1-\alpha_2)\lambda_{13}$	$\mu_{3''1}=\mu_{31}$
$\lambda_{2'3'}=\alpha_2\lambda_{23}$	$\mu_{3'2'}=\alpha_1\mu_{32}$
$\lambda_{2'3''}=(1-\alpha_2)\lambda_{23}$	$\mu_{3'2''}=(1-\alpha_1)\mu_{32}$
$\lambda_{2''3'}=\alpha_2\lambda_{23}$	$\mu_{3''2'}=\alpha_1\mu_{32}$
$\lambda_{2''3''}=(1-\alpha_2)\lambda_{23}$	$\mu_{3''2''}=(1-\alpha_1)\mu_{32}$

表 8.7 五状态模型的等效概率和频率

等效概率	等效频率
$p_{2'}=\alpha_1 p_2$	$f_{2'1}=\alpha_1 f_{21}$
$p_{2''}=(1-\alpha_1)p_2$	$f_{2''1}=(1-\alpha_1)f_{21}$
$p_{3'}=\alpha_2 p_3$	$f_{3'1}=\alpha_2 f_{31}$
$p_{3''}=(1-\alpha_2)p_3$	$f_{3''1}=(1-\alpha_2)f_{31}$
	$f_{3'2'}=\alpha_1\alpha_2 f_{32}$
	$f_{3'2''}=(1-\alpha_1)\alpha_2 f_{32}$
	$f_{3''2'}=\alpha_1(1-\alpha_2)f_{32}$
	$f_{3''2''}=(1-\alpha_1)(1-\alpha_2)f_{32}$

8.3 负荷模型

负荷模型和发电模型一样，包括表示系统总负荷的随机变量的概率和频率分布。这些分布以三元组$(L,P_L(L),F_L(L))$的离散形式表达，其中，对于L的任何值L_i，有$P_L(L_i)=P\{L\geqslant L_i\}$且$F_L(L_i)=F\{L\geqslant L_i\}$。一般而言，负荷模型的构建过程很直接，就是在所关注的时段内扫描系统观察或预测到的小时负荷数据，利用式（8.33）、式（8.34）来构建：

$$P\{L\geqslant L_i\}=\frac{\text{满足 }L\geqslant L_i\text{ 的小时数}}{\text{时段内的小时数}} \tag{8.33}$$

$$F\{L\geqslant L_i\}=\frac{\text{从}\{L<L_i\}\text{转移到}\{L\geqslant L_i\}\text{的次数}}{\text{时段内的小时数}} \tag{8.34}$$

该过程通过以下例子说明。

例 8.3 若一个系统 24h 内的小时负荷值（MW）为 54、51、48、47、47、48、59、69、76、77、77、76、76、76、75、75、79、80、80、77、73、67、59、

51，则该系统 24h 内的负荷模型如表 8.8 所示。

我们很容易理解表 8.8 中的累积概率，任意负荷 L_i 的累积频率则是通过计算负荷从 $\{L<L_i\}$ 转移到 $\{L\geqslant L_i\}$ 的次数来确定的。因为在所关注的时段内没有出现 47MW 以下的负荷，所以表中没有列出；注意我们也可以选择列出 0 到 46MW 之间的一个或多个负荷状态，这也构成一个有效的负荷模型，但显然这些状态的累计概率都是 1.0，累积频率都是 0.0。

表 8.8　例 8.3 的负荷模型

状态 i	$L=L_i$(MW)	$P_i=P\{L\geqslant L_i\}$	$F_i=F\{L\geqslant L_i\}$(/h)
1	47	1.0000	0.00000
2	48	22/24=0.9167	1/24=0.04167
3	51	20/24=0.8333	1/24=0.04167
4	54	18/24=0.7500	1/24=0.04167
5	59	17/24=0.7083	1/24=0.04167
6	67	15/24=0.6250	1/24=0.04167
7	69	14/24=0.5833	1/24=0.04167
8	73	13/24=0.5417	1/24=0.04167
9	75	12/24=0.5000	1/24=0.04167
10	76	10/24=0.4167	2/24=0.08333
11	77	6/24=0.2500	2/24=0.08333
12	79	3/24=0.1250	1/24=0.04167
13	80	2/24=0.0833	1/24=0.04167

负荷模型与发电模型一样，也可以以一个固定步长递增的方式来构建。构建这样一个负荷模型和构建实际状态的负荷模型一样直观，例 8.4 对此进行说明。

例 8.4　同样是构建一个负荷模型的问题，负荷数据参见例 8.3，但此时以 10MW 的步长递增，所构建的负荷模型如表 8.9 所示。

表 8.9　例 8.4 的负荷模型

状态 i	$L=L_i$(MW)	$P_i=P\{L\geqslant L_i\}$	$F_i=F\{L\geqslant L_i\}$(/h)
1	40	1.0000	0.00000
2	50	20/24=0.8333	1/24=0.04167
3	60	15/24=0.6250	1/24=0.04167
4	70	13/24=0.5417	1/24=0.04167
5	80	2/24=0.0833	1/24=0.04167

如果数据集较大，可以使用*负荷建模算法*，对每小时的负荷数据仅扫描一次即可构建完整的负荷模型，而不需要对负荷模型中每个状态都扫描一次数据集，详述如下。

负荷建模算法

负荷建模算法扫描每小时的负荷数据，并构建一个如式（8.33）、式（8.34）的负荷模型，通常以一个固定步长 Z 递增的方式来构建，使得 $Z=L_{i+1}-L_i$，$\forall i$。换言之，负荷等级分别为 $L_1=0$、$L_2=Z$、$L_3=2Z$、…、$L_i=(i-1)Z$、…、$L_{n_L}=(n_L-1)Z=L_{\max}$，其中，$n_L$ 为负荷等级数，$L_{\max}$ 为负荷模型中的最大值状态。假设H_i 是 i 小时内的负荷，我们用 N_1 小时到 N_2 小时之间的小时负荷数据来构建负荷模型。负荷建模算法步骤如下：

1）确定 n_L = 峰值负荷/Z+1。

2）初始化 $P_L(L_j)\leftarrow 0$, $F_L(L_j)\leftarrow 0$, $j=1,\cdots,n_L$。

3）初始化 $i\leftarrow N_1$，其中 i 是当前小时。

4）确定第 i 小时负荷对 $P_L(L_j)$的影响：

更新 $P_L(L_j)\leftarrow P_L(L_j)+1$, $j=1,\cdots,J$，其中 $J=H_i/Z+1$。

5）确定从 i 小时到 $i+1$ 小时的负荷变化对 $F_L(L_j)$的影响：

$$J_1\leftarrow H_{i+1}/Z+1$$

$$J\leftarrow J+1$$

a）如果 $J_1<J$，则 $H_{i+1}<H_i$，因此对 $F_L(L_j)$无影响；前往步骤6)；

b）如果 $J_1\geqslant J$，则 $H_{i+1}>H_i$，因此对频率有影响；更新

$$F_L(L_j)\leftarrow F_L(L_j)+1, j=J,\cdots,J_1\text{。}$$

6）前进一小时，$i\leftarrow i+1$；

如果 $i\leqslant N_2$，前往步骤4)。

7）$P_L(L_j)\leftarrow P_L(L_j)/N_H$

$F_L(L_j)\leftarrow F_L(L_j)/N_H$，

其中，$N_H=N_2-N_1+1$。

该算法最后生成概率向量 $P_L(L)$和频率向量 $F_L(L)$，后者的单位是 h^{-1}（即“/小时”)。该算法高效且适于计算机实现，对每小时的负荷数据仅扫描一次即可构建完整的负荷模型。

8.4 发电备用模型

该模型包括表示发电备用裕度的随机变量 M 的概率和频率分布。M 可用前述章节中的发电模型和负荷模型表示如下：

$$M=C_C-C_O-L \tag{8.35}$$

式中，C_C 为发电可调度总容量，即装机容量减去计划停电容量；C_O 为强制停电容量；L 为系统负荷。

显然，M 表示超过负荷且可调度的发电容量，其概率分布函数可以表示为

$$P\{M \leqslant M_i\} = \sum_{j=1}^{n_G} P\{C_0 = C_j\} P\{L \geqslant C_C - C_j - M_i\} \tag{8.36}$$

式中，n_G 是发电模型（COPAFT）中的状态个数。

对式（8.36）解释如下。由式（8.35）可知，当 $C_0=C_j$（第 j 个状态的停电容量大小）时，“输入容量”为 C_C-C_j，负荷等于 $C_C-C_j-M_i$。因此，当负荷 $L\geqslant C_C-C_j-M_i$ 时，裕度 $M\leqslant M_i$。式（8.36）右边第一项可由 COPAFT 得到：$P\{C_0=C_j\}=P_G(C_j)-P_G(C_{j+1})$，通过第 j 个、第 $(j+1)$ 个状态的停电容量累积概率之差求得 C_j 的实际状态概率。式（8.36）右边第二项可由负荷模型得到：$P\{L\geqslant C_C-C_j-M_i\}=P_L(C_C-C_j-M_i)$。

式（8.36）右侧针对每个停电容量大小做乘积运算，所有乘积之和就是裕度 M_i 的累积概率。针对 M_i 每个可能的值都计算此概率，这样就实现了随机变量 C_C-C_0 和 L 之间的离散卷积。

M 的频率分布函数为

$$F\{M\leqslant M_i\}=F^g\{M\leqslant M_i\}+F^l\{M\leqslant M_i\} \tag{8.37}$$

式中，

$$F^g\{M \leqslant M_i\} = \sum_{j=1}^{n_G} F\{C_0 = C_j\} P\{L \geqslant C_C - C_j - M_i\} \tag{8.38}$$

$$F^l\{M \leqslant M_i\} = \sum_{j=1}^{n_G} P\{C_0 = C_j\} F\{L \geqslant C_C - C_j - M_i\} \tag{8.39}$$

产生式（8.37）右边第一项的原因只有发电系统发生状态转移，表示系统状态转移到小于等于裕度 M_i 的频率，该项由式（8.38）确定。式（8.38）右边每一项等于发电状态转移到容量为 C_C-C_j 的频率乘以负荷大于等于 $C_C-C_j-M_i$ 的概率；第一项由 COPAFT 得到：$F\{C_0=C_j\}=F_G(C_j)-F_G(C_{j+1})$，第二项由负荷模型得到。

产生式（8.37）右边第二项的原因只有负荷发生状态转移，表示系统状态转移到小于等于裕度 M_i 的频率，该项由式（8.39）确定。式（8.39）右边每一项等于发电状态转移到容量为 C_C-C_j 的概率乘以负荷大于等于 $C_C-C_j-M_i$ 的频率；与前述相同，第一项由 COPAFT 得到，第二项由负荷模型得到。

总而言之，通过发电模型和负荷模型来构建发电备用模型的步骤如下：

1）最大正向裕度取 C_C-C_0 的最大值，最小（绝对值最大）负向裕度取 $-L_{max}$，L_{max} 是负荷模型中的最大值状态。裕度 M 在 C_C-C_0 和 $-L_{max}$ 之间的范围内取值，假设有 n_M 个这样的状态。

2）对每个裕度值 M_i，$i=1,2,\cdots,n_M$，利用式（8.40）、式（8.41）（由式（8.36）~式（8.39）推导而得）来计算累积概率 $P_M(M_i)=P\{M\leqslant M_i\}$ 和累积频率 $F_M(M_i)=F\{M\leqslant M_i\}$。

$$P(M_i) = \sum_{j=1}^{n_G} [P_G(C_j) - P_G(C_{j+1})] P_L(C_C - C_j - M_i) \tag{8.40}$$

$$F(M_i)=\sum_{j=1}^{n_G}\{[F_G(C_j)-F_G(C_{j+1})]P_L(C_C-C_j-M_i)+[P_G(C_j)-P_G(C_{j+1})]F_L(C_C-C_j-M_i)\} \quad (8.41)$$

完整的发电备用模型定义为一个三元组$(M,P(M),F(M))$，但如果就是用来确定发电充裕度指标，那么模型在0到$-L_{max}$范围内构建就足够了。另外，在实际应用中，如果当$C_j>C_{jmax}$时$P\{C_O \geqslant C_j\}$变得非常小，那么就可以在COPAFT中忽略比C_{jmax}大的值；这时M需要考虑的最小值不是$M_{min}=-L_{max}$，而是$M_{min}=C_C-C_{jmax}-L_{max}$。下一节介绍如何确定指标。

8.5 确定可靠性指标

根据发电备用模型，可以计算系统可靠性指标如下：

$$\text{LOLP}=P(-M_0) \quad (8.42)$$

$$\text{HLOLE}=\text{LOLP}\times D \quad (8.43)$$

$$\text{LOLF}=F(-M_0) \quad (8.44)$$

$$\text{EPNS}=(\Delta M)\left[\sum_{M=0}^{-L}P(M)-\frac{1}{2}\{P(0)+P(-L)\}\right] \quad (8.45)$$

$$\text{EUE}=\text{EPNS}\times \text{D} \quad (8.46)$$

式中，LOLP为缺电概率；HLOLE为每小时缺电期望；LOLF为缺电频率；EPNS为功率不足期望；EUE为电量不足期望；M_0为绝对值最小的裕度；ΔM为计算$P(M)$时所采用的递增步长；D为时段长度（小时）；$-L$为M_{min}，即所采用的最小负向裕度。

最小裕度M_0的值通常与递增步长ΔM相同，但也可以取$M_0=0$，即认为备用裕度为零的状态是一个潜在的缺电状态。如第8.4节所述，$-L$或M_{min}（即所采用的最小负向裕度）的值可通过$M_{min}=C_C-C_{jmax}-L_{max}$来计算。

如果我们意识到只要裕度为负就会发生缺电，那么就很容易理解式（8.42）和式（8.44）。式（8.43）中的HLOLE是一个期望指标，表示在所关注的时段内发生缺电的期望小时数。式（8.45）、式（8.46）中的EPNS和EUE是严重度指标，表示在所关注的时段内削减的功率、电量期望大小，其单位分别为MW/年和MWh/年。

以下解释如何用式（8.45）确定EPNS。如图8.11所示为发电备用裕度M在$M\leqslant 0$区域内的概率分布函数，EPNS对应于该区域内概率分布曲线以下的面积，近似等于阴影矩形的面积之和，计算如下：

$$\text{EPNS}=\frac{\Delta M}{2}\{P(0)-P(-\Delta M)\}+\frac{3\Delta M}{2}\{P(-\Delta M)-P(-2\Delta M)\}+\frac{5\Delta M}{2}\{P(-2\Delta M)-P(-3\Delta M)\}+\cdots+$$

$$
\left(L-\frac{\Delta M}{2}\right)\{P(-L+\Delta M)-P(-L)\}+L\{P(-L)\}
$$

$$
=\frac{\Delta M}{2}P(0)+\left(\frac{3\Delta M}{2}-\frac{\Delta M}{2}\right)P(-\Delta M)+\left(\frac{5\Delta M}{2}-\frac{3\Delta M}{2}\right)P(-2\Delta M)+\cdots+
$$

$$
\left\{\left(L-\frac{3\Delta M}{2}\right)-\left(L-\frac{\Delta M}{2}\right)\right\}P(-L+\Delta M)+\frac{\Delta M}{2}P(-L)
$$

$$
=\frac{\Delta M}{2}P(0)+(\Delta M)[P(-\Delta M)+P(-2\Delta M)+\cdots+P(-L+\Delta M)]+
$$

$$
\frac{\Delta M}{2}P(-L)
$$

这与式（8.45）完全一致。

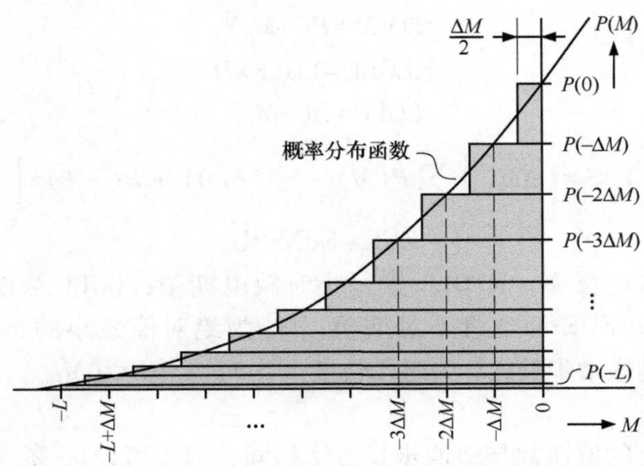

图 8.11　发电备用裕度的概率分布函数

8.6　结论

本章讨论了如何构建离散状态的发电模型和负荷模型以及离散卷积的过程。离散状态模型利用了单个元件能用到的最好的数据。值得一提的是，过去有一些构建其他发电机模型的探索，其中一些方法是对连续分布进行近似，例如，Gram-Charlier 法[29]、Edgeworth 法[30]、混合正态分布法[31]、Leguerre 多项式法[32]、Legendre 序列法[33]和多参数 gamma 分布法[34]。开发这些方法的主要动机是提升计算速度的需求，但随着后续硬件计算设备的发展，减少了我们对这些近似方法的依赖，因此，目前得到广泛应用的是离散分布法。

通常我们将不同发电机的强制停电和修复视为相互独立的事件，但发生共模事件或共因事件的情况除外，第 9 章对此进行讨论，这一章主要涉及互联系统的可靠性模型。本章所述的离散发电模型即使在互联系统中也是适用的，离散负荷模型在

互联系统中也可以使用，但通常需要考虑节点负荷之间的时间相关性，这也是第9章涵盖的内容。

练习

8.1　请做以下简单的手算练习，使用离散卷积法评估发电充裕度。

1）为一个具有3台发电机的系统构建一个停电容量表，发电机的概率和频率分布如下：

容量/MW	λ(/年)	μ(/年)
30	5	20
20	15	35
50	3	27

2）为IEEE可靠性测试系统（IEEE-RTS）[35]构建一个负荷模型，考虑的时段为负荷曲线中第一个24h，年峰值负荷为85MW，递增步长为10MW（24h内的负荷（MW）为45.7、42.9、40.9、40.2、40.2、40.9、50.4、58.6、64.7、65.4、65.4、64.7、64.7、64.7、63.4、64.1、67.5、68.1、68.1、65.4、62.0、56.6、49.7、42.9。

3）以10MW为递增步长构建该系统的发电备用模型。

4）计算该例中的LOLP、LOLF（故障次数/天）和EUE（MW·h/天）。

8.2　为IEEE可靠性测试系统（IEEE-RTS）[35]编写一个程序，实现以下功能：

1）构建发电系统模型，表示为一个包含累积概率和频率的停电容量表，忽略累积概率小于10^{-7}的状态。

2）构建包含累积概率和频率的负荷模型。

3）通过对发电模型和负荷模型进行离散卷积构建发电备用模型，忽略累积概率小于10^{-7}的状态。

4）根据发电备用模型确定IEEE-RTS的HLOLE、LOLF和EUE。

第9章

多节点电力系统的可靠性分析

9.1 引言

本章介绍了应用于多节点电力系统的可靠性度量指标和元件模型，其中很多与第8章中介绍的指标和模型相同，但在分析大规模电力系统时需要额外考虑一些因素，如负荷相关性、输电系统建模和运行策略等，本章将对此进行讨论。后面两章将讨论一些用于多节点系统的可靠性评估方法。

9.2 多节点系统的范围和建模

本章内容主要涉及大规模电力系统的可靠性指标评估。在对大规模电力系统（包括发电和输电）进行可靠性评估时，根据研究的范围和目的，通常使用两种分析方法：综合系统分析法和多区域分析法，前者用于对一个系统或其中一部分进行具体分析，后者通常围绕多个电力企业互联区域或控制区域内的更大规模的系统进行分析。综合电力系统可靠性评估考虑的是一个全系统问题，即评估发电、输电系统向系统主要负荷点提供充足、合格电能的能力。在多区域可靠性评估中只会间接考虑输电约束，与之对比，在综合电力系统可靠性评估中会直接对内部的输电限值进行建模。利用综合系统可靠性分析法能更好地表征发电对输电系统可靠性分析的影响、优化发电/输电系统的相对投资、将分布式发电考虑在内。

多区域可靠性分析和综合系统可靠性分析都属于多节点分析，两者之间有很多相似之处，主要区别在于对输电网络的建模方式：由于综合系统可靠性模型对网络建模更为具体，因此比多区域模型包含更多的节点。另外，两种分析所用的网络流表达方式也时有不同。对于多区域可靠性评估而言，采用网络流（输电）模型和直流潮流法就足够了；但对于综合系统可靠性评估而言，采用直流潮流法或交流潮流法更合适。本章稍后讨论这些模型。

多节点电力系统可靠性评估方法可以是确定性的或概率性的。确定性方法的主要原则是在停电概率较高的情形下保证足够的供电，但如果多个发、输电设施的停电概率都较低，该方法允许在此情形下供电性能可以有所下降。概率性方法对可靠性影响因素建模更为全面，而且可以基于模拟法、蒙特卡洛仿真法或混合法建模。

下面首先讨论元件模型，然后讨论各种可靠性评估方法。

9.3 系统建模

互联系统的可靠性不仅受单个元件容量和可靠性的影响，还受诸如运行策略、企业合同和政府法规等因素的影响。迄今为止，各种多节点系统可靠性评估技术除了对系统元件和拓扑进行建模和集成之外，也会尝试对上述部分影响因素进行建模和加以考虑。

若有一个互联系统，由四个区域环状相连组成，一条联络线穿过区域 A 和 C。这里所用的“区域”一词较为随意，可以表示某个电力企业的全部辖区，也可以表示其一部分辖区。根据研究需要，系统可以表示为一个包含四节点、五条连线的多区域系统，也可以表示为一个包含所有节点的综合系统，如图 9.1 所示。每个节点代表一个区域或一条母线，其发电和负荷模型将在下文介绍。每条连线代表区域之间的等值联络线或传输通道（一条线路或一台变压器）。以下简要讨论如何在建模中考虑这些网络表示形式。

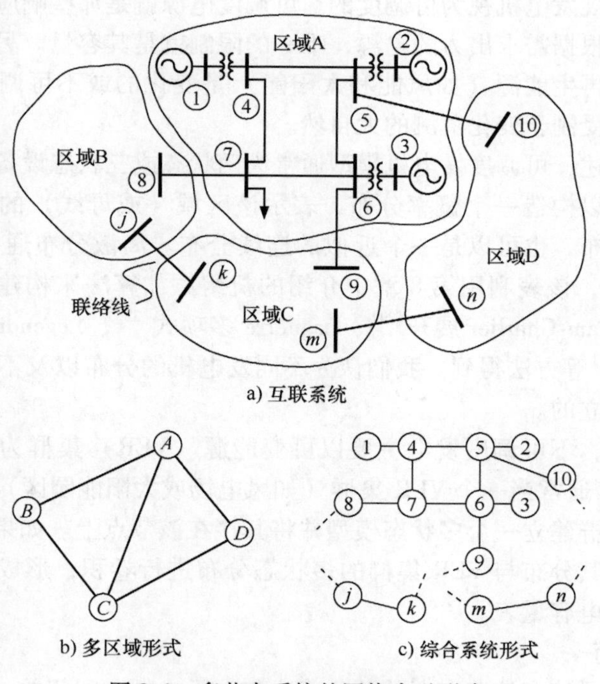

图 9.1 多节点系统的网络表示形式

所得到的网络由 N_n 个节点和连接这些节点的 N_a 条线组成。在多区域表示形式中，每个节点代表一个区域，节点之间的连线代表联络线。每个区域由单独一个接有发电机和负荷的节点表示，但这并不意味着忽略区域内的约束。区域之间的联络线代表等值联络线，区域内的通道瓶颈一定程度地体现在联络线的传输容量上。联络线的容量通过进行潮流分析来确定，这些容量也受控于区域内的约束。在综合系统分析中使用类似的网络表示形式，即节点代表母线，连线代表输电线。

9.3.1 元件容量状态

在任何给定时刻，一个元件（如一台发电机或一条输电线）的容量可能处于完全可用、停电状态或者若干中间低载状态中的一种。“停电”指某个设备退出运行时的一种状态，通常考虑计划停电和强迫停电两种。当设备因计划维护或预防性检修而退出时发生计划停电；当出现一种随机故障事件时则发生强制停电；当设备某一部分停电或天气状况恶劣时，设备可能处于一种低载状态。

如果能提前得到停电或低载的相关信息，就可以利用这类信息将分析周期划分为若干时段，在这些时段内持续为停电状态或低载状态，从而可以假设每个时段中的元件状态变化都源于随机故障。当然，为了使分析可行，还必须知道这些故障的发生概率。

9.3.2 节点发电

我们都把常规发电机视为可调度的。可调度电源就是那些响应系统运行人员发出的控制信号、根据需求出力的电源，唯一的限制就是其容量。另一方面来看，我们认为大多数可再生能源（如风能和太阳能）是变化的或不可调度的，因为它们的有效出力通常受制于变化莫测的大自然。

如第 8 章所述，可调度发电机模型通常为两状态或三状态设备。根据这些状态的容量和概率可以构造一个概率分布，表示该区域（或母线）的可用发电量；它既可以是离散分布，也可以是一个近似的连续分布。离散分布通常以一个*停电容量表*的形式给出，该表利用第 8 章中介绍的*机组添加算法*来构建。近似的连续分布则可以通过 Gram-Charlier 展开[29]、Laguerre 多项式[32]、Legendre 序列[33]和多参数 gamma 分布[34]等方法得到。我们认为不同发电机的分布以及不同节点发电量的分布都是相互独立的。

经常会发现，不可调度发电主要以可变能源（VER）集群为主，其模型将在第 13 章中讨论。通常当一个 VER 集群（如风电场或太阳能园区）位于一个节点处时，会为整个集群建立一个多状态模型并将其接在该节点上。如果该节点也接有可调度发电，则将其分布与 VER 集群的多状态分布进行卷积，形成表示该节点可用发电量的等效停电容量表。

9.3.3 节点负荷

节点负荷表示接在该节点上的总负荷，与一天中的时间相关。一个节点上各负荷时间序列之间存在自相关，而且不同节点负荷之间也存在相关性。我们不能将负荷看作是相互独立的，也不能认为同一时刻的负荷高峰与负荷完全相关，实际上，正是因为有峰谷的差异性才会进行区域互联。

N_n 个节点每小时的多节点负荷可以表示为：

$$\boldsymbol{L}^i=(L_1^i,L_2^i,L_3^i,\cdots,L_{N_n}^i)\text{（第 }i\text{ 小时的负荷）}$$

式中，L_j^i 为区域 j 中第 i 小时的负荷。

可以用一个联合概率分布 $g(L_1,L_2,\cdots,L_n)$ 对这些互有关联的负荷进行建模，使得：

$$P\{l_1<L_1\leqslant l_1+\Delta l_1,l_2<L_2\leqslant l_2+\Delta l_2,\cdots l_n<L_n\leqslant l_n+\Delta l_N\}=$$
$$g(l_1,l_2,\cdots l_{Nn})\Delta l_1\Delta l_2\cdots\Delta l_{Nn}$$

但是，推导和使用这么一个联合分布极其困难。参考文献［36］已经证明，用离散联合分布更为简便。以质心距离最近为原则排序，将每小时负荷向量分成数量合适（一般在10~20之间）的若干集群[37,38]。将每个集群的质心作为等效负荷向量，所关联的概率取决于分到该集群中的每小时负荷向量的个数。由于每小时负荷向量被分了集群，并非一个个区域负荷点，因此集群模型也反映了区域负荷之间的相关性。这种多节点负荷集群模型可以表示为离散向量：

$$\boldsymbol{d}^i=(d_1^i,d_2^i,\cdots,d_{N_n}^i)$$

式中，d_j^i 为状态 i 下节点 j 处的负荷。

概率质量函数为

$$P\{\boldsymbol{D}=\boldsymbol{d}^i\}=\text{负荷状态 }i\text{ 的概率}$$

参考文献［36,38,39］已证明上述表示方法对于多节点可靠性分析是合理的。

9.3.4　输电线模型和联络线模型

在多区域分析中通常使用等效联络线。一条等效联络线有多个容量等级，每个等级对应一个概率。对于大部分多区域分析而言，用这样一组具有某个概率质量函数的容量状态集合来表示区域间的联络线就足够了。但是，我们可能还需要与各种容量状态对应的线路阻抗相关的信息，具体取决于我们认为哪个潮流模型更合适。模型用联络线表示时通常很难计算其等效阻抗[40-42]，而在大多数情况下只要获取阻抗的相对值就可以，这样潮流分布就会和使用原始输电线模型时的分布一致。

在综合系统分析中，输电线的容量和阻抗都是可以获取的数据，输电线模型就是由这些数据和离散容量状态的概率质量函数组成。我们将联络线状态分布和输电线状态分布看作是相互独立的。

假设输电线要么处于可用状态，要么处于故障状态，进一步假设故障率和修复率均取决于天气状况。输电线的状态转移图如图9.2所示。其中，λ 为正常天气下的故障率；λ'为恶劣天气下的故障率；μ 为正常天气下的修复率；μ'为恶劣天气下的修复率；N，S 为正常天气、恶劣天气下的平均持续时间。

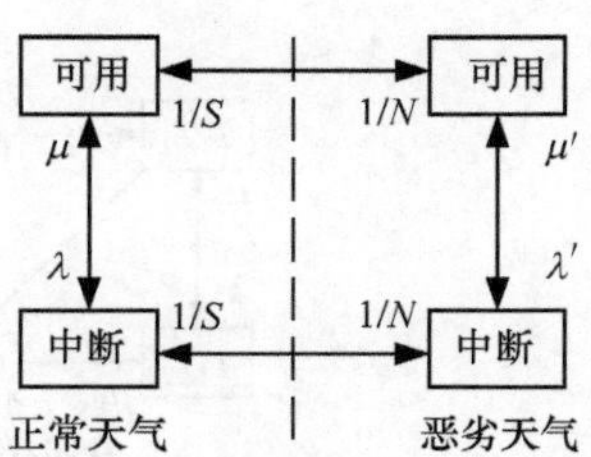

图9.2　依赖于天气状况的输电线模型

尽管天气存在很多状态，但我们一般假设只有正常天气或恶劣天气两种状态。与天气有关的一个很重要的问题是它的影响范围，当系统覆盖地区范围较广，在任何给定时刻，不同地区可能有不同的天气状态。天气的这一影响很难精确处理，需要做一些简化。一种方法是将整个地区划分成不同区域，每个区域内的天气由正常状态和恶劣状态的平均持续时间来表征，并假设不同区域的天气变化是相互独立的。每条输电线都分属于一个特定的区域，也就切实地说明这条线只受该区域天气的影响。需要注意的是，对于并联输电线如果只用正常天气和恶劣天气下修复率的平均值可能会出错。

9.3.5 变压器和母线

和输电线一样，我们也将变压器和母线作为两状态设备，但假设其故障率和修复率与天气无关。

9.3.6 断路器

一个断路器可以有如下几种故障模式：

1）接地故障：指断路器本身的故障。在此类故障下，对断路器的处理方式与对一台变压器或一条母线的相同。

2）开断失效：断路器的目的是隔离故障元件。由于断路器或相关保护系统中的潜在或隐藏故障，断路器可能在需要的时候无法开断，这会导致因后备保护动作而使健康元件被隔离。在可靠性建模中，通常将这种故障模式表征为一个概率 q_{CB}，意思是当断路器收到一个开断指令时，它不响应的概率为 q_{CB}，原因可能是断路器或相关保护系统中的某个问题。

3）意外跳闸：断路器也可能在没收到指令或发生故障的情况下开断，这可以用一个跳闸率来表征，其结果是一条线路开断。

9.3.7 共模故障

共模停电是由一个外部原因导致发生多起停电的事件，例如，由冰雪暴引起的两个并联回路发生故障，或者是支撑两条回路的输电杆塔发生故障。虽然已有不少共模停电模型被提出，这里只展示一些针对两元件的简单共模停电模型，如图 9.3 所示。图中 T_i 表示线路 i 可用，$\overline{T}_i$ 表示线路 i 中断，λ_i 和 μ_i 是元件 i 的故障率和修复率，λ_{cm} 和 μ_{cm} 是共模故障率和共模修复率。两个模型的区别如下：如果是同一个原因造成两个元件同时停电，但元件修复是相互独立的，因此不存在“共模修

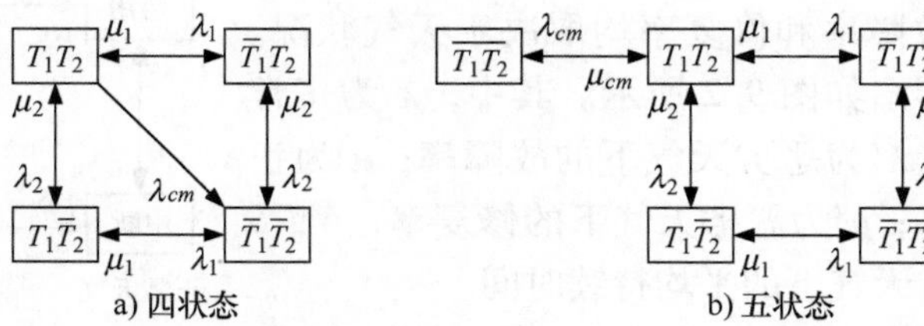

图 9.3 共模故障模型

复”，此时适用四状态模型；在五状态模型中，共模故障状态严格区分于重叠故障状态，并且将两个元件的维修和后续的恢复都看作是一个单独的事件。第一个由冰雪暴造成损失的例子可以用任何一个模型来表示，具体取决于维修和恢复方法；而第二个杆塔故障的例子则更适合用五状态模型来表示。

9.3.8 状态空间

对于任何给定的负荷场景，是否满足区域负荷的需求取决于可用的区域发电量和联络线容量，从而可以将状态空间定义为发电等级和输电容量所有可能组合的集合。因此一般而言，对于一个包含 N_n 个节点、N_a 条线路的系统，其离散状态空间维数是(N_n+N_a)，每个轴都包含区域发电量或输电容量等级（包含等级为零的情况）。

如果是一个综合系统，状态空间的轴对应于节点发电等级和输电线容量等级。

9.4 潮流模型和运行策略

多区域可靠性分析必须考虑输电网，因此潮流模型是一个重点问题。以下几种潮流模型均可使用：

1）*网络流模型*（*也称为输电模型*）只采用功率守恒方程和联络线容量约束。

2）*直流*（*DC*）*潮流模型*采用线性化的 $P\text{-}\delta$ 方程，只考虑联络线的电纳和联络线容量约束。

3）*交流*（*AC*）*潮流模型*采用一组完整的非线性 AC 潮流方程或者线性化的 $P\text{-}\delta$、$Q\text{-}V$ 方程，以及联络线容量约束。

以下简要介绍这些模型。

9.4.1 网络流模型

因为该模型表示元件可以传输或提供的有功功率大小，因此也被称为输电模型。根据基尔霍夫第一定律即可得到该模型如下：

$$\boldsymbol{AF}+\boldsymbol{G}=\boldsymbol{D} \tag{9.1}$$

式中，$\boldsymbol{A}$ 为节点-支路关联阵；$\boldsymbol{F}$ 为回路潮流向量；$\boldsymbol{G}$ 为发电向量；$\boldsymbol{G}_{\max}$ 为最大可用发电向量；$\boldsymbol{D}$ 为需求向量。

约束如下：

$$\boldsymbol{G}\leqslant\boldsymbol{G}_{\max} \tag{9.2}$$

$$\boldsymbol{F}\leqslant\boldsymbol{F}_{\mathrm{f}} \tag{9.3}$$

$$-\boldsymbol{F}\leqslant\boldsymbol{F}_{\mathrm{r}} \tag{9.4}$$

约束条件（9.2）表示一台发电机组可提供的最大可用容量。约束条件(9.3)、(9.4)表示一条输电线的正向、反向最大潮流，其中下标“f”、“r”分别表示正向和反向。一般认为，该模型足以分析多区域可靠性，但对于综合系统可靠性而言则不够精确，因为没有考虑线路导纳对功率分布的约束。在实际应用中，该模型通常采用标号算法来求解[18]；目前该模型已应用于一些多区域可靠性评估的商业项目中。

9.4.2 直流（DC）潮流模型

该模型只考虑计算有功功率，求解的是一组线性化的潮流方程，等式模型如下：

$$\boldsymbol{B}\delta+G=D \tag{9.5}$$

式中，$\boldsymbol{B}$ 为 n 维电纳阵，对角元和非对角元分别为 b_{ii} 和 $b_{ij}(i,j=1,2,\cdots n)$；b_{ij} 为节点 i 和 j 之间的负电纳，$i\neq j$；b_{ii} 为与节点 i 相连的电纳之和；δ 为节点电压相角向量，其第 i、j 个分量分别为 δ_i、δ_j。

模型中的约束条件与式（9.2）~式（9.4）相同。由式（9.5）可见，线性网络流模型与 DC 潮流模型之间的主要区别是潮流计算中考虑了电纳阵。从节点 i 到节点 j 的线路潮流如式（9.6）所示：

$$F_{ij}=(\delta_j-\delta_i)b_{ij} \tag{9.6}$$

9.4.3 交流（AC）潮流模型

交流潮流模型考虑了有功、无功功率两个方面。除了发电机有功功率上下限外，还有无功功率上下限、线路容量约束和母线电压约束。

9.4.4 固定功率交换

两个地区 i 和 j 之间的固定功率交换合同要求功率输出地区 i 有义务向输入地区 j 传送 d_{ij} MW 的固定功率。固定交换的功率和负荷有一种时间相关性，因为这些交换功率会占用一定的联络线容量，所以联络线容量也变成了时间的函数。一般在模拟多区域时，由于元件会发生故障，我们假设容量是随机变化的，所以要对此额外加以考虑。如果固定交换功率保持一整天，即只是按周或按月发生变化，那么问题就比较容易解决；但如果交换功率只能在一天中的部分时间内保持不变，那么问题就变得比较复杂，用序贯蒙特卡洛模拟法来处理可能更合适。对于中长期规划，一种合理的近似是假设固定交换功率为常数。

9.4.5 紧急援助

在发生缺电事件时，公认的有两种紧急处理策略：

1）缺电分摊（Load Loss Sharing，LLS）策略：各地区最大程度地分摊缺供需求。

2）无缺电分摊（No Load Loss Sharing，NLLS）策略：每个地区首先尽量满足自己的需求；如果有额外的容量，则根据指定的优先级列表将多余容量提供给相邻地区。

在大多数多区域协议中实施 NLLS 策略，但在综合系统分析中，建模时并不考虑，而是根据任何使系统削减净功率为最小的可行潮流解来进行发电调度；从数学角度来看，这和 LLS 模型是完全一致的。

9.4.6 补救措施模型

上述所有与网络潮流相关的模型、考虑因素以及由此对运行策略所产生的影响等都被囊括在所谓的补救措施模型（也称为二次调度模型）中。该模型主体是一

个优化问题——寻找一个调度方案的可行解，使得在满足所有安全约束的同时满足系统负荷需求。该优化问题可为如下形式：

Min/Max 目标函数

S. t.

潮流平衡约束（等式）

安全约束（不等式）

通过使所削减的系统总负荷最小来寻找可行的二次调度/补救措施方案，参考文献[43,44]将此问题表示为：

$$P_C = \text{Min}\Big(\sum_{i=1}^{N_n} w_i P_{Ci}\Big) \tag{9.7}$$

式中，P_{Ci}和 w_i 是在节点 i 根据其优先级削减的功率以及相应的权重；N_n 是节点数。

上述公式可以有各种变化，可以简单到使用单位权重，也可以复杂到拆分每个节点上的负荷并为其分配不同的权重。上述公式的另一种变化形式为[45]：

$$P_D = \text{Max}\Big(\sum_{i=1}^{N_n} v_i P_{Di}\Big) \tag{9.8}$$

式中，P_{Di}和 v_i 是节点 i 所连的负荷以及调度可以满足的那部分负荷占比。

给定一个系统状态，如果由计算结果得到的总削减量 P_C 为零（也相当于 P_D 等于系统总负荷），则找到了一个满足安全约束的调度可行解，并且没有发生系统缺电。否则认为当前状态是一个故障状态或缺电状态。

功率平衡约束可以采用网络流、DC 或 AC 潮流模型来构建，相应的模型也可以体现在线路潮流约束中——构成安全约束的一部分，其他不等式约束就是发电容量约束。在 AC 潮流模型中，等式约束还包括无功平衡，不等式约束还包括发电机无功上下限和节点电压幅值上下限；这些约束在网络流模型或 DC 潮流模型中均不考虑。

因此，当采用网络流模型或 DC 潮流模型时，优化问题变为线性的，可以使用鲁棒线性规划工具求解[43,44]。当采用 AC 潮流模型时，约束变为非线性的，必须使用非线性规划工具。

约束集合中还包含系统运行需要考虑的因素，即固定功率交换合同和紧急援助策略。

第 10 章

多区域电力系统的可靠性评估

10.1 引言

本章概括介绍了多区域电力系统可靠性分析中使用的各种方法，其中对状态空间分解法进行了详细阐释，以便读者能够更好地理解这个问题。这些方法借鉴了本书第一部分所涵盖的系统可靠性建模和分析的基本概念，并采用了第 8 章、第 9 章中所介绍的元件模型或在其基础上进行方法构建。

10.2 多区域电力系统分析方法概述

本节简要介绍多区域电力系统可靠性分析中采用的各种方法，在下节中将介绍其中一种——状态空间分解法，以加深读者对多区域电力系统可靠性评估方方面面的理解。

10.2.1 预想事件枚举法/排序法

预想事件枚举法[46,47]列出所有可能导致系统故障的预想事件，汇总这些事件对可靠性指标的影响程度。在多区域可靠性评估的语境下，系统故障意指系统无法对一个或多个区域的所有负荷供电。这是一种简单粗暴的方法，计算量巨大，目前有两种方式可用来降低计算成本：

1）按故障状态的严重程度排序：首先针对一个基本运行方式计算潮流，然后通过一个性能指标[48]对故障状态进行排序。有关该方法的更多介绍参见第 11 章。

2）忽略状态空间中的高阶（低概率）预想事件[28]。

10.2.2 等效辅助法

对于一个两区域系统而言，很容易理解该方法[4]，将其中一个区域的可用等效辅助容量的概率分布与另一个区域的发电备用容量的概率分布进行卷积，由所得到的分布来确定可靠性指标。显然，该方法可以拓展应用于辐射连接的多区域系统[49]，但拓展应用于环网配置就不那么容易了。参考文献［50］针对任意网络结构确定辅助容量，但使用了状态空间分解法。

10.2.3 随机/概率潮流法

该方法首先根据电网中已知的发电、负荷分布，估算电压幅值和线路潮流的概

率分布。然后利用电压和潮流的分布来确定各种约束越限的概率，据此计算可靠性指标。随机法[51]和概率法[52]的区别在于，前者使用期望和方差等参数来描述分布，后者直接使用离散分布。

10.2.4　状态空间分解法

状态空间分解法[39,43,47,53-56]是一种解析法，首先以递归的方式将系统状态空间分解为三个不相交的集合：允许状态、未分类状态和缺电状态，其次由缺电状态集来确定可靠性指标。可以证明，状态空间分解法非常高效，因为它处理的是状态集合而不是单独一个个状态，但也正是因为处理状态集合，必须满足一致性要求，所以大多数方法只能采用网络流模型。在有些情况下也会采用 DC 潮流模型[43,53,57]，但要么是带有一些限制条件，要么是作为混合法的一部分。本章稍后将介绍分解法。

10.2.5　蒙特卡洛模拟法

蒙特卡洛法利用元件状态的概率分布来模拟系统历史运行情况，然后收集统计数据并利用统计分析推导估算指标。本书第 6 章介绍了蒙特卡洛方法，第 11 章将介绍其在电力系统可靠性中的应用。

10.2.6　混合法

混合法由以上介绍的两种或多种方法组合而成，方法的选择以相互弥补缺点为原则。迄今为止，最受欢迎的组合是分解法和模拟法。由于分解法能够对大型集合进行分类，所以在初始递归过程中非常有效；但在分解若干层之后效率会下降，这是因为已归类的集合的概率会越来越小，而这些低概率集合的数量则越来越多。因此，研究发现权宜之计是在某个合适的递归阶段中断分解，转而使用蒙特卡洛模拟法。在有些混合法中，部分指标由分解法确定，其他指标则由模拟法确定[43,55,56]；在另一些混合法中，分解法只是去掉允许状态，保留所有的故障状态，从而指标完全由模拟法确定[9,57]。

10.3　状态空间分解法

本章后续对状态空间分解法进行详细介绍，同时给出一些示例和图解，作为文字说明的补充。

10.3.1　状态空间分解

如果考虑 9.3.8 节中所述的多区域空间，该状态空间是针对单一负荷场景来定义的。状态空间分解法本身只适用于单一负荷场景。在介绍同步分解法的章节中将讨论以何种方式拓展该方法，使其适用于负荷随时间变化的情形（如考虑年负荷曲线）。本节仅讨论适用于单一负荷场景的分解方法。

如前所述，可将状态空间定义为发电等级和联络线容量的所有可能组合的集合。给定一个负荷场景，以递归方式可以将状态空间分解为 A 集（允许状态集，由不会导致缺电的状态组成）、L 集（缺电状态集）和 U 集（未分类状态集）。在

第一次扫描计算中，将整个状态空间视为一个 U 集，然后根据其最高、最低容量状态分解为 A 集、L 集和 U 集；在后续的扫描计算中，进而将每个 U 集分解为 A 集、L 集和更多的 U 集；此过程一直进行到没有 U 集为止。所有 L 集的总概率为系统缺电概率（LOLP）；另外还要将每个 L 集分解为 B 集（由相同区域缺电状态组成）和 W 集（未分类的缺电状态），进而将每个 W 集分解为 B 集和更多的 W 集，直到最后只剩下 A 集和 B 集为止。B 集给出区域 LOLP 和区域 EUE（电能不足期望）。系统 EUE 等于各区域 EUE 之和。

分解过程需保证每次分解所产生的集合是不相交的，并且每个集合由两个边界状态来表示。通过确定分区向量来辨识边界状态，所用的准则将在下文解释。

例 10.1 若有一个由一条联络线连接的两区域系统，通常这样的系统具有一个三维状态空间，但如果假设联络线完全可靠，则状态空间实际降为二维。使用这样一个系统是为了方便图形展示。如图 10.1 所示为系统及其状态空间，代表一个假想的两区域电力系统，包含 7 台相同的发电机，容量都为 100MW，修复率 $\mu=0.02$/h，故障率 $\lambda=0.002\dot{2}$ /h（或 19.47/年），这意味着每台发电机的可用率为 0.9。区域 1 中有 3 台发电机，区域 2 中有 4 台；两个区域通过一条容量为 100MW 的联络线相连；假设区域负荷固定，分别为 200MW 和 300MW。

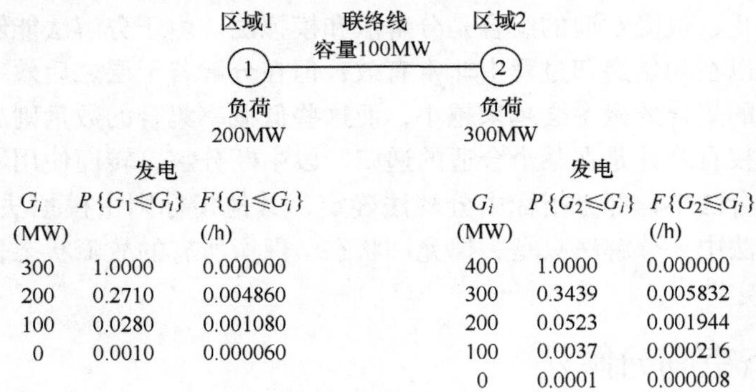

区域 1 发电

G_i (MW)	$P\{G_1 \leqslant G_i\}$	$F\{G_1 \leqslant G_i\}$ (/h)
300	1.0000	0.000000
200	0.2710	0.004860
100	0.0280	0.001080
0	0.0010	0.000060

区域 2 发电

G_i (MW)	$P\{G_2 \leqslant G_i\}$	$F\{G_2 \leqslant G_i\}$ (/h)
400	1.0000	0.000000
300	0.3439	0.005832
200	0.0523	0.001944
100	0.0037	0.000216
0	0.0001	0.000008

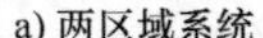
a) 两区域系统

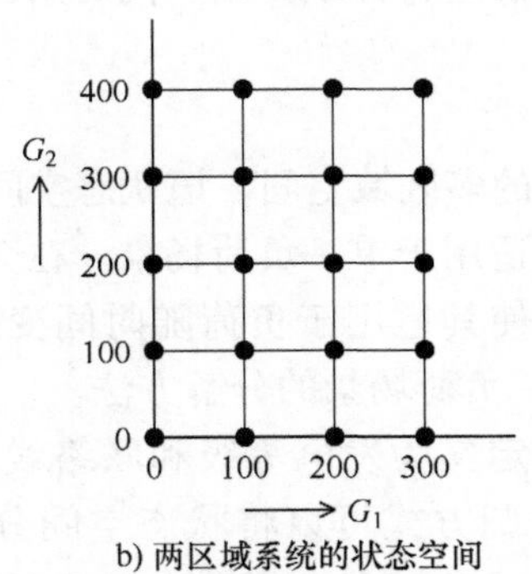

b) 两区域系统的状态空间

图 10.1 两区域系统及其状态空间

图中所示的发电数据表格给出了这两个区域中发电容量的累积概率和频率分布函数。这些分布函数可以使用第8章中介绍的*机组添加算法*来确定。图10.1中的频率单位为每小时。

完整的状态空间可用初始未分类集 U_0 表示为

$$U_0=\begin{bmatrix}300 & 400\\ 0 & 0\end{bmatrix}$$

由(0 0)和(300 400)两个边界向量组成，分别确定了图10.1所示状态空间的左下角和右上角，下文将这些边界向量称为集合的下界和上界，将集合中其他所有元素（落在给定顶点构成的封闭矩形内）称为上下界之间的状态。在状态空间维数较高的情况下，可以类似地将任何集合定义为一个由两个边界向量描述的闭合超立方体。

为了分解 U_0，定义两个分区向量：

1）可允许的下界 u：假设所有容量都等于 U 集的上界，根据这些约束所削减的系统负荷达到最小；然后组合那些使系统削减负荷为0的最小容量状态，构成 u 向量。换言之，u 向量和 U 集上界之间的所有状态（包括 u 向量和 U 集上界）构成一个 A 集。

2）最小响应向量 v：假设所有容量状态（第 i 个容量状态除外）都等于 U 集上界对应的那些元素，那么使系统削减负荷为0的第 i 个元素的最小值就是 v 向量的第 i 个分量。因此，v 向量包含了所有元素的最小响应量。

在本例中，为了分解 U_0，很容易得到：

$$u=(200\quad 300)$$

$$v=(100\quad 200)$$

u 和 v 已绘制在图10.2所示的状态空间上。虚线标记的是分解 U_0 所得到的集合的边界，图10.3明确给出这些集合并进行了标注。

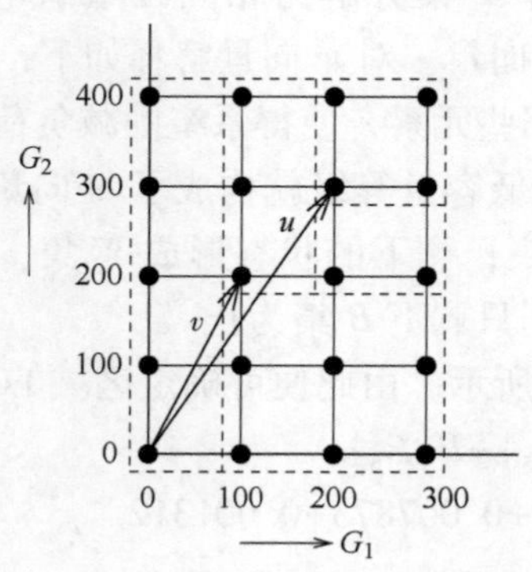

图10.2 分区向量

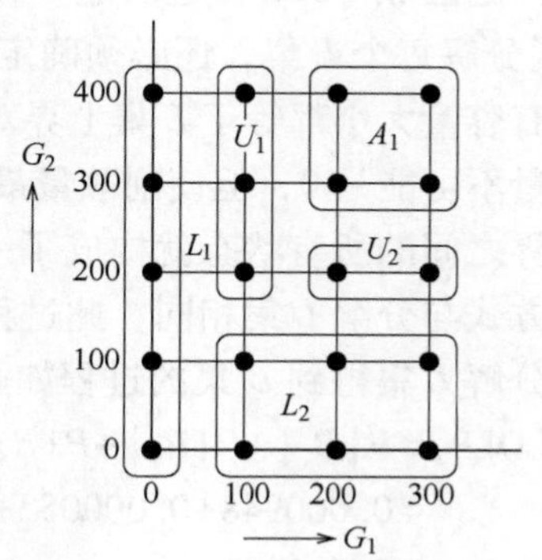

图10.3 第一级分解

图 10.3 形象说明了第一级分解。注意分解 U_0 会产生一个 A 集，但会产生多个 U 集和 L 集。尽管 U 集是相互连通的（见图 10.3），但因为需要将集合以矩形形式呈现，我们还是要定义两个 U 集是互不相交的。这一理由同样适用于多个 L 集。

类似地，可以对通过第一级分解产生的集合 U_1 和 U_2 进一步分解。对于本例而言，因为没有进一步产生 U 集，使得第二级分解就是最后一级。该问题完整的分解过程如图 10.4 所示，每个集合旁边括号中的数字为该集合的概率。

通过图 10.4 就可以计算系统 LOLP（稍后计算 LOLF）：

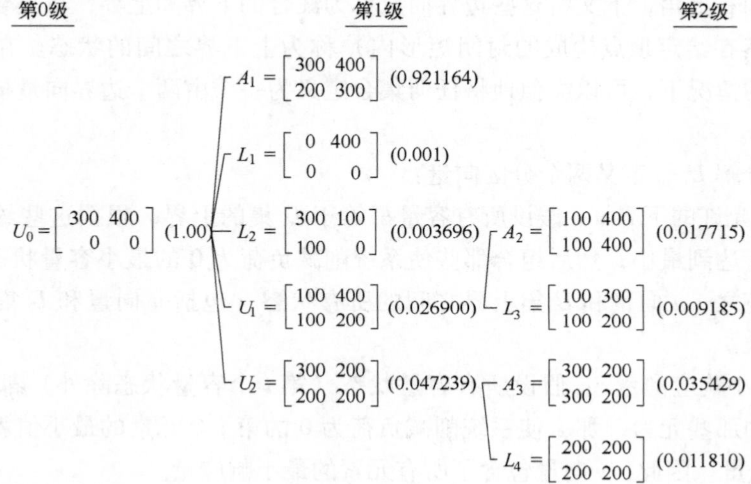

图 10.4　例 10.1 完整的分解过程

$$\begin{aligned}\text{LOLP} &= P\{L_1\}+P\{L_2\}+P\{L_3\}+P\{L_4\}\\&=0.001+0.003696+0.009185+0.011810\\&=0.025692\end{aligned}$$

为了确定区域 LOLP，还需进一步将 4 个 L 集分解为相同区域缺电集合（B 集）。为了分解每个 L 集，还必须确定一个 w 向量。对 w 向量解释如下：

令所有容量大小都等于 L 集上界对应的那些元素，使得系统削减负荷最小。最小的削减量不可能是 0，但使削减量最小的最低容量等级就构成了 w 向量。w 向量和 L 集上界之间的所有状态就构成了一个 B 集；剩下的状态形成 W 集，会被进一步分解，方式与分解 L 集相同，此过程持续到只剩下 B 集为止。

通过分解 L 集得到 B 集的过程如图 10.5 所示，由此便可确定区域 LOLP：

$$\begin{aligned}\text{LOLP}_1 &= P\{B_1\}+P\{B_2\}+P\{B_4\}+P\{B_5\}+P\{B_6\}\\&=0.000948+0.000052+0.0001+0.007873+0.001312\\&=0.010285\end{aligned}$$

$$\text{LOLP}_2 = P\{B_2\}+P\{B_3\}+P\{B_4\}+P\{B_6\}+P\{B_7\}$$

$$=0.000052+0.003596+0.0001+0.001312+0.011810$$
$$=0.016870$$

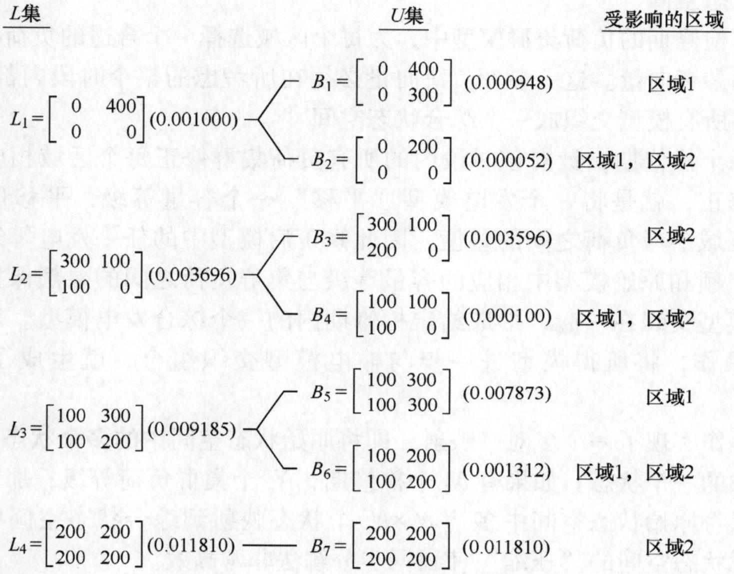

L集	U集	受影响的区域
$L_1=\begin{bmatrix}0 & 400\\ 0 & 0\end{bmatrix}(0.001000)$	$B_1=\begin{bmatrix}0 & 400\\ 0 & 300\end{bmatrix}(0.000948)$	区域1
	$B_2=\begin{bmatrix}0 & 200\\ 0 & 0\end{bmatrix}(0.000052)$	区域1，区域2
$L_2=\begin{bmatrix}300 & 100\\ 100 & 0\end{bmatrix}(0.003696)$	$B_3=\begin{bmatrix}300 & 100\\ 200 & 0\end{bmatrix}(0.003596)$	区域2
	$B_4=\begin{bmatrix}100 & 100\\ 100 & 0\end{bmatrix}(0.000100)$	区域1，区域2
$L_3=\begin{bmatrix}100 & 300\\ 100 & 200\end{bmatrix}(0.009185)$	$B_5=\begin{bmatrix}100 & 300\\ 100 & 300\end{bmatrix}(0.007873)$	区域1
	$B_6=\begin{bmatrix}100 & 200\\ 100 & 200\end{bmatrix}(0.001312)$	区域1，区域2
$L_4=\begin{bmatrix}200 & 200\\ 200 & 200\end{bmatrix}(0.011810)$	$B_7=\begin{bmatrix}200 & 200\\ 200 & 200\end{bmatrix}(0.011810)$	区域2

图 10.5　例 10.1 的故障集分解过程

值得一提的是，实际系统的状态空间规模更大、维数更高，需要做的分解次数非常多。如果采用多负荷状态，该问题更严重。10.4 节将进一步讨论这个问题，并提出一个实际的解决方案。

10.3.2　同步分解法

上述分解方法适用于一个给定的负荷场景。如果对每小时的预测负荷甚至是每天的峰荷也应用该方法，计算会相当困难。采用 9.3.3 节中介绍的负荷集群模型可以规避这一问题。

显然，集群模型的一种应用形式是*扩展分解法*[39]，即对每个负荷集群进行分解，指标由相应的集群概率加权求和计算得到。通过利用本节所述的*同步分解法*[56]，可以在不失准确度的情况下大大提高效率。

在构建发电和负荷模型时，令所有状态都是同一递增步长的整数倍，然后定义一个参考负荷状态，利用它针对每个负荷集群修改发电模型，并将这些修改后的模型与负荷模型交织在一起，构成所谓的*综合发电模型*。当用此模型表示 9.3.8 节中介绍的(N_n+N_a)维状态空间中的区域发电量时，所得到的状态空间被称为*综合状态空间*。同步分解就是以参考负荷状态作为负荷，对综合状态空间进行分解的方法。

利用同样的理念也可以将发电机的计划停电考虑进来[56]。对每个检修期都可以构建一个综合发电模型，将这些模型交织在一起，形成整个分析时段内的综合发电模型。

综合状态空间

从所有检修期的负荷集群模型中，为每个区域选择一个合适的负荷模型，作为负荷等级的参考向量。这一参考负荷向量必须在所考虑的整个时段内都作为参考，从而可以将所有模型交织成一个综合状态空间[56]。

给定一个检修期，针对该时段内的所有负荷集群修正每个区域相应的发电模型。所谓修正，就是将一个发电模型“平移”一个容量等级，平移量等于集群负荷与该区域参考负荷之间的差值，因此修正后模型中的任一发电等级与参考负荷之间的差额和原始模型中相应的容量等级与集群负荷之间的差额保持相同。将这些修正模型交织在一起，形成给定检修期内的一个综合发电模型。对每个检修期重复此操作，将所得模型进一步与输电模型交织组合，就生成了综合状态空间。

上述操作实现了一个多对一映射，即将原始状态空间中的多个状态映射到综合状态空间中的一个状态。如果有 N_i 个检修期，N_c 个集群负荷等级，那么在极限情况下，可以将原始状态空间中多达 $N_i \times N_c$ 个状态映射到综合状态空间中的一个状态。这种对状态空间的“压缩”使得同步分解法非常高效。

因为在计算指标时需要重新参考原始发电模型，所以必须保留这些模型。在继续介绍基于同步分解的可靠性指标计算方法之前，有必要先通过一个例子来说明如何构造一个综合状态空间。

例 10.2 若例 10.1 中的两区域系统具有两种负荷状态：

$$\boldsymbol{d}^1=(200\ 300),\quad P\{\boldsymbol{D}=\boldsymbol{d}^1\}=0.5$$

$$\boldsymbol{d}^2=(100\ 200),\quad P\{\boldsymbol{D}=\boldsymbol{d}^2\}=0.5$$

该系统可由图 10.6a 来表示，其状态空间实际上与图 10.1 中所示的相同。但在应用同步分解法时，必须先选择一个参考负荷状态。选择最高负荷状态作为参考比较方便，原因稍后解释。因此状态 1 为参考向量。对于这一（参考）状态，发电模型和状态空间保持不变；但是对于状态 2 则需要修改状态空间。处于状态 2 下的系统如图 10.6b 所示，如前文所述，修正该模型就是将其“平移”一个容量等级，平移量等于状态 2 的集群负荷与参考负荷之差，因此修正后模型中的任一发电等级与参考负荷之间的差额和原始模型中相应的容量等级与状态 2 的集群负荷之间的差额保持相同。模型的修正结果如图 10.6c 所示。

观察发现，认为图 10.6c 所示的修正后模型和图 10.6b 所示的原始模型行为特性相同是合理的，只是其负荷等级等于参考负荷而已。该模型修正后的状态空间如图 10.7b 所示，图 10.7a 为负荷状态 1 对应的原始状态空间。由于这两个空间同属于一个（参考）负荷状态，可以将它们叠加成为一个如图 10.7c 所示的综合状态空间，对其进行分解。

图 10.7 也解释了为什么用最高负荷等级作为参考比较方便：因为这样可以保持综合状态空间中的所有点非负。

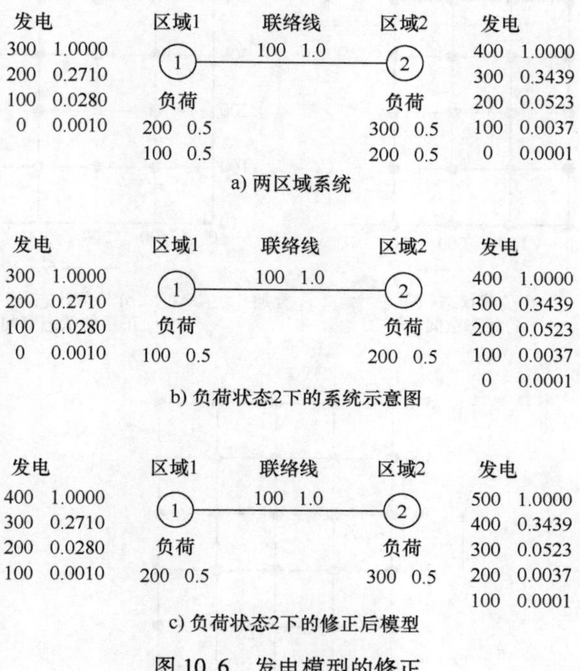

图 10.6　发电模型的修正

10.3.3　指标计算

如前所述，综合状态空间中的每个状态都可以被映射回原始状态空间中的初始状态，个数最多可以达到 $N_i \times N_c$；这一说法对于状态集合同样成立。因此，如果要计算综合状态空间中某个集合的概率，就必须首先将该集合映射回其在原始状态空间中的所有初始状态，然后计算所有这些初始状态集合的概率之和，得到综合集合的概率。

系统 LOLP 由 L 集的概率之和得到，每个区域的 LOLP 由和该区域缺电状态相对应的 B 集的概率之和得到。确定区域 EUE 的过程如下：针对每个综合 B 集确定所有的初始状态集；对每个初始状态集确定平均发电向量；根据初始状态集的平均发电向量和实际负荷向量，确定平均削减负荷向量。将该削减向量与初始状态集的概率相乘就得到该初始状态集在区域 EUE 中的占比。所有初始状态集的占比之和就是综合 B 集的总占比。本地（区域或母线）的总 EUE 通过对所有 B 集进行计算得到。系统 EUE 为本地 EUE 之和。

至此，我们用一种直观的方式展示了如何计算 LOLP，下面将正式给出 LOLP 和 LOLF 的计算方法。首先形成理论，其次展示如何实现理论方法，最后通过一个例子加以说明。

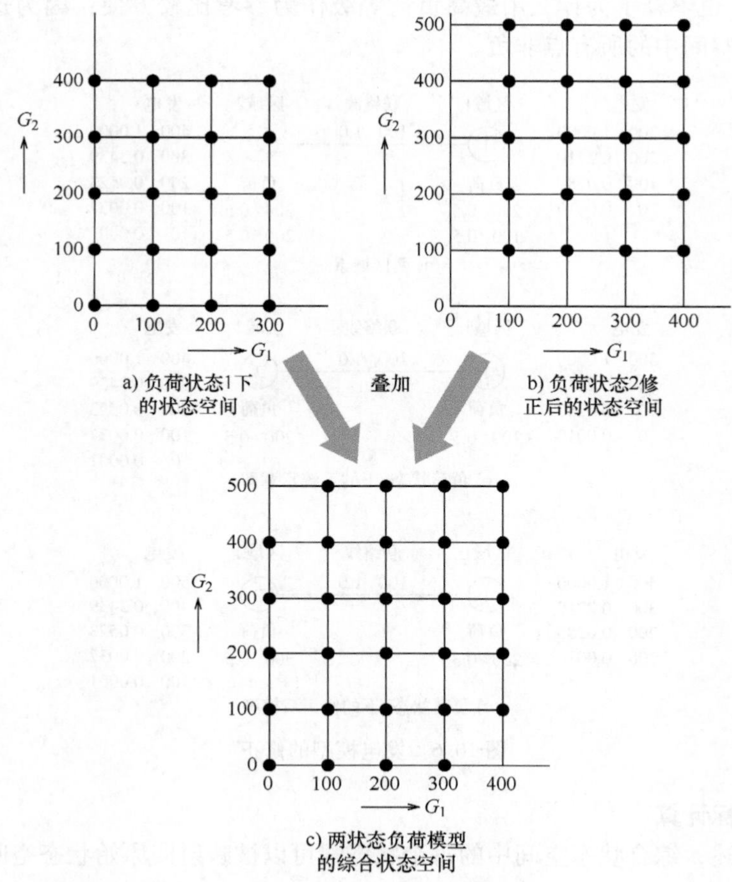

图 10.7 例 10.2 的综合状态空间

理论方法

为便于后文分析，使用如下假设：

1）系统是频率平衡的[7]，即任何一对状态之间的频率在两个转移方向上都是相等的。如果每个元件都可以用两状态的马尔可夫模型来表示，那么这一假设自动成立。如果一个或多个元件有多个状态，那么频率平衡就不一定总是成立的；但在这类情况下可以强行令频率平衡，这可以通过以下方法实现。对于每个趋于劣化的状态转移，例如由于第 r 个元件从状态 s 劣化到状态 t，使得系统从状态 k 转移到状态 m，根据参考文献［7］，用虚拟转移率 λ'_{st} 来替代实际劣化转移率 λ_{st}：

$$\lambda'_{st}=\frac{p_t}{p_s}\lambda_{ts} \tag{10.1}$$

式中，p_t 为元件 r 处于状态 t 的概率；λ_{ts} 为元件 r 从状态 t 优化到状态 s 的实际转移率。下节将介绍一种自动保证频率平衡的方法。

2）只要有一个元件发生故障或恢复正常，系统就会从一种状态单步转移到另一种状态。

向一个较高容量状态的转移被称为向上转移；类似地，向一个较低容量状态的转移被称为向下转移。

假设已通过分解生成了 N_L 个故障集，则故障合集为：

$$L=\bigcup_{i=1}^{N_L} L_i \tag{10.2}$$

显然，因为所有集合都是不相交的，所以故障概率为

$$P\{L\} = \sum_{i=1}^{N_L} P\{L_i\} \tag{10.3}$$

以下分析参考文献［7］研究结论的一般形式。考虑如下两个求和式：

$$F^{+}\{L_i\} = \sum_{x \in L_i}\left[P\{x\}\sum_{j=1}^{N_C}\lambda_{xj}^{+}\right] \tag{10.4}$$

$$F^{-}\{L_i\} = \sum_{x \in L_i}\left[P\{x\}\sum_{j=1}^{N_C}\lambda_{xj}^{-}\right] \tag{10.5}$$

式中，λ_{xj}^{+}为元件 j 从其在系统状态 x 下所处的状态到较高容量状态的转移率；λ_{xj}^{-}为元件 j 从其在系统状态 x 下所处的状态到较低容量状态的转移率。

$F^{+}\{L_i\}$ 是从子集 L_i 中所有状态向上转移的频率之和，类似地，$F^{-}\{L_i\}$ 是从子集 L_i 中所有状态向下转移的频率之和。后续分析我们都使用这些符号标识。

对于集合 L_i 中的某个状态 x，从该状态向上转移的频率之和为：

$$F^{+}\{L_i(x)\} = P\{x\}\sum_{j=1}^{N_C}\lambda_{xj}^{+} \tag{10.6}$$

类似地，向下转移的频率之和为：

$$F^{-}\{L_i(x)\} = P\{x\}\sum_{j=1}^{N_C}\lambda_{xj}^{-} \tag{10.7}$$

由于我们认为系统是一致的，状态转移 $F^{-}\{L_i(x)\}$ 不能穿越 L 集和 A 集之间的边界，但可以将向上转移拆分为两个分量：

$$F^{+}\{L_i(x)\} = F_0^{+}\{L_i(x)\} + F_1^{+}\{L_i(x)\} \tag{10.8}$$

使得 $F_0{}^{+}\{L_i(x)\}$ 分量穿越 L 集和 A 集之间的边界，$F_1{}^{+}\{L_i(x)\}$ 仍然在 L 集中。因为假设元件之间相互独立并且对任意两个状态 x_i 和 x_j 都是频率平衡的，有

$$F\{x_i \rightarrow x_j\} = F\{x_j \rightarrow x_i\} \tag{10.9}$$

现若考虑

$$F\{L\} = \sum_{i=1}^{N_L}\left[F^{+}\{L_i\} - F^{-}\{L_i\}\right] \tag{10.10}$$

可表示 $F\{L\}$ 如下：

$$F\{L\} = \sum_{i=1}^{N_L}\sum_{x \in L_i}\left[F_0^{+}\{L_i(x)\} + F_1^{+}\{L_i(x)\} - F^{-}\{L_i(x)\}\right] \tag{10.11}$$

由式（10.9）可得

$$\sum_{i=1}^{N_L}\sum_{x\in L_i}F_1^+\{L_i(x)\}=\sum_{i=1}^{N_L}\sum_{x\in L_i}F^-\{L_i(x)\} \tag{10.12}$$

对式（10.12）解释如下：从某个故障状态开始，一个不穿越边界的向上转移实际上就是从一个故障状态转移到另一个故障状态的向上转移。对于每一个从故障状态 x_i 到另一个故障状态 x_j 的向上转移，都存在一个频率相等的从 x_j 到 x_i 的向下转移。因此，式（10.12）中的两个总和是相等的。由式（10.11）、式（10.12）可得：

$$F\{L\}=\sum_{i=1}^{N_L}\sum_{x\in L_i}[F_0^+\{L_i(x)\}] \tag{10.13}$$

式（10.13）表示穿越 L 集和 A 集边界的状态转移的期望值。由前述可知，当我们将状态空间划分为两个不相交的集合时，在两个状态转移方向上的稳态频率是相等的，所以从 L 集到 A 集的转移频率和从 A 集到 L 集的转移频率相同，因此式（10.13）也表示故障频率，即 LOLF。如下节所述，式（10.10）等同于式（10.13），适用于计算系统的故障频率。

实际应用

式（10.3）和式（10.10）用于确定系统的故障概率和故障频率。以下介绍如何构造数据来大大简化 $P\{L_i\}$ 和 $F\{L_i\}$ 的计算。

若某系统由 N_C 个元件构成，每个元件有若干容量状态，每个状态发生的概率和频率都已知。针对每个元件构造累积概率分布和频率分布，分别记为 P_{kj} 和 F_{kj}，表示元件 j 处于状态 k 的累积概率和频率。状态的下标越大表示容量越大。对此系统用 10.3 节中介绍的方法来构造状态空间，并将其分解为不相交的 A 集和 L 集。

现来分析一个故障集 L_i，如前所述，L_i 由一个最大状态和一个最小状态来描述。假设元件 j 的状态 n、m 对应了集合 L_i 的最大、最小状态，对于元件 j 的状态 k，$m\leqslant k\leqslant n$，其累积概率和频率可表示为：

$$P_{kj}=P_{(k-1)j}+p_{kj} \tag{10.14}$$

以及

$$F_{kj}=F_{(k-1)j}+p_{kj}(\lambda_{k_j}^+-\lambda_{kj}^-) \tag{10.15}$$

式中，p_{kj} 为元件 j 处于状态 k 的概率；λ_{kj}^+，λ_{kj}^- 为元件 j 从状态 k 分别到较高容量状态和较低容量状态的转移率。

根据式（10.14）和式（10.15）可得

$$\lambda_{kj}^+-\lambda_{kj}^-=\frac{(F_{kj}-F_{(k-1)j})}{(P_{kj}-P_{(k-1)j})} \tag{10.16}$$

如果用一个等效状态 s 来表示元件 j 从状态 m 转移到状态 n，那么其等效值的表达形式与式（10.16）相同：

$$\lambda_{sj}^+-\lambda_{sj}^-=\frac{(F_{nj}-F_{(m-1)j})}{(P_{nj}-P_{(m-1)j})} \tag{10.17}$$

类似地，该等效状态的概率可写为

$$p_{sj}=P_{nj}-P_{(m-1)j} \tag{10.18}$$

对于每个元件都可以类似地用一个等效状态来表示集合 L_i 的最大、最小值之间的状态。

则 L_i 的概率为

$$P\{L_i\}=\prod_{j=1}^{N_C} p_{sj} \tag{10.19}$$

频率为

$$F^+\{L_i\}-F^-\{L_i\}=P\{L_i\}\sum_{j=1}^{N_C}(\lambda_{sj}^+-\lambda_{sj}^-) \tag{10.20}$$

因此，将式（10.19）中的 $P\{L_i\}$ 代入式（10.3）即确定系统的故障概率，将式（10.20）中的 $F^+\{L_i\}-F^-\{L_i\}$ 代入式（10.10）即确定系统的故障频率如下：

$$F\{L\}=\sum_{i=1}^{N_L} P\{L_i\}\sum_{j=1}^{N_C}(\lambda_{sj}^+-\lambda_{sj}^-) \tag{10.21}$$

注意用式（10.20）所示的表达式来确定故障频率不会增加太多分解状态空间的计算量，也不会增加用式（10.19）计算故障概率的计算量。

以下用一个例子来说明该方法。

例 10.3　以例 10.1 中分析的两区域系统为例。概率、频率分布以及状态空间如图 10.1 所示，分解的各个阶段如图 10.4 所示，分解后的状态空间如图 10.8 所示。

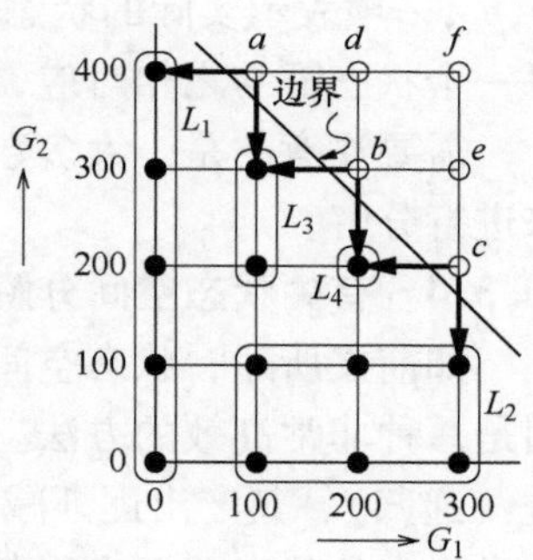

图 10.8　展示故障状态和边界的状态空间

表 10.1 给出了 4 个 L 集的概率和频率以及系统故障的总概率和总频率，转移率和频率单位都是每小时。该表中的 $P\{L_i\}$ 通过式（10.19）计算得到。$\Delta\lambda\{L_i\}$ 计算如下：

$$\Delta\lambda\{L_i\}=\sum_{j=1}^{N_C}(\lambda_{sj}^+-\lambda_{sj}^-)$$

其中，括号中的项根据式（10.17）求得；$F\{L_i\}$ 对应于等式（10.20）的左边项；表 10.1 最后一行展示了系统故障的总概率和总频率。

表 10.1　L 集的概率和频率

L_i	$P\{L_i\}$	$\Delta\lambda\{L_i\}$	$F\{L_i\}$
L_1	0.001000	0.060000	6.0000×10^{-5}
L_2	0.003696	0.058318	2.1556×10^{-4}
L_3	0.009185	0.054286	4.9864×10^{-4}

（续）

L_i	$P\{L_i\}$	$\Delta\lambda\{L_i\}$	$F\{L_i\}$
L_4	0.011810	0.051111	6.0361×10^{-4}
$\sum_i L_i$	0.025692		1.3778×10^{-3}

注意对这样一个小系统可以很容易地通过枚举法来验证上述结果。由于 A 集状态个数比 L 集的少，用 A 集状态来计算指标更加容易。用字母 a~f 来标识 6 个 A 集状态，如图 10.8 所示：

$$
\begin{aligned}
P\{L\} &= 1-(p_a+p_b+p_c+p_d+p_e+p_f)\\
&= 1-(0.017715+0.070859+0.035429+0.159432+0.212576+0.478297)\\
&= 0.025692\\
F\{L\} &= (p_a+p_b+p_c)5\lambda\\
&= 0.124003\times0.011111\\
&= 1.3778\times10^{-3}/\text{h}
\end{aligned}
$$

$p_a,p_b,\cdots$项表示实际的状态概率。5λ 项是因为一共有 5 台可用的发电机，a、b、c 每一个状态都与之相对应，所以从每个状态向下转移的总转移率为 5λ。

需要注意的是，大多数实际系统的状态空间要庞大得多，必须借助计算机程序来进行分解。

10.3.4 有关状态空间分解的小结

如前文所述，状态空间分解法处理的是状态集合而不是一个个状态，因此能证明是一种非常高效的方法。但在实际应用中已发现，随着分解过程不断向较高级递进（递归），其产出逐渐减小，即在每级分解中产生的集合数量不断增加，但每级分类出来的状态总概率不断减小。其结果是在超过某一点后，每次递归的计算量增加但贡献减少。每次递归计算量不断增加的原因：①集合数量不断增加；②为每个未分类集合辨识分区向量的工作量不断增加；以及③记录工作量（即跟踪已生成的所有集合及其概率、频率对可靠性指标的贡献所需的工作量）不断增加。

针对上述问题的一个实际解决方法是舍弃概率低于一定阈值（某个合理小数）的未分类集。这样会提前终止分解过程，不会实现完整的分类，也不会有明显的误差。另一种方法是将分解法与蒙特卡洛模拟法相结合，已在前文 10.2.6 节中介绍。

10.4 结论

本章介绍了状态空间分解法，阐明了在互联系统可靠性分析中会考虑的一些因素。如本章前面所述，目前有很多方法，选择哪个方法取决于很多因素，诸如系统拓扑、需要考虑的深度（或预想事件的顺序）、建模必须考虑的系统复杂度以及运行策略和所需要的精度等等。本章为读者提供了大量参考资料，使读者能够更深入细化地研究所列举的任何一个方法。

如前文中强调的那样，在本章结束时我们再次强调，在对大型电力系统进行可靠性建模和分析时要综合考虑大量工程上的判断。

练习

10.1　如图 10.9 所示为一个有容量约束的网络。每条送电线路的容量状态转移图如图 10.10 所示，每条输电线路（由一条虚线表示）在正反方向上的容量都是 100MW，每条受电线路的容量为 100MW。假设故障率 $\lambda=0.2$ 次/h，修复率 $\mu=2$ 次/h。

手算此系统的状态空间分解情况，并确定系统的故障概率和故障频率。

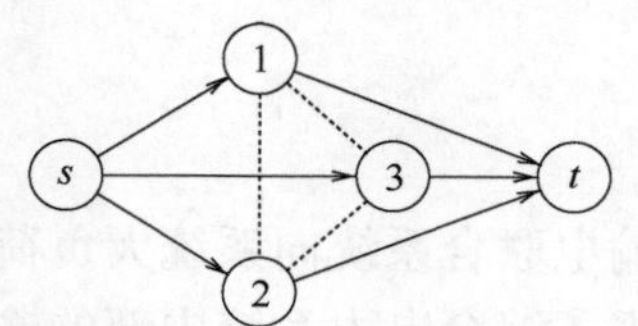

图 10.9　三节点网络

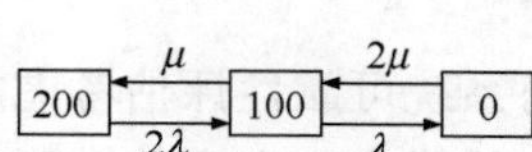

图 10.10　每条送电线路的状态转移图

10.2　若有一个三区域系统，区域发电容量和概率如下所示。

区域 1		区域 2		区域 3	
容量/MW	累积概率	容量/MW	累积概率	容量/MW	累积概率
		600	1.0		
500	1.0	500	0.737856	500	1.0
400	0.67232	400	0.344640	400	0.67232
300	0.26272	300	0.098880	300	0.26272
200	0.05792	200	0.016960	200	0.05792
100	0.00672	100	0.001600	100	0.00672
0	0.00032	0	0.000064	0	0.00032

每条输电线有 100MW 和 0MW 两种状态，概率分别为 0.99 和 0.01。区域 1、2、3 的负荷分别为 400MW、500MW、400MW。计算系统的缺电概率。

第 11 章

综合电力系统的可靠性评估

11.1 引言

综合电力系统可靠性评估考虑的是发、输电联合系统向系统大负荷中心提供充足且合格电能的能力，在评估模型中直接考虑了综合电力系统内部的输电限值，而在多区域电力系统可靠性评估中，对输电约束只是间接地加以考虑。这些可靠性分析更有助于表征发电对输电系统可靠性分析的影响，优化发电、输电系统的相对投资，以及考虑分布式发电。如第 9 章所述，一般采用解析法、蒙特卡洛模拟法或混合法进行综合电力系统可靠性评估。

11.2 解析法

大多数解析法基于对状态空间进行枚举，但由于综合电力系统规模较大、较为复杂，穷举往往是不切实际的。因此，目前已经研究出各种方法来尽可能辨识出绝大部分故障状态集合。*预想事件排序和筛选*是美国电力研究院（Electric Power Research Institute）在其研发的程序中使用的技术之一。预想事件筛选技术的目标是从所有可能的事故集合中确定会造成系统故障的子集。没有一个预想事件筛选方法可以完美实现这一目标，它们最多只能提供一个子集，内含造成系统故障的大部分预想事件。

一种预想事件排序方法是先用 DC 潮流法针对每个预想事件进行求解，但这种方法非常耗时。一种较快但较不精确的方法是根据性能指标确定的严重程度来对预想事件近似排序。所谓性能指标（PI）是一个标量函数，最初是为了度量系统承载力而定义的；之后用一种合适的技术来预测 ΔPI，即当某个元件停电时 PI 的变化量，然后用预想事件对应的 ΔPI 值根据严重程度对其进行排序；之后用 AC 潮流法或 DC 潮流法确定这些排好序的事故中哪些会真的造成问题。如果有一系列连续的预想事件均不会造成系统故障，那么当事故数量达到某个指定值之后停止分析过程。这里假设了剩下的那些排序靠后的事故同样不会造成系统故障，所以这种预想事件排序方法并非万无一失，可能会漏掉一些严重的事故，也可能会将一些不太严重的事故列入排序。预想事件可以根据过负荷问题来排序，也可以根据电压问题来

排序，这里简要讨论基于过负荷的预想事件排序方法，适用于此方法的性能指标为[58]：

$$\mathrm{PI}=\sum_{\ell} W_{\ell}\left(\frac{P_{\ell}}{P_{\ell}^{\max}}\right)^{n} \tag{11.1}$$

式中，W_{ℓ} 为线路 ℓ 的权重因子；P_{ℓ} 为线路 ℓ 的有功潮流；$P_{\ell}^{\max}$ 为线路 ℓ 的额定功率；n 为一个偶数，一般取 2。

目前已提出好几种求 ΔPI 的方法。一般而言，PI 可以较好地衡量系统的承载力。若一条支路上的负荷增加而其他支路上的负荷减小，在此情况下 PI 可能无法识别过负荷，从而导致出现一个“掩蔽现象”。通过增加指数 n 可以减少掩蔽，但对于 $n>2$ 的情形，求解 ΔPI 会变得困难。

11.2.1 发电机停电事故性能指标

对因发电机停电而导致的过负荷进行预测，据此对发电机停电事故排序，所用的 PI 和用于线路的 PI 相同。因第 i 个母线注入功率 P_i 的变化而导致的 PI 变化量估算如下：

$$\Delta\mathrm{PI}=\frac{\partial \mathrm{PI}}{\partial P_i}\Delta P_i \tag{11.2}$$

研究发现，这种线性预测方法能够对发电机组停机事件进行合理排序。一种采用 DC 潮流法实现的方法如下：

$$\frac{\partial \mathrm{PI}}{\partial P_i}=n\hat{\boldsymbol{\theta}}_i$$

式中，$\hat{\boldsymbol{\theta}}_i$ 为向量 $\hat{\boldsymbol{\theta}}$ 的第 i 个元素；n 为节点数量；$\hat{\boldsymbol{\theta}}=\boldsymbol{B}^{-1}\hat{\boldsymbol{P}}$；$\boldsymbol{B}$ 为 $N\times N$ 维的系统电纳阵，$\hat{\boldsymbol{P}}$ 为 N 维向量，构建方法是对每条线路 ℓ，在其送端节点添加注入功率 $\hat{P}_{\ell}$、受端节点添加注入功率 $-\hat{P}_{\ell}$，其中

$$\hat{P}_{\ell}=\frac{W_{\ell}B_{\ell}^{n}\theta_{\ell}^{n-1}}{\overline{P}_{\ell}^{n}} \tag{11.3}$$

换言之，$\hat{\boldsymbol{P}}$ 是 N_{ℓ} 个（N_{ℓ} 为线路数）向量之和，其中每个向量包含每条线路 ℓ 的送端节点功率 $\hat{P}_{\ell}$ 和受端节点功率 $-\hat{P}_{\ell}$，其他节点功率均为 0。在式（11.3）中，θ_{ℓ} 表示线路 ℓ 的送端节点和受端节点之间的相角差。对基本运行方式进行 DC 潮流计算之后，就可以得到 $\boldsymbol{B}$ 中的元素以及 θ_{ℓ} 的值。需要再做一个计算才能得到 $\hat{\boldsymbol{\theta}}$。

11.2.2 电压偏差的性能指标

当某条线路停电时，导致电压降落的两个原因为①停电线路失去充电功率；②因该停电造成那些负载增加的线路上的无功损耗增加。最简单的一个 PI 为：

$$\mathrm{PI}=\sum_{\ell} X_{\ell}P_{\ell}^{2}$$

式中，X_ℓ 为线路 ℓ 的电抗，一个更有效的性能指标为

$$\mathrm{PI} = \sum_{\ell} X_\ell \left(\frac{1}{P_{oi}^2} + \frac{1}{P_{oj}^2} \right)^{0.25} P_\ell^2$$

式中，X_ℓ 为线路 ℓ 的电抗；P_ℓ 为线路 ℓ 上的潮流；i，j 为线路 ℓ 的送端节点和受端节点；P_{oi}，P_{oj} 为表征线路充电功率和/或节点 i 和 j 上无功电源和负荷的项。

11.2.3 预想事件筛选

对预想事件按其严重程度不断下降的顺序进行评估。也可以在每个单一事件基础上对二次事件进行排序和评估。只要达到预设的计算成功次数，或者事件概率低于某个阈值，评估过程均停止。

11.3 蒙特卡洛模拟法

第 6 章介绍了能够用来评估大部分系统可靠性的一般方法。如该章所述，由于系统或模型复杂，或者需要获取系统状态转移的概率和时间相关性——电力系统正是如此——使用解析法很难或者完全不可能，在此情况下更适宜采用蒙特卡洛模拟法。目前，已经有好几种形式的蒙特卡洛法用于评估电力系统的可靠性，一些变化形式均能在文献中找到，本章介绍其中一部分模型和方法。

目前，序贯、非序贯蒙特卡洛法都已用于评估综合系统可靠性，蒙特卡洛法可能是在综合系统分析中应用最广泛的方法。以下详细介绍这些用于综合系统的方法。采用序贯模拟还是非序贯模拟取决于具体分析需要。如果需要考虑事件的相互依赖性和时间相关因素，则需要使用序贯模拟；如果不存在这些相互依赖性或可将其忽略，则常常首选非序贯模拟法，因为在一般情况下它比序贯模拟法收敛更快。

11.4 序贯模拟法

此方法适用于需要对相互依赖的事件和时间相关因素（如启停、爬坡时间、成本等的影响）进行建模的系统。所构建的模型包含有关系统运行和相互依赖性的所有详细信息，模拟在所关注的时段内进行。如此每“运行”一次都构成了一个样本*路径*(也称为*实现*或*复制*)。为了估计所需要的指标，在每个样本路径上收集数据；这些数据包含系统故障事件的发生频率、处于这些状态下的总时间和时间占比以及因系统故障而导致的缺供功率和电量。

如此收集到的数据可用于评估系统可靠性指标，如*缺电概率*(Loss of Load Probability，LOLP)、*缺电频率*(Loss of Load Frequency，LOLF)、*平均中断时间*(Mean Down Time，MDT)、*平均无故障时间*(Mean Time Between Failures，MTBF)、*期望缺供功率*(Expected Power Not Served，EPNS)和*期望缺供电量*(Expected Unserved Energy，EUE，也称为 EENS)。我们除关注系统指标之外，也可能关注局部指标，如单个节点或多个节点处的节点 LOLP、LOLF、EUE 和 EPNS。在评估值收敛至允许的误差阈值之前，需要对若干（有时几百甚至上千）个样本路径进行模拟。

如第6章所述，用于电力系统可靠性评估的序贯模拟法主要有三种变化形式——同步时序、异步时序和混合时序。同步时序法适用于那些以固定时间间隔发生变化的系统，如一个负荷按小时变化的系统。异步时序法适用于那些以非固定时间间隔发生变化的系统，如一个处于紧急状况或随时备用的系统。参考文献［59］介绍了如何将异步序贯模拟法用于一个备用系统。

混合时序法结合了同步、异步时序控制，经常用于工业级的可靠性评估和生产模拟。其最常见的形式是遍历在所关注时段内的一条小时负荷曲线（历史负荷或预测负荷），并异步更新系统元件的状态。实现该方法的一个经典算法描述如下：

1）输入系统数据（元件状态容量和转移率、相互依赖性、互联信息、维护检修计划和小时负荷曲线）。定义指标的收敛判据。

2）对序号为 $i=1$ 的样本路径进行初始化。

3）对第 $j=1$ 小时的元件状态进行初始化。

4）对于第 j 小时元件当前的状态执行以下操作：对每个元件抽取一个随机数，用6.3.1节中概述的方法之一来确定转移到下一个状态的时间。选取这些时间中的最小值，$t_{\min}(k_m)$；相应的时间和状态转移表征即刻要发生的事件，即过了 $t_{\min}$ 之后元件 k 将转移到状态 m。

5）在第 j 小时执行以下操作：

a）将 $t_{\min}$ 减去1小时，指向由第4步确定的下一个事件。

ⅰ）若 $t_{\min}>0$，则系统状态未发生变化；转至步骤5b。

ⅱ）若 $t_{\min}=0$，则将元件 k 在第 j 小时的状态更新为 m。若此转移触发了其他相关事件，则相应地更新那些状态。对于第 j 小时元件当前的状态执行以下操作：对每个元件抽取一个随机数，确定转移到下一个状态的时间。选取这些时间中的最小值，$t_{\min}(k_{\mathrm{m}})$，换言之，只要发生了一次状态转移就确定一个新的 $t_{\min}(k_{\mathrm{m}})$。

ⅲ）在第 j 小时判断是否有任何元件需要检修而退出运行或者检修后重新投入使用？如果是，则相应地改变该元件的状态。

b）针对由步骤5a确定的元件当前的状态以及第 j 小时的负荷，确定系统是否发生缺电。如果是，按6.4.2节所述方法更新指标评估值；否则转至步骤6。

6）j 是否为研究时段内的最后一小时？如果是，则转至步骤7；否则，j 增加1小时并跳转到步骤5。

7）指标评估值是否满足在步骤1中指定的收敛判据？若是，则结束模拟并报告结果（指标评估值以及收敛相关信息、计算时间等可选输出项）；否则，样本路径序号 i 加1并跳转到步骤3。

该算法传达了混合时序序贯模拟法的机理思想。一般而言，对于互联的电力系统，系统中不同节点可能有若干条小时负荷曲线，必须在步骤5b中对这些曲线进行适当调节以适应算法。另外，该方法也有一些变化形式。例如，不是仅仅考虑一个即将发生的事件，而是为每个元件分别维护一个“时钟”（在第 4 步中对其进行初始化），标识该元件转移到下一个状态的时间；然后对每个元件“时钟”每小时更新一次，当元件状态发生改变时进行重置。也可能有其他的变化形式。

如前所述，该方法在工业中得到广泛使用。需要注意的是，在该方法的几个商业实施案例中并未有效地实现收敛性测试，而且给用户提供的选项是只能在一个样本路径上执行模拟，却没有警告用户仅从一个样本路径得到的统计推论几乎可以肯定是极其不精确的，因此那些受过教育的用户最好对此牢记于心，尽管一般对一个复制样本进行模拟就已非常耗时，但我们也要克服只模拟一个复制样本的“诱惑”。

在步骤 5b 中涉及对系统性能的测试，11.6 节讨论了测试系统状态的不同方法。

11.4.1 指标评估

用序贯模拟法对可靠性指标进行评估依据的是 6.4.2 节中介绍的概念，本节介绍针对大型电力系统的可靠性指标评估方法。

平均中断时间（MDT）

MDT 也称为平均中断持续时间，通常用 $\bar{r}$ 表示，定义为

$$\mathrm{MDT}=\bar{r}=\int_0^{\infty} r f_R(r)\,\mathrm{d}r \tag{11.4}$$

式中，R 为随机变量，表示系统中断时间；$f_R(r)$ 是 R 的概率密度函数。根据序贯模拟法，MDT 可估算如下：

$$\mathrm{MDT}=E[\hat{r}];\quad \hat{r}=\frac{1}{N^{\mathrm{cy}}}\sum_{i=1}^{N^{\mathrm{cy}}} T_i^{\mathrm{dn}} \tag{11.5}$$

式中，$E[\cdot]$ 代表期望运算；$\hat{r}$ 为 MDT 的评估值；T_i^{dn} 为序贯模拟过程中发生第 i 次中断的持续时间；N^{cy} 为模拟的*循环*次数。一个循环由一个运行期 T_i^{up} 和一个中断期 T_i^{dn} 组成；第 i 个*循环时间* $T_i^{\mathrm{cy}}=T_i^{\mathrm{up}}+T_i^{\mathrm{dn}}$。模拟总时间 $T=N^{\mathrm{cy}}T^{\mathrm{cy}}=N^{\mathrm{cy}}(T_i^{\mathrm{up}}+T_i^{\mathrm{dn}})$。如 11.4.2 节所述，总的模拟时间或者模拟的循环次数取决于收敛判据的要求。

缺电概率（LOLP）

LOLP 可估算如下：

$$\mathrm{LOLP}=E[\Pi];\quad \Pi=\frac{1}{T}\sum_{i=1}^{N^{\mathrm{cy}}} T_i^{\mathrm{dn}} \tag{11.6}$$

式中，Π 为 LOLP 的估计值，其他变量的定义如前所述。

缺电频率（LOLF）

LOLF 指标给出了停电频率，可估算如下：

$$\mathrm{LOLF}=E[\Phi];\quad \Phi=\frac{N^{\mathrm{cy}}}{T} \tag{11.7}$$

式中，Φ 为 LOLF 的估计值，其他变量的定义如前所述。需要注意的是，LOLF 的单位是单位时间内的故障次数；因此，如果单位以小时计，通过式（11.7）得到

的 LOLF 单位是 f/h，并且可能需要转换成 f/y，这也是表示 LOLF 时惯用的单位。另外，LOLF 与 LOLP 和 MDT 有如下关系：

$$\text{LOLF}=\frac{\text{LOLP}}{\text{MDT}} \tag{11.8}$$

期望缺供功率（EPNS）

EPNS 指标——也称为期望缺供需求（EDNS）——是故障状态概率与相应的负荷削减量的乘积之和，估算如下：

$$\text{EPNS}=\sum_{x_i\in X_f}P\{x_i\}\times C\{x_i\} \tag{11.9}$$

式中，$P\{x_i\}$和$C\{x_i\}$分别为状态 x_i 发生的概率和处于状态 x_i 下系统的负荷削减量；X_f 为故障状态集合。利用序贯模拟法估算 EPNS 如下：

$$\text{EPNS}=E[\Psi];\quad \Psi=\frac{1}{T}\sum_{i=1}^{N_C}T_i^{\text{dn}}C\{x_i\} \tag{11.10}$$

式中，Ψ 为 EPNS 的估计值；$C\{x_i\}$为系统处于当前状态下的负荷削减量。

11.4.2　终止判据

如 6.4.2 节所述，当可靠性指标收敛时，用终止判据令算法停止，从而确定模拟的循环次数。所用的判据如下：

$$\eta=\frac{\sqrt{\text{Var}(\rho_{N^{\text{cy}}})}}{E[\rho_{N^{\text{cy}}}]}\leqslant\varepsilon \tag{11.11}$$

式中，η 为变异系数，Var(·)为方差函数，$\rho_{N^{\text{cy}}}$为在 N^{cy} 次循环结束时所关注的可靠性指标（如 LOLP 或 EPNS）的估计值，ε 为预先指定的误差阈值。

在多个循环间隙计算 η。若该值小于等于指定的误差阈值 ε，则算法停止；否则，模拟继续。

11.5　非序贯模拟法

此方法适用于那些元件与时间无关、或者忽略元件的时间依赖性误差也在可接受范围内的系统。如前所述，将所关注时段内可能的系统状态集总当作样本群，从中抽取合适的样本数量；样本群的指标就可以由样本统计值来评估了。

11.5.1　算法

一种实现非序贯蒙特卡洛模拟法的典型算法描述如下。这种实现方法采用了 6.3.1 节中所述的离散概率分布函数，按照 6.3.1 节所述的方式对这些分布进行随机采样，以下算法阐述了如何用这种方法专门针对综合系统进行评估。

1）输入系统数据（元件状态容量和概率、连接信息、维护检修计划和负荷状态）。定义指标的收敛判据。

2）根据维护检修计划，将分析周期划分为若干时段，使得一个或多个元件退出运行进行检修、或者退出检修恢复运行只有在某个时段开始或结束时才会发生。

换言之，在一个时段内发生的停电只能是强制性停电，而不会是计划性停电。根据检修时段的相对持续时间，针对所有检修时段构造一个离散概率分布函数。

3）对于每个检修时段以升序排列负荷等级，针对所有负荷等级构造一个离散概率分布函数。

4）对于每个系统元件，针对元件所有可能的容量状态构造一个离散概率分布。

5）初始化样本计数 $i=1$，样本数量 $N=1$。

6）对于第 i 个样本，按如下步骤抽取一个系统状态 x_i：

a）生成一个随机数，用它抽取一个检修时段。

b）生成一个随机数，用它抽取一个在步骤 6a 中所抽取的检修时段内的负荷等级。

c）对于每个在步骤 6a 中所抽取时段内未进行检修的元件都取一个随机数，用它来确定该元件的容量。

在步骤 6b 和 6c 中采样的元件容量和负荷等级组合描述了系统状态 x_i。注意，这种采样方式保证了抽取 x_i 的概率与假设物理系统处于相应状态下的实际概率相等。

7）确定系统在状态 x_i 下是否发生缺电。如果是，则按照 6.4.1 节所述方法更新指标的估计值并测试收敛性。如果各个指标已经收敛到指定的误差阈值，则结束模拟并报告结果；否则，增加样本计数 i 和样本数量 N，转至步骤 6。

该算法传递出基于非序贯模拟方法机理的一种思路。此处还是假设只有一条负荷曲线，但可以较为直接地推广应用到不同节点处不同负荷曲线的情形。6.4.1 节概述了利用非序贯模拟估算指标以及测试收敛性的通用方法，可用来评估大型电力系统的可靠性指标，如 LOLP、LOLF、EUE 和 EPNS。11.5.2 节构建了 LOLP、LOLF 和 EPNS 的评估方法。

在步骤 7 中涉及对系统性能的测试，11.6 节对不同系统状态测试方法进行了讨论。

11.5.2 指标评估

10.3.3 节介绍了通过非序贯模拟评估可靠性指标的基本概念，这里介绍的方法与之有两个区别：①10.3.3 节中处理的是状态集合，这里采用的是单个状态；②在非序贯模拟中并非对所有状态进行评估，所以必须采用统计方法通过被采样的状态来估算指标。

理论方法

为了解释如何评估可靠性指标，首先假设系统是一致的，即某个元件的故障或劣化不会改善系统性能，类似地，某个元件的升级或修复也不会恶化系统性能。稍后将讨论施加此条件的方法以及放宽此条件造成的后果。

如前（10.3.3 节中）所述，还要对系统施加两个条件：

1）每个元件都可以用一个两状态马尔可夫模型来表示，后面将展示该方法可以推广应用到多状态元件。

2）只有当一个元件发生故障或被修复时，系统才能从一种状态单步转移到另一种状态。

由于修复一个故障元件而引起的转移称为*向上*转移；类似地，由于一个正常运行的元件发生故障而引起的转移称为*向下*转移。

定义如下缩写：

a 元件：正常运行（可用）的元件；

f 元件：故障元件；

A 状态：正常运行（可接受）状态；

F 状态：故障状态。

显然，缺电概率（LOLP）可计算如下：

$$P_{\mathrm{F}} = \sum_{i=1}^{n_{\mathrm{F}}} P\{x_i : x_i \in X_{\mathrm{F}}\} \tag{11.12}$$

式中，X 为所有状态的集合；X_{F} 为系统故障（缺电）状态的集合；$X_{\mathrm{F}} \subset X$；n_{F} 为故障状态数量。

式（11.12）中求和的每一项表示一个 F 状态，而每个 F 状态表示 a 元件和 f 元件的一种组合。某个 F 状态可能向上转移到一个较高的状态，结果可能是一个 A 状态，也可能是一个 F 状态。若结果是一个 A 状态，则称转移穿越了分隔 F 状态和 A 状态的边界，此时达到 A 状态的频率是与 F 状态发生越界转移相关的所有频率之和。

若求和式表示为：

$$F^{+} = \sum_{i=1}^{n_{\mathrm{F}}} \left[P\{x_i : x_i \in X_{\mathrm{F}}\} \sum_{j \in Z_i} \mu_j \right] \tag{11.13}$$

式中，Z_i 是处于第 i 种状态下的 f 元件集合，μ_j 是第 j 个元件的修复率。F^{+} 是从故障状态向上转移的所有频率之和，其中一些转移会穿越边界，而另一些转移则不会。

若求和式表示为：

$$F^{-} = \sum_{i=1}^{n_{\mathrm{F}}} \left[P\{x_i : x_i \in X_{\mathrm{F}}\} \sum_{k \in \overline{Z}_i} \lambda_k \right] \tag{11.14}$$

式中，$\overline{Z}_i$ 是处于第 i 种状态下的 a 元件集合；λ_k 是第 k 个元件的故障率。F^{-} 表示从故障状态向下转移的所有频率之和。然而，由于系统是一致的，这些转移都不会穿越边界。

下面讨论 F^{-} 中因第 r 个元件发生故障而导致状态从 l 转移到 m 的任意情形。由于所有元件都是两状态马尔可夫元件，因此以下关系成立：

$$P\{x_\ell\}\lambda_r = P\{x_m\}\mu_r \tag{11.15}$$

注意 $P\{x_\ell\}\lambda_r$ 属于 F^-，而 $P\{x_m\}\mu_r$ 属于 F^+。另外我们还会发现，这一性质延伸到对属于 F^- 的每个转移都成立。

至此，F^+ 中所有那些不穿越边界的转移都和 F^- 中相应的转移相互平衡；F^+ 中剩下的都是穿越边界的转移，它们的频率之和为 F_S，即系统正常的频率。同时，F^- 中的每个转移都和一个未能穿越边界的向上转移相互平衡。相应地，有：

$$F_S = F^+ - F^-$$

在稳态下，$F_F = F_S$，其中 F_F 是系统故障的频率。因此，

$$F_F = \sum_{i=1}^{n_F}\left[P\{x_i : x_i \in X_F\}\left(\sum_{j\in Z_i}\mu_j - \sum_{k\in \bar{Z}_i}\lambda_k\right)\right] \tag{11.16}$$

显然，我们可以用一个类似方法直接由 A 状态来计算 F_F 如下：

$$F_F = \sum_{i=1}^{n_S}\left[P\{x_i : x_i \in X_S\}\left(\sum_{k\in \bar{Z}_i}\lambda_k - \sum_{j\in Z_i}\mu_j\right)\right] \tag{11.17}$$

式中，X_S 为正常状态的集合；n_S 为正常状态数量。

因为对于大多数系统而言，$n_F < n_S$，所以通常采用式（11.16）比式（11.17）更容易计算。注意，式（11.16）实际上与式（10.10）等价，而且式（11.16）取决于式（11.15）是否成立。对于两状态马尔可夫元件而言，频率平衡总是成立的；当元件假设为多状态时，频率平衡并非总是成立的，但在这种情况下可以强制频率平衡，这可以通过前面 10.3.3 节中介绍的方法，运用式（10.1）来实现，为方便起见复述如下：对于每一个由于第 r 个元件从状态 s 劣化到状态 t 而发生的向下转移——例如，系统从状态 l 转移到状态 m——用虚拟的转移率 λ'_{st} 来代替实际的向下转移率 λ_{st}，计算式为 $\lambda'_{st} = p_t\lambda_{ts}/p_s$，其中 p_t 为假设元件 r 处于状态 t 的概率，λ_{ts} 为元件 r 从状态 t 到状态 s 的实际向上转移率。

这里如果也采用和前文相同的论述，用以 F 状态为起始状态的虚拟向下转移率来与所有不穿越边界的向上转移率相平衡，就可以得到在元件为多状态的情形下（11.16）的等效公式如下：

$$F_F = \sum_{i=1}^{n_F}\left[P\{x_i : x_i \in X_F\}\sum_{j=1}^{n_C}(\lambda_{ji}^+ - \lambda_{ji}^-)\right] \tag{11.18}$$

式中，n_C 为系统中的元件数量；λ_{ji}^+ 为系统处于状态 i 下元件 j 从其当前状态转移到较高容量状态的转移率；λ_{ji}^- 为系统处于状态 i 下元件 j 从其当前状态转移到较低容量状态的转移率，用于平衡频率。

转移率 λ_{ji}^+ 和 λ_{ji}^- 计算如下：

$$\lambda_{ji}^+ = \sum_{s=r+1}^{n_j}\lambda_{rs}, \quad \lambda_{ji}^- = \sum_{t=1}^{r-1}\lambda'_{tr}$$

式中，r 为系统处于状态 i 下元件 j 的状态，n_j 为元件 j 可能的状态数量，λ' 项表示

虚拟转移率，利用上述强制频率平衡来计算。

在构建元件的频率分布时，可以采用一种使得强制频率平衡成立的方式，而无需一个个计算所有的虚拟转移率。以下在阐释实用方法时对此进行介绍，该方法使得我们能够直接简单地应用式（11.18）。

当所有故障状态都已知时，式（11.12）、式（11.18）给出了故障的实际概率和频率。现介绍如何修正式（11.12）和式（11.18），使其能够通过非序贯蒙特卡洛模拟过程中被采样的状态来估计 LOLP 和 LOLF。11.5.1 节介绍了如何对一个随机状态$\{x_i \in X\}$进行采样，根据采样得到的 x_i，确定随机变量 π_i 和 ϕ_i 的值如下：

$$\pi_i=\begin{cases}1 & \text{如果 } x_i \in X_F \\ 0 & \text{其他情况}\end{cases} \tag{11.19}$$

$$\phi_i=\begin{cases}\sum_{j=1}^{n_C}(\lambda_{ji}^{+}-\lambda_{ji}^{-}) & \text{如果 } x_i \in x_F \\ 0 & \text{其他情况}\end{cases} \tag{11.20}$$

样本大小 N 会随每次抽样相继增加，确定随机变量 Π_N 和 Φ_N 的值如下：

$$\Pi_N=\frac{1}{N}\sum_{i=1}^{N}\pi_i \tag{11.21}$$

$$\Phi_N=\frac{1}{N}\sum_{i=1}^{N}\phi_i \tag{11.22}$$

接近收敛时，Π_N 和 Φ_N 分别给出 P_F 和 F_F 的估计值；这些故障指标实际上就是系统的 LOLP 和 LOLF，计算如下：

$$P_F=E[\Pi_N] \tag{11.23}$$

$$F_F=E[\Phi_N] \tag{11.24}$$

式中，$E[\cdot]$代表期望运算。当样本量 N 足够大使得估计值的变异系数是任意小数（即下述关系成立）时，就称 Π_N 和 Φ_N 的估计值收敛于 P_F 和 F_F 的统计值：

$$\frac{\sqrt{\mathrm{Var}(\Pi_N)}}{E[\Pi_N]}\leqslant\delta \tag{11.25}$$

$$\frac{\sqrt{\mathrm{Var}(\Phi_N)}}{E[\Phi_N]}\leqslant\varepsilon \tag{11.26}$$

式中，$\mathrm{Var}(\cdot)$为方差函数；δ 和 ε 为预先指定的误差阈值。

实用方法

前面 11.5.1 节中已述及，发电、输电和负荷可表示为与各种容量水平相对应的概率、频率的离散分布。根据一个给定节点处的可用发电机组容量状态和状态之间的转移率，利用第 8 章所述的*机组添加算法*即可针对每个节点构造离散的概率、频率分布。由于这些分布是累计的，可写为：

$$P_j(n)=P_j(n-1)+p_j(n) \tag{11.27}$$

$$F_j(n)=F_j(n-1)+p_j(n)(\lambda_{jn}^{+}-\lambda_{jn}^{-}) \tag{11.28}$$

式中，$P_j(n)$为第 n 个状态的累积概率；$F_j(n)$为第 n 个状态的累积频率；$p_j(n)$为第 n 个状态的实际状态概率；下标 j 为元件序号。

（参考文献［3］推导出式（11.28）的一种并非很通用的形式，适用于两状态发电机组；后来经过参考文献［7］的推导，得到式（11.28）通用的、适用于多状态的形式。）

利用式（11.27）、式（11.28）由累积频率构建一系列"递增转移率" L_j：

$$L_j(n)=\frac{F_j(n)-F_j(n-1)}{P_j(n)-P_j(n-1)} \tag{11.29}$$

因此，在实用方法中，式（11.20）采用如下形式：

$$\phi_i=\begin{cases}\sum_{j=1}^{n_C} L_j(n) & \text{如果 } x_i \in X_F \\ 0 & \text{其他情况}\end{cases} \tag{11.30}$$

P、*F* 和 *L* 的分布只需要在程序开始构建一次，之后就执行模拟算法，用上述方法不断更新估计值。

其他指标

式（11.23）、式（11.24）给出 LOLP 和 LOLF 指标的估计值 P_F、F_F；其他指标（如 MDT 和 EPNS）可按如下介绍的方法进行评估。

平均中断时间（MDT）

MDT 可简单地由式（11.31）估计：

$$\text{MDT}=\frac{\text{LOLP}}{\text{LOLF}} \tag{11.31}$$

功率不足期望（EPNS）

式（11.9）给出 EPNS 的数学定义。该指标可利用非序贯模拟法估计如下。根据被采样的 x_i，确定随机变量 ψ_i 的值：

$$\psi_i=\begin{cases}C\{x_i\} & \text{如果 } x_i \in X_F \\ 0 & \text{其他情况}\end{cases} \tag{11.32}$$

式中，$C\{x_i\}$是在第 i 个采样状态下系统削减的负荷量。然后就可以估计 EPNS 如下：

$$\text{EPNS}=E[\Psi_N];\Psi_N=\frac{1}{N}\sum_{i=1}^{N}\psi_i \tag{11.33}$$

式中，Ψ_N 为 N 次采样后 EPNS 的估计值。

11.6 状态测试

在所有类型的模拟中，都需要对系统状态进行测试以确定是否发生缺电；如果是，缺电量多大。在大多数情况下，测试都是基于这样的假设：对于某个给定的系

统预想事故，运行人员都会尝试用一种可行的（即满足安全约束的）调度方案来避免削减负荷或使负荷削减量最小，同时诸如设备负载限值、节点电压限值等系统约束都不会越限。通常将此构建为一个带约束的优化问题，其中目标函数为负荷削减量，优化问题为在满足潮流约束和安全约束的条件下使得系统总负荷削减量为最小；一些运行策略（如固定合同、紧急援助策略等）也会在建模中加以考虑并包含在约束中。9.4 节总结了安全约束调度的方方面面。

9.4.6 节介绍了如何对安全约束调度问题求解，针对给定的预想事故给出最小的负荷削减量 P_C。如果 P_C 值为零，则预想事故 x_i 代表一个可接受的状态，否则就是一个缺电状态，而 P_C 的值就是状态 x_i 的 $C\{x_i\}$，在式（11.10）或式（11.33）中用 $C\{x_i\}$ 来估计系统的 EPNS。

对于实际规模的电力系统而言，一个完整的非线性优化问题往往会变得非常庞大，求解耗时。考虑这一点很重要，因为需要针对每个被测试状态求解该问题，而且在模拟收敛之前必须测试的状态数量相当多；事实上，系统设计得越好、越可靠，在指标收敛之前必须测试的状态数量就越多。因此相应出现了一些尝试减少耗费在测试状态上的计算量的方法。

完整的非线性优化问题的简化版可分为两大类：线性近似法和启发式方法。前者将非线性潮流方程简化为线性的潮流近似方程，例如①输电模型（也称为容量流模型、网络流模型和合同路径模型），其中只考虑了设备容量限值，忽略了线路阻抗和变压器阻抗对潮流的影响；②DC 潮流模型，其中假设了传输的有功功率和节点电压相角之间是线性相关的。9.4 节概括介绍了这些方法，较为详细的介绍参见参考文献［47］。在线性近似法中忽略了无功潮流和电压约束。第二大类（即启发式方法）有几种变化形式。在某些情况下是执行简单的、基于规则的调度方案；在另一些情况下是训练好神经网络并将其用于测试状态。在蒙特卡洛模拟过程中使用基于神经网络的方法来表征状态的例子可参见文献［60］。

11.7　加速收敛

为了减少收敛到某个指定精度所需要的样本数量，必然会出现一些尝试性的做法。目前已有各种方法成功应用于解决利用蒙特卡洛模拟法来评估电力系统可靠性这一问题，包括：控制变量法[61]、对偶变量法[61]、分层采样法[62]、重要度采样法[63]、交叉熵法[17,64]等。这些方法的基础都是方差缩减技术，已在 6.5 节中进行了简要介绍。下节介绍状态空间修剪法[9]，这是一种高速收敛的蒙特卡洛方法。

11.8　状态空间修剪：概念与方法

11.5 节概括介绍了非序贯蒙特卡洛模拟法，状态空间修剪是一种加速此模拟过程的方法。它针对那些更可能发生缺电的状态空间区域有选择地执行蒙特卡洛模拟。通过辨识具有一致性的可接受状态子空间并将其删除来隔离这些区域。可接受的状态集合可以用任意合适的方式来辨识：10.3 节中介绍的方法采用了可接受程度的下限，是最激进的方法；而为了算法简单也可以采用启发式方法[65]；还有一种权宜之计是简单地用随机采样来辨识可接受状态，删除所有较高的容量状态。

11.8.1 修剪与模拟的概念

对于一个实际规模的系统，状态空间会非常庞大；如果是高可靠系统（大多数系统如此设计），则蒙特卡洛模拟过程需要采样相当多数量的状态之后，指标才能收敛到合理的较小阈值。在不同的系统模型复杂性和系统可靠性下，测试大量样本的过程可能会极其耗时。在修剪和模拟方法中，对状态空间中那些不会出现故障状态的区域（任意大小）进行辨识，并且对这些可接受状态的集合（A 集合）进行“修剪”，然后再对余下的状态空间进行模拟。由于每个状态相对于采样空间的概率成比例增加，某个采样状态为 F 状态的可能性相应增加，模拟自然会收敛得更快。

对该方法解释如下。若假设有一个二维离散状态空间，需要对其进行蒙特卡洛模拟从而得到可靠性指标。利用一些合适的方法来辨识具有一致性的可接受状态集合（任意数量），将其删除，经此“修剪”得到一个缩减的状态空间，其中缺电状态和在原始状态空间中一样完整地保留了下来，但在对余下的状态空间进行蒙特卡洛采样时遭遇这些缺电状态的可能性比对原始状态空间进行采样时要高，如图 11.1 所示，因此有理由断言：对余下的状态空间进行模拟时，在满足相同收敛准则的前提下需要的样本量较小。

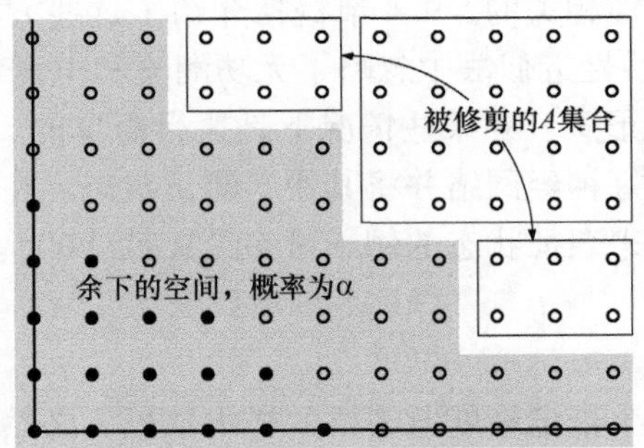

图 11.1 余下的状态空间，实心圆表示故障状态

对这一论断证明如下。若计算系统缺电概率（LOLP），为 $\boldsymbol{p}$；

令 p 为 $\boldsymbol{p}$ 的估计值。由于故障状态是二项分布的（某个采样状态要么是故障状态，要么是正常状态），因此分布的均值为 p，方差为 $p(1-p)$。则 p 的变异系数为

$$\eta=\frac{1}{p}\sqrt{\frac{p(1-p)}{N}} \tag{11.34}$$

式中，N 为采样状态数。

如果对余下的状态空间（概率为 α）进行采样，则条件 LOLP 的估计值为

$$p'=\frac{p}{\alpha}$$

p'的变异系数为

$$\eta'=\frac{1}{p'}\sqrt{\frac{p'(1-p')}{N'}}=\frac{\alpha}{p}\sqrt{\frac{\frac{p}{\alpha}\left(1-\frac{p}{\alpha}\right)}{N'}} \tag{11.35}$$

式中，N'为余下的状态空间中被采样的状态数。

如果 p 和 p'的估计值都需要收敛到同一误差阈值，那么

$$\frac{N'}{N}=\alpha\frac{1-\frac{p}{\alpha}}{1-p} \tag{11.36}$$

注意式（11.36）是通过令 η 和 η'相等得到的，η 和 η'就是 p 和 p'的变异系数，实际上是对不同量值的估计值。然而，η 和 η'是各自进行采样的状态空间内的变异系数，因此令它们相等是合理的。

还要注意式（11.36）表明，由于 p 很小，分数 N'/N 近似等于剩余概率 α。换言之，样本量的减少程度近似与状态空间的修剪程度成正比。

所谓进行修剪就是辨识一个可接受的状态（分区向量），将该状态以及所有较高容量状态删除。执行修剪的次数根据需要或者我们认为合适的次数而定。如何确定分区向量取决于系统的建模方式以及网络流的表示方式。在对综合系统可靠性进行建模时，网络模型是以边互联的节点形式，其中节点和边分别代表母线和输电线。每个节点处的发电模型、负荷模型以及每个边的输电容量模型分别是一组离散的容量等级，每级容量有相应的概率和频率。这些概率分布和频率分布都被构建为累积分布，因此频率是强制平衡的。

状态空间与分区向量

对于一个给定的负荷场景，可用的节点发电量和输电线路容量将决定是否满足节点负荷需求。因此，可以将状态空间定义为发电等级和输电线路容量的所有可能组合的一个集合；描述该状态的向量中的元素由每个状态下发、输电元件的容量构成。利用负荷集群方法可以处理与时间相关的负荷变化以及发电机的计划停电，10.3 节对该方法进行了介绍，但为了方便起见，这里再总结一下。该方法将多个节点处的每小时负荷集聚成较少几个（10~20 个）节点处的负荷向量，每个向量相应有一个概率和频率；其次，定义一个参考负荷状态，用它针对每个负荷集群修改发电模型；这些修改后的模型相互交织，形成一个综合发电模型。为顺应计划停电要求，可进行类似的修改和后续的集成，所得到的发电模型只需要使用一个负荷状态，也就是参考状态。10.3.2 节对该方法进行了详细的介绍。由于集群最终得到的模型只使用一个负荷等级，因此这里介绍只用到一个负荷等级的修剪和模拟方法，但很容易将这一思路推广应用于涉及多负荷等级和计划检修的情形。因此，一

般而言，若一个系统有 N_n 个节点，N_a 条输电线路（边），则该系统具有一个离散状态空间，维数是(N_n+N_a)，每个坐标轴由节点发电量或输电线容量等级构成，包括零容量等级。

如前所述，可以通过辨识并删除若干 A 集合来进行修剪。利用与 10.3 节概述的状态空间分解法相同的方法可以最有效地辨识出 A 集合。首先将原始状态空间作为一个未分类集合（U 集），根据其中最大可用容量等级来使系统的负荷削减量最小；其次，由那些令削减量为零的最低容量状态组合构成一个分区向量，即前面提到的 u 向量，它具有如下性质：所有处于 u 向量和 U 集合上界之间（包括 u 向量本身）的状态都是可接受状态，构成一个 A 集合。至此，利用 u 向量就可以将原始的 U 集合分解为一个 A 集合和 N_n+N_a 个不相交的 U 集合，其中一些可能是空集。（注意：在使用分解法进行修剪时不用辨识 v 向量和 L 集合，从而避免了状态空间分解法需要做的大量工作。）将 A 集合删掉，对剩下的 U 集合进行模拟。需要删除的 A 集合越多，则分解的 U 集合越多。随着修剪不断进行，所生成的 A 集合规模逐渐减小，但确定一个 u 向量所花的工作量（需要求解一个有约束的优化问题）保持不变。因此，慎重的做法是在某一点之后停止修剪，对余下的状态空间进行采样。

确定 u 向量还有其他方法。为简化算法也可以采用启发式方法，如参考文献[65] 介绍的一种方法是按比例减少各节点处的可用发电量，从而使其总和等于总负荷。如果得到的节点发电量满足潮流约束，则它们构成了给定 U 集合的 u 向量；如果不满足潮流约束，则启发方法失效，只能用求解有约束优化的方法来确定 u 向量。（注意：如果发电量不超过负荷，则 U 集合中不包含 u 向量。）还有一种权宜之计是使用随机采样法，测试被采样状态的可接受程度；如果没发生缺电，则该采样状态可被视为一个 u 向量。这种方法是最保守的（因此就被修剪的 A 集合大小而言也是效率最低的），但涉及的工作量最少。

从（组成剩余空间）未分解的 U 集合中，用如下方式随机选择一个 U 集合：令选择该状态的可能性等于 U 集合的概率与剩余空间的概率之比。在所选的 U 集合内，用比例采样法来选择每个节点处的发电等级以及每条边上的输电容量。如果使用多个负荷等级，也要对一个负荷等级进行采样；如此选择出来的发电-输电-负荷场景构成被采样的状态，对其进行可接受程度的测试，并利用式（11.19）~式（11.22）来更新系统指标的估计值。用类似的准则来估计节点的故障指标。这里要重点说明，式（11.19）~式（11.22）是相对于样本空间来估计指标的，因此必须用剩余空间的概率 α 来除这些估值，从而得到 P_F 和 F_F 正确的估值。

11.8.2 对非一致性的处理

和在分解过程中一样，在修剪过程中也需要状态空间是一致的，即从 A 状态发生一个向上转移，其结果应是一个 A 状态；从 F 状态发生一个向下转移，其结果应是一个 F 状态。如果不满足此条件，那么①11.5.2 节中针对评估频率指标提

出的论述不成立，并且②修剪过程失效，因为其前提是所有高于 u 向量的状态都是 A 状态。

除容量流模型之外的潮流模型都可能导致不一致。这是因为当采用其他潮流模型时，输电容量随着线路阻抗的变化而变化，导致潮流重新分布。因此，如果系统处于 A 状态，因某条故障输电线路恢复运行而导致的潮流重新分布可能会引起系统某些地方发生缺电；类似地，某条线路故障也可能导致从一个 F 状态转移到一个 A 状态。对此问题处理如下：在修剪阶段中，保持输电容量为最高等级的状态下对发电等级进行分解；换言之，每次确定 u 向量时，将其中与输电线路对应的元件设为最大容量等级。由于通常输电系统远比发电系统可靠，固定输电等级并不会显著降低修剪效率。如此就解决了上述问题②。

为了解决问题①，在下述命题基础上构建一个假设：

命题 1：调度操作排除了因为某个故障元件恢复运行而导致系统性能变差这样的事件发生。

命题 2：在仅仅因为考虑了 DC 或 AC 潮流约束就出现不一致的电力系统中，各状态的集总概率对不一致性的影响很小，可以忽略。

命题 1 的含义就是如果认为某条被修复的输电线路恢复运行会对系统性能有害，则调度人员可以选择不将其重新投入运行。从工程角度来看，我们认为命题 1 是合理的，因此它并不代表是一种近似或不精确。但是，它排除了那些因为某个元件劣化或发生故障而改善系统性能的事件，因为它们是调度人员无法控制的随机事件。通过命题 2 我们认为，忽略这些状态转移所产生的近似是可以接受的。参考文献[9,66]报告的结果支持了这一论断。另外，在进行修剪时，这些状态一直停留在剩余空间里，因此如果指标仅仅由所采样的 F 状态来估计，那么若对这些状态进行采样，将其标识为 A 状态就是合理的，不会产生任何误差。

然而，上述假设在数学上代表一种缺陷，是否接受这一假设本质上是一个工程判断的问题；但如果选择接受它，就解决了问题①，因为 11.5.2 节中介绍的方法是由被采样的 F 状态来计算频率指标的，而对状态空间进行修剪则保留了所有的 F 状态用于模拟，这里强调“所有”一词是因为我们选择接受命题 1。

对多状态负荷的处理

除非只用一种负荷状态，否则负荷建模略微复杂。如果采用多状态负荷模型，除非所有节点负荷完全相关（即一起增加和一起减小），否则剩余状态空间将是不一致的，对频率指标的估计将是不准确的。实际情况下，在幅员广阔的系统中，负荷随时间变化的曲线必然随地理范围的不同而各异。但在综合系统分析中，我们通常只需要详细描述系统的某一部分；如果负荷差异不是太大，我们还是可以计算 LOLF，尽管精度有所下降。

在构建多节点、多状态负荷模型的 P、F、L 分布时（参见 11.5.2 节），使用集群方法（参见 9.3.3 节）。与负荷建模相关的还要注意两点：一是为了保持系统的一致性，负荷状态按逆序排列，即将较高的负荷等级作为较低的负荷状态，因为从可靠性的角度来看，系统负荷的下降改善了系统性能。另一点需要注意的是，由于多状态负荷是以多节点向量的形式来建模的，整个负荷模型只与一组 P、F、L 分布相关，因此在构建这些分布时，针对一个多状态负荷模型的元件数量为 $n_{\mathrm{C}}=N_n+N_{\mathrm{a}}+1$，其中增加了与负荷相对应的维度，其状态数量与负荷集群类数量相同。

11.9 智能搜索方法

蒙特卡洛模拟是在系统状态空间中进行随机搜索，但近几年一些工作研究了如何基于启发式优化方法进行非随机搜索或智能搜索。本书简要介绍如何使用遗传算法、粒子群优化和神经网络。几种方法的对比参见文献［67］。

11.9.1 遗传算法

遗传算法（GA）模拟进化过程，将优胜劣汰的规则应用于由个体组成的一个种群。遗传算法的基本思想是由一定数量的染色体随机生成一个初始种群。在电力系统中，每个染色体代表一个系统状态[68,69]。每条染色体都由取 0-1 值的基因组成，每个基因代表一个系统元件。基因值如果取*0*，则意味着它所代表的元件处于*中断*状态；如果取*1*，则意味着该元件处于*可用*状态。

采用特定的适应度函数对所有个体进行评估。根据个体的适应度从旧种群中选出一个新种群。对种群成员运用一些遗传计算（例如，变异、交叉）生成新的个体，再对新选择出来的个体和新生成的个体进行评估，产生新一代种群；以此类推，直到满足算法终止条件。

合理选择适应度函数可以提高 GA 状态采样所要求的智能化水平。由于搜索的是高概率的故障状态，因此所构造的适应度函数必须能够选择故障概率高的状态并加以传播。一种可供选择的适应度函数形式如下：

$$fit_j=\begin{cases}SP_j & \text{如果新染色体 } j \text{ 代表一个故障状态}\\ SP_j\cdot\beta & \text{如果旧染色体 } j \text{ 代表一个故障状态}\\ SP_j\cdot\alpha & \text{如果新/旧染色体 } j \text{ 代表一个运行状态}\\ SP_j & \text{如果染色体概率低于阈值}\end{cases}\tag{11.37}$$

式中，SP_j 为状态概率，β 是 0.0001 到 0.1 之间的一个小数，α 是一个非常小的数（如 10^{-20}）。通过这种方式可以减少一个旧的故障染色体的适应度值，使得 GA 能够搜索更多的故障状态，防止较高概率的故障状态成为主导，从而“屏蔽了”其他故障状态。为了提高 GA 搜索过程的性能，可对适应度函数进行缩放。

计算出当前种群中所有染色体的适应度值之后，利用遗传运算进化出新一代，这些运算包括选择模式、交叉和变异。GA 不断产生新一代种群，直到满足某个终止条件。GA 的主要作用是通过跟踪对系统故障影响最大的状态来截取庞大的状态空间。搜索过程停止后，状态阵列中保存的数据用于针对整个系统和每个负荷节点

按年计算充裕度指标。

需要注意蒙特卡洛模拟（MCS）和 GA 之间的一个重要区别。MCS 依赖于对状态空间进行随机搜索，而 GA 用的是一种“智能”搜索。MCS 的“随机”特性导致指标估计值有时偏高、有时偏低，从而使指标估计值从两个方向趋近其实际值；而 GA 则是根据所遍历状态的影响、随算法推进不断累加指标估计值，从而使其在趋近实际值的过程中总是小于实际值。图 11.2 对此进行了说明，这是参考文献［69］所得到的结果。

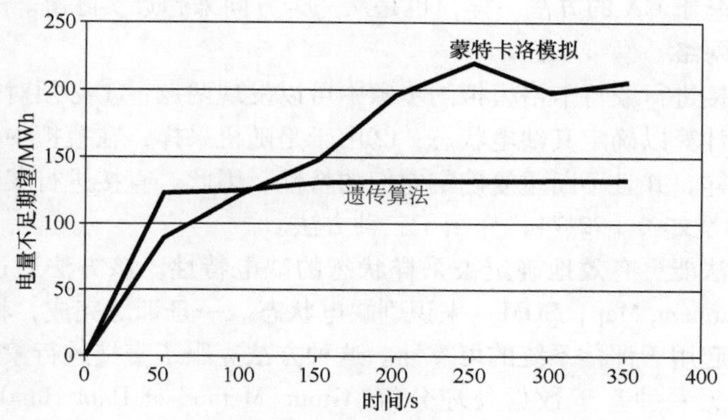

图 11.2　蒙特卡洛模拟与遗传算法的收敛特征比较

11.9.2　粒子群优化

粒子群优化（PSO）算法的形成起源于模拟那些呈现出群体智力的动物的社会行为[70]，例如，鸟群寻找食物。传统的模拟在代表一片地域（假设这里有食物）的一个二维网格上进行。鸟群出发去寻找食物，它们并不知道食物的位置，但它们遵循一定的动态特性，并最终就食物所在地达成一致。在此模式中，粒子（鸟）遍历（飞越）状态空间（一片地域）寻找最优解（食物）；空间中的每个点都有一个适应度值（感知和食物所在地之间的距离）。粒子的运动受三个因素的控制：一是惯性，即它们会朝着之前移动的方向继续移动；二是局部最优，即它们倾向于移动到个体适应度值为最优的位置；三是群体最优，即它们倾向于移动到同一群体内适应度值为最优的位置。通过这三个因素之间相互作用得到粒子的新位置；经过一定的时间，它们在适应度值为最优（与食物相距为 0）的位置停下。在此过程中，它们也会遍历其他位置。可靠性分析中常利用这些遍历来收集可靠性数据。

为使该方法适用于分析电力系统可靠性，参考文献［71］利用 PSO 技术来进行搜索而不是进行优化。构建状态空间的方式与非序贯模拟中所采用的方式类似。一个粒子群从状态空间中随机的初始位置出发，优先搜索缺电状态；当遍历到缺电状态时，累加它们对可靠性指标的贡献度。在最简单的 PSO 形式中，算法就是一个适应度函数（类似于上述 GA 所用的那种），群体搜索那些有显著贡献度的缺电状态。然而，研究发现，多目标函数的形式——包括一个基于状态概率的适应度函数和一个基于系统负荷削减量的适应度函数——呈现出更好的群体动态特性，其原因是高概率故障状态通常引起较低的负荷削减量，反之亦然。因此，使用多个相互矛盾的目标能够保证粒子不会总是收敛到状态空间的某一部分从而终止搜索；相反，相互矛盾的目标强制粒子持续地、有选择性地搜索故障状态，直到评估的指标收敛为止。

由于该方法也是通过累加所遍历的故障状态的贡献度来估计可靠性指标，因此其收敛特性与基于 GA 的方法一样，也是从一个方向来趋近实际解。

11.9.3 神经网络

我们从直接进行蒙特卡洛模拟的步骤中可以发现两点：①必须对每个采样状态进行一次潮流计算以确定其缺电状态；②由于是随机采样，在模拟中会对很多类似的状态进行采样，并且不断重复确定它们的特性。因此，直接进行蒙特卡洛模拟会非常耗时。参考文献［72-74］介绍了三种方法。

第一种方法能更有效地确定被采样状态的缺电特性。该方法通过训练*自组织映射*(Self-Organizing Map，SOM）来识别缺电状态。一旦训练完成，将 SOM 连同蒙特卡洛模拟一起用于评估系统的可靠性。这种方法克服了直接进行蒙特卡洛模拟的第一个缺点。另一种基于*数据处理分组*(Group Method of Data Handling，GMDH）的方法已用于辨识弹性制造系统中的系统状态，也可以很容易地将该方法应用于电力系统[75]。

第二种方法是先对被采样状态进行聚类，然后再确定其缺电特性。该方法首先用蒙特卡洛模拟方法对状态进行累加，然后用 SOM 方法对这些状态进行聚类，最后计算潮流对所聚类的状态进行分析。这种方法克服了直接进行蒙特卡洛模拟的第二个缺点。

11.10 结论

结束本章之前宜给出以下结语。

业界所用的绝大多数可靠性分析程序（包括工业中使用的商业软件包以及学术界使用的研究级别的程序）都会利用到本章介绍的蒙特卡洛算法之一或其变化形式之一。此外，业界使用的大多数概率生产成本程序也采用类似的算法，区别在于目标函数用最大化社会福利（模拟考虑需求弹性的竞争市场时）或最小化生产成本（模拟不考虑需求弹性的管制制度或管制市场时）来替代可靠性最高或负荷削减量最小。

在可靠性和生产模拟中，使用优化函数不仅可以确定本章所述的系统级指标，还可以确定区域级指标，如节点或区域的可靠性指标以及边际电价。通过累加本地所有样本或事件的信息（如负荷削减量），可以得到区域级可靠性指标；通过在模拟过程中所得最优解对应的拉格朗日（或对偶）变量值，可以得到节点边际电价

和其他敏感度指标[76]。

最后是一个有关蒙特卡洛算法的警示声明。必须记住，每个蒙特卡洛实现（或复制）场景只代表一个样本路径，在那些一个实现场景要面向整个规划期（资源和需求已知或已有工程建设计划）来构建的案例中，需要模拟很多次（有时上百次甚至上千次）实现场景之后，估计值才能收敛到可接受的误差阈值。此警示声明适用于那些收敛测试没有被有效地执行或阐释的商业程序；软件通常给用户提供的选项是只在一个样本路径上执行模拟，却没有警告用户仅从一个样本路径得到的任何统计推论几乎可以肯定是极其不精确的。那些受过教育的用户最好对此牢记于心，尽管一般对一个复制样本进行模拟就已非常耗时，但我们也要克服只模拟一个复制样本的“诱惑”。

第12章

考虑电力系统可靠性的能源规划

12.1 引言

前述章节讨论了可靠性准则和可靠性评估方法。可靠性分析最终是为决策过程提供输入。这里我们举例讨论如何在电力系统扩展规划问题中考虑可靠性。广义地来看，可将电力系统可靠性指标分为概率性指标和确定性指标。概率方法就其本质特性而言，能有效地响应机组组合、地理位置和负荷曲线的变化，因此更适合应用于诸如成本权衡和资源优化。我们提出一个随机规划架构，在扩展问题中充分考虑发电、输电线路容量和系统负荷中的随机不确定性；通过优化求解，可以得到系统可靠性和成本之间有利的折衷方案。该问题被构建为一个两阶段补偿模型，其中考虑了区域发电、输电线路和区域负荷的随机不确定性。基于 DC 潮流分析对电力系统网络进行建模。该问题所用的可靠性指标是期望缺电成本，因其包含了缺电持续时间和大小。由于在大型电力系统中，系统状态（场景）数量呈指数上升，采用样本平均近似（Sample-Average Approximation，SAA）的概念使此问题易于计算。该方法已在 IEEE-24 节点可靠性测试系统上实现。

能源规划是为了形成确保终端消费者有中长期能源供给和输送的策略。发电扩展问题讨论的是有关新发电资源优化定址的要点，独立系统运营商（ISO）之类的实体可利用此信息来生成价格信号或其他激励措施使这些资源成为现实。

电力系统可靠性评估可以从确定性的和概率性的两个角度来考虑和定性。确定性指标是一些经验规则，例如，备用（定义为峰荷相对于最大机组容量的百分比或者就等于最大机组容量）。确定性指标易于评估和实施，但它们会给出不合理的安全裕度，不适合在可靠性和成本之间做权衡。与之对比，在问题中纳入概率性指标（如缺电概率或期望缺供电量）会比较复杂，但这些指标更全面、更有数学依据，能够体现出潜在解决方案的好坏。因此本章的重点是结合概率性指标的可靠性评估。

参考文献［77］针对发电扩展问题提出了几种优化方法。我们主要考虑那些能显式表达不确定性的方法，其中参考文献［78，79］针对规划问题提出随机规划架构，并将其构建为一个两阶段补偿模型。在完成第一阶段对扩展策略做决策之

后，对发电、输电线路容量和负荷中的随机不确定性建模实现，即已知发电容量、负荷需求和输电容量。在随机性建模实现之后，第二阶段的决策是在时刻满足负荷需求的假设前提下使运行成本最小，以此确定每个节点的发电容量。该问题用一个大规模的确定性等价问题来求解。

本章对规划问题的表述形式进行了修改，并在其中结合考虑了可靠性[80,81]。所用的可靠性指标是期望缺电成本，在第二阶段问题中计算。“缺电”一词用于表征因发电或输电容量不足而导致无法供电的负荷。相应地，总目标是使第一阶段中的扩展成本最小，同时使第二阶段中的运行成本和期望缺电成本最小。此问题表述形式中也可以包括新增发电机组的可用性（用它们的强制停运率和减载强制停运率来表示）。

可以将一个随机规划框架下构建的确定性等价问题变成一个具有特殊结构的大规模线性规划问题。L 形算法是求解大规模随机规划问题的标准算法。感兴趣的读者可参考文献[82,83]，了解两阶段补偿模型形式和可用的求解算法的有关细节。该算法考虑了整个概率空间，对于一个大规模系统而言可能很不实际，甚至无法穷举和评估。因此，直接应用 L 形算法无法在计算方式上做到有效。

这一维数灾问题可用一种被称为样本平均近似的技术来解决。利用采样技术减少系统状态数量。第二阶段的目标函数——被称为实际期望值的样本平均近似(SAA)——由这些样本来定义。这种近似使得我们能够用确定性等效模型来解决这个问题。实际上，由 SAA 问题得到的目标函数值就是对实际最优目标值的估计。这些估计值给出最优目标值（实际期望值）的上、下界，可用来分析近似解的质量。

12.4 节还分析了将最优解在每个节点处“分摊”的可靠性性能，以检验最大化系统级的可靠性是否能够一视同仁地提升所有用户的可靠性[84]。当向每个用户收取相同的扩展费用时，每个用户不一定能得到相同的可靠性水平。因为问题描述考虑了整个系统的可靠性，最优解给出的是系统可靠性最高，但这可能无法保证每个节点处用户的可靠性均得到提升。

本章组织如下。首先详细描述了问题，其次介绍样本平均近似方法，给出并讨论了对实际目标值上、下限的估计以及近似解。该方法在一个 24 节点的 IEEE 可靠性测试系统上实现[35]，对最大化系统级可靠性进行了对比研究，最后一节给出结语。

12.2　问题描述

能源扩展问题的目标是在考虑发电、负荷和输电线路不确定性的情况下，使扩展成本最小，同时使系统可靠性最高。当可靠性是组成要素之一时，问题描述中需要纳入可靠性模型。这一基础的可靠性评估模型需要有一个潮流模型来评估系统与缺电相关的状态。在综合可靠性评估中，一种广为接受的方法是使用 DC 潮流模型，网络中每个元件的容量都用一个具有离散概率分布的随机变量来表示。该问题被构建为一个两阶段补偿模型，以系统期望缺电成本作为可靠性指标。

基于两阶段补偿模型的发电扩展规划问题

第一阶段的决策变量是在节点 i 处安装的发电机数量 x_i，第二阶段的决策变量则是节点功率和网络潮流，即各系统状态下的发电、输电线路上的潮流和负荷削减量。在确定第一阶段扩展策略中的决策变量之后，对此问题中的随机性实现建模，之后评估第二阶段的决策变量。此问题的目标是令扩展成本和运行成本均为最小，如式（12.1）所示：

$$\min \sum_{i \in I} c_i x_i + E_{\tilde{\omega}} \{f(x, \tilde{\omega})\} \tag{12.1}$$

$$\text{s.t.} \sum_{i \in I} c_i x_i \leqslant \boldsymbol{B} \tag{12.2}$$

$$x_i \geqslant 0 \text{ 且为整数} \tag{12.3}$$

式中，c_i 是节点 i 处新增发电机的成本，式（12.2）表示预算约束为 $\boldsymbol{B}$。约束（12.3）是对新增发电机数量的要求，为一个整数。

式（12.1）中的函数 $E_{\tilde{\omega}}\{f(x,\tilde{\omega})\}$ 是在状态空间 Ω 的某个实现场景 ω 下，第二阶段目标函数的期望值，目标是令运行成本和缺电成本为最小。第二阶段的问题是发电容量计划安排，目标是最小化每种状态下的运行成本以及因削减负荷而产生的可靠性成本。电力系统网络约束用 DC 潮流模型来构建。第二阶段的决策变量为：状态 ω 下节点 i 处的发电量 $y_{gi}(\omega)$、负荷削减量 $y_{li}(\omega)$ 以及电压相角 $\theta_i(\omega)$：

$$f(x,\omega) = \min \sum_{i \in I} \{c_{li}(\omega) y_{li}(\omega) + c_{oi}(\omega) y_{gi}(\omega)\} \tag{12.4}$$

$$\text{s.t. } y_{gi}(\omega) \leqslant g_i(\omega) + A_i x_i, \ \forall i \in I \tag{12.5}$$

$$b_{ij}(\theta_i(\omega) - \theta_j(\omega)) \leqslant t_{ij}(\omega), \ \forall i,j \in I, i \neq j \tag{12.6}$$

$$y_{li}(\omega) \leqslant l_i(\omega), \ \forall i \in I \tag{12.7}$$

$$\sum_{j \in I} B_{ij}\theta_j(\omega) + y_{gi}(\omega) + y_{li}(\omega) = l_i(\omega), \ \forall i \in I \tag{12.8}$$

$$y_{gi}(\omega), y_{li}(\omega) \geqslant 0, \ \forall i \in I, \theta_i(\omega) \text{无限制} \tag{12.9}$$

式中，$c_{li}(\omega)$和$c_{oi}(\omega)$是状态 ω 下节点 i 处的缺电成本和运行成本，单位为美元/MW；A_i 为节点 i 处的新增发电容量，单位为 MW；参数 $g_i(\omega)$、$t_{ij}(\omega)$和 $l_i(\omega)$分别为节点 i 处的发电容量、节点 i 和 j 之间的联络线容量、负荷，单位均为 MW。$\boldsymbol{B}=[B_{ij}]$ 是一个增广节点电纳矩阵，b_{ij}是节点 i 和 j 之间的联络线电纳。需要注意的是，缺电成本系数取决于系统状态。该系数单独计算，以下介绍如何进行。

式（12.5）、式（12.6）和式（12.7）分别是考虑发电、联络线和负荷不确定性下的最大网络容量流约束；式（12.8）为网络潮流平衡约束；式（12.9）表示模型中的变量约束。注意，先决定扩展策略，然后实现状态空间 Ω 的场景 ω。

若考虑新增发电机的故障概率，可以在所构建的模型中使用其有效容量，或者显式地加入新增机组的可用性（用强制停运率和减载强制停运率表示）。对第一阶

段的问题稍做修改如下：

$$\min \sum_{i \in I} \sum_{q \in Q_i} c_{iq} x_{iq} + E_{\widetilde{\omega}} \{ f(x, \widetilde{\omega}) \} \tag{12.10}$$

$$\text{s.t.} \sum_{i \in I} \sum_{q \in Q_i} c_{iq} x_{iq} \leqslant \boldsymbol{B} \tag{12.11}$$

$$x_{iq}, 0 \text{ 或 } 1 \tag{12.12}$$

式中，c_{iq}是节点 i 处新增发电机 q 的成本。如果发电机组 q 安装在区域 i，则 x_{iq} 等于1；否则等于0。Q_i 是节点 i 处新增发电机的总数。在第二阶段问题中，只需对其约束（12.5）修改如下：

$$y_{gi}(\omega) \leqslant g_i(\omega) + \sum_{q \in Q_i} A_{iq}(\omega) x_{iq}, \forall i \in I \tag{12.13}$$

式中，A_{iq}为状态 ω 下节点 i 处机组 q 的新增发电量，单位为MW。应该注意的是，通过12.4节会发现，不考虑新增发电机组可用性时的系统状态数远比考虑机组可用性时的少。

缺电成本（LOLC）**系数计算**

缺电成本取决于停电持续时间，也取决于被中断负荷的类型。表示电力中断成本最常见的方法是用户受损函数（CDF）[7]。该函数建立了不同类型的负荷和停电持续时间与成本/MW之间的关系。为了准确计算系统LOLC的期望值，需要根据每个状态（ω）的持续时间来估计LOLC系数。我们使用一个状态的平均持续时间来计算成本系数，通过假设持续时间为指数分布或其他分布可以进一步改进成本系数。然后将成本系数作为不同可能情况下的期望值来计算。

每个阶段的平均持续时间可以通过从该状态到其他状态的等效转移率取倒数来计算。式（12.14）给出状态平均持续时间。在构建概率分布函数时，可使用参考文献［14］中的递推公式来计算所有元件的等效转移率。

$$D_{\omega} = \frac{1}{\sum_{i \in I} \lambda_{gi}^{\omega+} + \sum_{i \in I} \lambda_{gi}^{\omega-} + \sum_{i,j \in I, i \neq j} \lambda_{lij}^{\omega+} + \sum_{i,j \in I, i \neq j} \lambda_{lij}^{\omega-} + \sum_{l \in L} \lambda_{l}^{\omega}} \tag{12.14}$$

式中，D_{ω} 为状态 ω 的平均持续时间，单位为小时；$\lambda_{gi}^{\omega+}$ 为区域 i 中，发电从状态 ω 下的一个容量向较高容量转移的每小时等效转移率；$\lambda_{gi}^{\omega-}$ 为区域 i 中，发电从状态 ω 下的一个容量向较低容量转移的每小时等效转移率；$\lambda_{lij}^{\omega+}$ 为区域 i 到区域 j 之间的输电线从状态 ω 下的一个容量向较高容量转移的每小时等效转移率；$\lambda_{lij}^{\omega-}$ 为区域 i 到区域 j 之间的输电线从状态 ω 下的一个容量向较低容量转移的每小时等效转移率；λ_{l}^{ω} 为区域负荷从状态 ω 下的状态向其他负荷状态转移的每小时等效转移率。

本章所用的用户受损函数来自参考文献［85］，但如果知道其他受损函数，也可以使用。该函数是根据美国的一个电力公司成本调研估算得到的。对于居民负荷，停电成本（美元/kWh）可以写为停电持续时间的函数，如式（12.15）所示：

$$c_{li}(\omega) = \mathrm{e}^{0.2503 + 0.2211 D_{\omega} - 0.0098 D_{\omega}^2} \tag{12.15}$$

考虑可靠性约束

若想在扩展问题中考虑可靠性，可以令期望缺电值不超过一个预先给定的值，如式（12.16）所示：

$$E_{\tilde{\omega}}\{y_{li}(\omega)\} \leqslant \alpha \tag{12.16}$$

式中，α 是期望缺电的上限。此可靠性约束加上一个预算约束可能会导致问题无解。因此不要直接施加可靠性约束，而是用拉格朗日松弛法来修改目标函数：

$$\min \sum_{i \in I} c_i x_i + E_{\tilde{\omega}}\{f(x, \tilde{\omega})\} + P \times (E_{\tilde{\omega}}\{y_{li}(\omega)\} - \alpha) \tag{12.17}$$

式中，P 为一个惩罚因子，当期望缺电超越限值 α 时起作用。由于存在预算约束，所得到的期望缺电可能比上限要高。

12.3 样本平均近似（SAA）

期望缺电成本可以通过采样的方法来近似。令 $\omega_1, \omega_2, \cdots, \omega_N$ 为模型中所有不确定性随机向量的 N 个实现；期望缺电成本可替换为式（12.18）：

$$\tilde{f}_N(x) = \frac{1}{N}\sum_{k=1}^{N} f(x, \omega_k) \tag{12.18}$$

此函数是期望缺电成本的一个 SAA。然后可将此问题转化为确定性等效模型如下：

$$\min \sum_{i \in I} c_i x_i + \frac{1}{N}\sum_{N}^{k=1}\left\{\sum_{i \in I}\{c_{li}(\omega_k) y_{lik}(\omega_k) + c_{oi}(\omega_k) y_{gik}(\omega_k)\}\right\} \tag{12.19}$$

$$\text{s.t.} \sum_{i \in I} c_i x_i \leqslant \boldsymbol{B} \tag{12.20}$$

$$\frac{1}{N}\sum_{N}^{k=1} y_{lik}(\omega_k) \leqslant \alpha \tag{12.21}$$

对于所有 $k \in \{1, 2, \cdots, N\}$，

$$y_{gik}(\omega_k) \leqslant g_i(\omega_k) + A_i x_i, \ \forall i \in I \tag{12.22}$$

$$b_{ij}(\theta_{ik}(\omega_k) - \theta_{jk}(\omega_k)) \leqslant t_{ij}(\omega_k), \ \forall i, j \in I, i \neq j \tag{12.23}$$

$$y_{lik}(\omega_k) \leqslant l_{ik}(\omega_k), \ \forall i \in I \tag{12.24}$$

$$\sum_{j \in I} B_{ij}\theta_{jk}(\omega_k) + y_{gik}(\omega_k) + y_{lik}(\omega_k) = l_{ik}(\omega_k), \ \forall i \in I \tag{12.25}$$

$$x_i \geqslant 0 \text{ 且为整数} \tag{12.26}$$

$$y_{gik}(\omega_k), y_{lik}(\omega_k) \geqslant 0, \ \forall i \in I \tag{12.27}$$

$$\theta_i(\omega_k) \text{无约束} \tag{12.28}$$

注意，出于采样的本质特点，并不能保证从这种基于采样方法获得的解就是原始问题的最优解，而当用不同的样本集合得到基于样本的最优解时，给出的是实际最优解某个置信区间的统计推断。

根据式（12.17）修改带约束（12.21）的目标函数，即可构建可靠性约束问

题的模型。也可以将机组的可用性考虑在内，对式（12.13）修改如下，对于每个场景k，

$$y_{gik}(\omega_k) \leqslant g_i(\omega_k) + \sum_{q \in Q_i} A_{iq}(\omega_k) x_{iq}, \forall i \in I \tag{12.29}$$

令x_N^*为最优解，z_N^*为某个近似问题的最优目标值。一般而言，x_N^*和z_N^*随样本大小N的改变而改变。如果x_N^*是最优解，z^*是原问题的最优目标值，那么显然有

$$z^* \leqslant z_N^* \tag{12.30}$$

因此，z_N^*为最优目标值的上界。由于z_N^*是近似问题的最优解，则式（12.31）成立：

$$z_N^* = z_N^*(x_N^*) \leqslant z_N^*(x^*) \tag{12.31}$$

对两边取期望，式（12.31）变为：

$$E[z_N^*(x_N^*)] \leqslant E[z_N^*(x^*)] \tag{12.32}$$

由于SAA是对群体均值进行无偏差估计：

$$E[z_N^*(x_N^*)] \leqslant E[z_N^*(x^*)] = z^* \tag{12.33}$$

这就构成了最优目标值的下界。下文详细讨论如何获得上、下界的估计值。参考文献［86］给出了上、下限置信区间的推导，并在参考文献［18，19］中得到应用。

下界估计

通过生成M_{L}批相互独立的样本（每批有N_{L}个样本）来估计z_N^*的期望值$E[z_N^*]$。对每个样本集s求解SAA问题可得到$z_{N_{\mathrm{L}}^s}^*$，下界可由式（12.34）得到：

$$L_{N_{\mathrm{L}},M_{\mathrm{L}}} = \frac{1}{M_{\mathrm{L}}} \sum_{i=1}^{M_{\mathrm{L}}} z_{N_{\mathrm{L}},i}^* \tag{12.34}$$

根据中心极限定理，下界估计值的分布收敛于一个正态分布$\mathcal{N}(\mu_{\mathrm{L}},\sigma_{\mathrm{L}}^2)$，其中$\mu_{\mathrm{L}} = E[z_{N_{\mathrm{L}}}^*]$，可由一个样本的均值$L_{N_{\mathrm{L}},M_{\mathrm{L}}}$来近似，$\sigma_{\mathrm{L}}^2$可由样本方差来近似：

$$s_L^2 = \frac{1}{M_{\mathrm{L}} - 1} \sum_{i=1}^{M_{\mathrm{L}}} (z_{N_{\mathrm{L}},i}^* - L_{N_{\mathrm{L}},M_{\mathrm{L}}})^2 \tag{12.35}$$

下界的双侧$100(1-\beta)\%$置信区间由式（12.36）得到：

$$\left[L_{N_{\mathrm{L}},M_{\mathrm{L}}} - \frac{z_{\beta/2} s_{\mathrm{L}}}{\sqrt{M_{\mathrm{L}}}}, L_{N_{\mathrm{L}},M_{\mathrm{L}}} + \frac{z_{\beta/2} s_{\mathrm{L}}}{\sqrt{M_{\mathrm{L}}}}\right] \tag{12.36}$$

式中，$z_{\beta/2}$满足$\Pr\{z_{-\beta/2} \leqslant \mathcal{N}(0,1) \leqslant z_{\beta/2}\} = 1-\beta$。需要注意的是，下界置信区间是通过求解样本量为$N_{\mathrm{L}}$的$M_{\mathrm{L}}$个独立的SAA问题来计算的。

上界估计

给定一个基于样本的解x_N^*，实际最优目标的上界可以通过生成M_{U}批相互独立的样本（每批有N_{U}个样本）来估计。由于解被设为x_N^*，可根据系统状态ω将

式（12.19）分解为 N_U 个独立的线性规划（LP）问题。对于每批样品 s，求解 LP 问题得到 $z^*_{N_U,i}(x^*_N)$。然后，利用式（12.37）得到上界近似值：

$$U_{N_U,M_U}(x^*_N)=\frac{1}{M_U}\sum_{i=1}^{M_U} z^*_{N_U,i}(x^*_N) \tag{12.37}$$

根据中心极限定理，上界估计值的分布收敛于一个正态分布 $\mathcal{N}(\mu_U,\sigma^2_U)$，其中 $\mu_U=E[z^*_{N_U,i}(x^*_N)]$，可由一个样本的均值 U_{N_U,M_U}来近似，σ^2_U 可由样本方差来近似：

$$s^2_U(x^*_N)=\frac{1}{M_U-1}\sum_{i=1}^{M_U}(z^*_{N_U,i}(x^*_N)-U_{N_U,M_U}(x^*_N))^2 \tag{12.38}$$

上界的双侧 $100(1-\beta)\%$置信区间由式（12.39）得到：

$$\left[U_{N_U,M_U}(x^*_N)-\frac{z_{\beta/2}s_U}{\sqrt{M_U}},U_{N_U,M_U}(x^*_N)+\frac{z_{\beta/2}s_U}{\sqrt{M_U}}\right] \tag{12.39}$$

式中，$z_{\beta/2}$满足 $\Pr\{z_{-\beta/2}\leqslant\mathcal{N}(0,1)\leqslant z_{\beta/2}\}=1-\beta$。

在下界 SAA 问题中，从 M_L 批样本的每 s 批中找到一个解 x^*_N，用它来估算上界。需要注意的是，上界的置信区间取决于通过 SAA 问题选择的近似解 x^*_N，由此计算出 M_L 个上界区间。

最优解近似

求解不同样本（数量为一个给定值 N）的若干 SAA 问题，从所得到的唯一解中即可提取出一个最优解。理论而言，N 非常大才能得到最优解，这意味着当样本量较小时，每个样本可能给出不同的解。如果求解这些样本的 SAA 问题找到同一个解，那么该解很可能是最优的或接近最优的。除了获得一致解之外，还可以利用上、下界估计值的置信区间来验证近似解。如果上、下界估计值的区间都非常接近，那么近似解趋近于最优解。SAA 为那些用其他方法极难计算的大规模问题提供了一种解决方案。对最优解的验证仍然是一个相当开放的研究课题。样品数量以及样本批次的数量也起到了关键作用。样本量较多会增加计算成本，而样本量较小又貌似不能很好地代表整个状态空间。感兴趣的读者可参考文献[18,19,86]，了解有关最优解如何验证的更多信息。

12.4 计算结果分析

本节汇总了三个案例分析结果。第一个案例分析是确定发电规划问题的最优解，其中对目标函数的上、下界进行了估计。第二个案例分析是在发电扩展问题中考虑了机组的可用性。第三个案例分析了最大化系统级可靠性表现出的性能。三个案例分析用的都是 IEEE-24 节点测试系统（24-bus IEEE-RTS），发电机和输电线路的参数参见文献［35］。为了减少系统状态数量，利用聚类算法将系统负荷分为 20 类，假设新增机组的成本如表 12.1 所示。选择 5 个节点作为可能增加机组的地点。在初始负荷状态下，期望缺电功率（α）为 0.07MW，将此作为优化中的给定限值。

表 12.1　新增发电参数

节点	机组容量/MW	成本/百万美元
101	20	20
102	20	20
107	100	100
115	12	12
122	50	50

所用的惩罚因子(P)取 10^6。为表示规划的需求增长，负荷以 10%增加。预算为一亿美元。该问题的系统状态($|\Omega|$)总数为 9×10^{18}。为了简化问题，忽略了第二阶段目标函数中的运行成本，这也是因为 IEEE-RTS 中缺失现有机组的运行成本数据，但在问题中是否考虑运行成本就方法论本质而言并不受限制。

12.4.1　最优发电规划问题

为比较基于蒙特卡洛抽样的 SAA 方法的有效性，选用了 4 种样本大小，即 500、1000、2000 和 5000。利用由 5 批不同样本生成的数据来求解相应的 SAA 问题，据此估算对应每种样本量的下界。因此，M_{L} 为 5，N_{L} 为 500、1000、2000 和 5000。这里要注意，对应每种样本量，都会通过 5 批样本生成 5 个解，它们可能相同，也可能不同。然后我们用这些解来估算上界。通过替换对应每种样本量特定的 SAA 问题所得到的解获得相应的上界估计值。这会将一个 SAA 问题转化为一个独立的线性规划问题，使其求解速度比求解一个 SAA 问题更快。在此分析中，用 5 批样本量为 10000 的样本来估计上界。因此，M_{U} 为 5，N_{U} 为 10000。

图 12.1 所示为通过不同大小的样本得到的置信区间为 95%的下界，以及通过

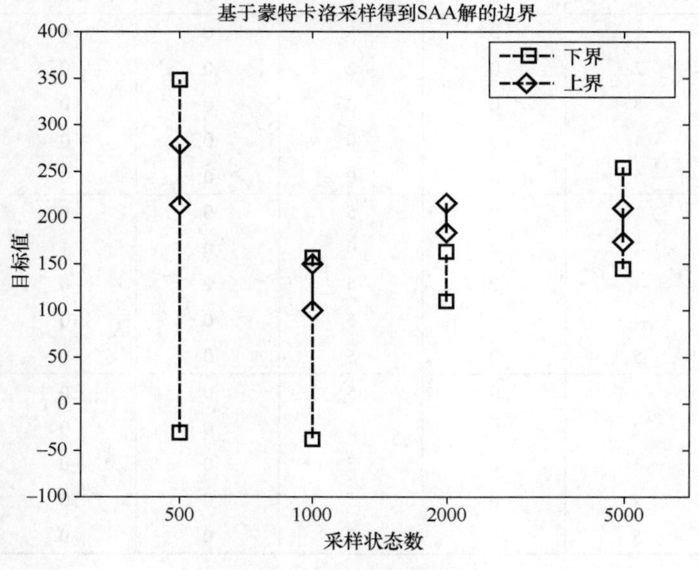

图 12.1　SAA 解的边界

不同批的样本（大小为 N_L）得到的置信区间为95%的上界。对于每种样本大小，从最窄的置信区间中选择上界的最佳估计值。如果区间相同，则通过最小平均值确定上界最佳值。

当样本量增加时，下界区间整体趋向于数值更大、间隔更窄（样本量为5000时除外），这源于采样的本质。当样本量较小时（如500和1000），下界区间可能高于上界，原因可能是上界实际上是由10000的样本量来确定的。当样本量较小时，可能会过度估计被采样状态的持续时间，从而导致成本系数和期望缺电成本均偏高。

通过样本量各异的不同批样本所得到的解参见表12.2。不断增加样本量，求解相应的SAA问题，由此近似得到一个最优解。在此分析中，当在接连5批样本（样本量相同）内找到的解都相同时，即认为达到了最优解。由表12.2可见，当样本量为5000时解都是一样的，因此该问题的解是在节点102处安装5台机组。

尽管原始问题的系统状态数量庞大（9×10^{18}），但SAA求解优化问题所需要的样本量（5000）较少、易于处理。在1亿美元的预算下，最优解给出的期望缺电功率为0.08MW。注意，这一期望缺电值大于初始限值0.07MW，这是因为指定了预算约束。

表12.2 近似解

样本量	批次	在各节点处新增的机组数量				
		101	102	107	115	122
500	1	0	0	0	0	0
	2	0	0	0	0	0
	3	0	5	0	0	0
	4	0	0	1	0	0
	5	0	1	0	0	0
1000	1	0	5	0	0	0
	2	0	2	0	0	0
	3	0	0	0	0	0
	4	0	0	0	0	0
	5	0	0	0	0	0
2000	1	0	5	0	0	0
	2	4	0	0	1	0
	3	0	5	0	0	0
	4	0	5	0	0	0
	5	0	5	0	0	0
5000	1	0	5	0	0	0
	2	0	5	0	0	0
	3	0	5	0	0	0
	4	0	5	0	0	0
	5	0	5	0	0	0

12.4.2　考虑新增机组的可用性

在此分析中，假设新增发电机组的可用性（数据使用 IEEE-RTS 的强制停运率）可以用一个两状态马尔可夫模型来表示，但所构建的模型是相当通用的，适用于任何三状态或多状态的马尔可夫模型。预算同样为 1 亿美元，每个节点处的新增发电机组最大数量参见表 12.3。该问题的系统状态总数($|\Omega|$)为 1.9×10^{25}，与之对比，在不考虑新增机组可用性的情况下，系统状态总数为 9×10^{18}。基于蒙特卡洛采样，通过 1000、2000、8000 和 12000 4 种不同样本量确定最优解的近似值。

利用由 4 批不同样本生成的数据来求解相应的 SAA 问题，据此估算对应每种样本量的目标函数下界。因此，M_L 为 4，N_L 为 1000、2000、8000 和 12000。这里要注意，对应每种样本量，都会通过 4 批样本生成 4 个解，它们可能相同，也可能不同。从不同样本量得到的置信区间为 95%的目标函数下界如表 12.4 所示；目标函数为扩展成本和期望缺电功率，在表中分列给出。

表 12.5 所示为从样本量各异的不同批样本得到的解，可见当样本量为 12000 时，解都是相同的。因此，考虑新增机组可用性后，此问题的解是在节点 101 处安装 2 台机组以及在节点 102 处安装 3 台机组，相应的期望缺电功率为 0.099MW。此研究表明，考虑机组可用性会影响发电扩展问题的解。

表 12.3　新增发电机组参数中机组可用性相关数据

节点	机组容量/MW	强制停运率	成本/百万美元	机组数量
101	20	0.1	20	5
102	20	0.1	20	5
107	100	0.04	100	1
115	12	0.02	12	8
122	50	0.01	50	2

表 12.4　下界估计值

样本量	目标函数值	
	扩展成本/百万美元	期望缺电功率/MW
1000	70±37.53	0.0249±0.0455
2000	100	0.1083±0.0301
8000	100	0.0812±0.0373
12000	100	0.0720±0.0169

表 12.5　考虑新增机组可用性的近似解

样本量	批次	在各节点处新增的机组数量				
		101	102	107	115	122
1000	1	1	4	0	0	0
	2	0	3	0	0	0
	3	0	5	0	0	0
	4	0	1	0	0	0
2000	1	0	5	0	0	0
	2	1	4	0	0	0
	3	2	3	0	0	0
	4	3	2	0	0	0
8000	1	1	4	0	0	0
	2	2	3	0	1	0
	3	2	3	0	0	0
	4	1	4	0	0	0
12000	1	2	3	0	0	0
	2	2	3	0	0	0
	3	2	3	0	0	0
	4	2	3	0	0	0

12.4.3　考虑系统级可靠性约束的发电扩展问题对比分析

各节点的发电量和峰荷数据如表 12.6 所示。所有可靠性指标均通过蒙特卡洛模拟得到，变异系数为 0.05。在此案例分析中实施了网损分摊策略，且不考虑机组可用性。

表 12.6　发电量及峰荷

节点	发电量/MW	峰荷/MW
101	192	118.8
102	192	106.7
103	—	198
104	—	81.4
105	—	78.1
106	—	149.6
107	300	137.5
108	—	188.1

（续）

节点	发电量/MW	峰荷/MW
109	—	192.5
110	—	214.5
113	591	291.5
114	—	213.4
115	215	348.7
116	155	110
118	400	366.3
119	—	199.1
120	—	140.8
121	400	—
122	300	—
123	660	—

第一个案例分析所得的最优解是在节点102处安装5台机组，相应的系统级期望缺电功率为0.08MW。优化规划前后每个区域的期望缺供电量参见表12.7。

表12.7 优化规划前后的期望缺供电量 （单位：MW·h/年）

节点	优化规划前	优化规划后
103	41.50	17.91
104	47.23	27.76
107	13.59	5.86
108	2.50	0.31
109	1022.06	591.24
110	9.23	5.08
113	0.00	0.88
114	6.39	6.25
115	33.27	21.51
116	3.95	2.27
118	20.48	17.55
119	0.00	0.61
120	0.00	1.04

由表12.7可见，使系统级可靠性最高的规划方案并不一定能使每个节点处的可靠性水平均匀分配，但它确实有助于提升几乎所有节点的可靠性，特别是那些缺

供电量较高的节点。在有些情况下，节点 113、119 和 120 为整个系统牺牲了它们的可靠性，因为经过优化规划后，这些节点的可靠性水平降低，但这些节点的 EUE 从一开始就很小。EUE 削减百分比如表 12. 8 所示。

表 12. 8　期望缺供电量的削减

节点	EUE 削减量/（MWh/年）	削减百分比（%）
103	23. 58	56. 82
104	19. 47	41. 22
107	7. 73	56. 88
108	2. 19	87. 60
109	430. 81	42. 15
110	4. 15	44. 96
113	−0. 88	—
114	0. 14	2. 19
115	11. 75	35. 32
116	1. 69	42. 78
118	2. 93	14. 31
119	−0. 61	—
120	−1. 04	—

每个节点的 EUE 削减百分比从 2%~87%不等。大部分 EUE 削减量较大的节点（如节点 103~110）都在安装了新增机组的 102 节点的相邻区域内，其他相距 102 较远的节点的可靠性提升程度看上去都偏小。这些结果表明，虽然可能无法在节点之间按比例分配地提升可靠性，但大多数节点的可靠性确实得到了提升，并且可靠性最差的节点也获益可观。

12. 5　结论及讨论

针对综合系统的发电充裕度规划问题，本章提出了一种基于样本平均近似的随机规划方法。

该问题被构建为一个两阶段补偿模型，目标是在第一阶段最小化扩展成本，在第二阶段最小化运行成本和可靠性成本。可靠性以期望缺电成本的形式包含在目标函数中，以期望缺电负荷的形式包含在约束条件中。所构建的模型中也可以考虑新增机组的可用性，但这可能导致系统状态数量以指数级增加。

由于系统状态数量众多，直接实现 L 形方法是不切实际的（虽然不是不可能）。为了解决这个问题，提出了外部采样方法。该问题的可靠性函数用蒙特卡洛采样的样本平均值来近似。发电扩展问题的实施例采用了 24 节点的 IEEE-RTS。结果表明，即使问题本身的系统状态数量庞大，所提方法仍然能够用相对较少的样本

量来有效地估计最优解。规划问题中通常包含对系统可靠性方面的考虑，独立系统运营商在为发电公司设计价格激励计划时可能会对此感兴趣。

对优化规划前后各节点用户的可靠性水平进行对比分析的，结果表明，对系统级的可靠性进行优化并不能同等提升每个节点的可靠性水平，但大多数节点的可靠性都有所提升，尤其是那些受影响最大的节点。那些距离新增发电机很近的节点更有可能从最优规划方案中受益，也许因此才在那些地方配置新增发电机。这些信息有助于独立系统运营商履行其监督电力市场的职责，设计合适的机制来促进可靠性的合理定价。

第13章

可变能源建模

13.1 引言

自本世纪初以来，我们目睹了在采纳可再生能源及技术方面的加速发展。在社会、政治、经济、监管和技术等各方力量的努力下，形成了一种扶持多种技术发展和增殖的氛围，实现了可再生能源的转换、控制和集成。尽管可再生能源的组合多种多样，从风能、太阳能到潮汐能、生物质能，但近些年的大部分投资都流向了风能和太阳能，这两种资源都被认为是可变能源，因为这些能源是否可用通常受制于自然的千变万化。

对于电网可靠性分析和规划而言，对这些可变能源进行合理建模很重要。我们必须认识到，这些资源的行为规律与传统资源不同，通常假设传统资源的燃料或其他基础资源的供给是不间断且无限制的，因此从可靠性建模和评估的角度来看，传统资源具有以下重要特征：

1）*可调度性*，即能够作为运行规划流程的一部分而被调度。

2）*独立性*，即可以假设其发电模型在统计意义上相互独立。

本章讨论了可变能源（VER）如何因缺失这些特征而影响其行为表现，以及如何对可变能源建模从而将其纳入电网可靠性分析和规划中。值得注意的是，目前这一领域正处于如火如荼的发展中，本章介绍的模型可能在不久的将来会发生演变。

13.2 可变能源特征

如前所述，VER是不可调度的。因此，构建VER可靠性模型的重点是必须包含两个随机因素：发电元件（如风机和太阳能板）的强制停运情况，以及基础自然资源（如风和太阳辐射）的随机性。大部分成熟的模型都假设这两个因素在统计意义上相互独立。尽管有最新发现质疑这些假设在某些情况下的合理性[87]，当今主流模型还是基于这一独立性假设。随着经验获取越来越多，这些依赖条件也会得到诠释；如前所述，这一领域正在不断发展。

VER电厂另一个特征是它们通常以*集群*方式出现，例如，一个风电场中的多台

风力发电机（WTG）以及光伏园区中的多组面板，由于受到同一基础资源（风速或日照）的影响，身处其中的各个组成元件的输出呈现出一种强相关性，因此无法用第 8 章中介绍的方法对它们建模。目前已有的做法是将整个集群（风电场或光伏园区）构建为一个具有多状态的等效机组模型。对相关性建模很复杂，值得进一步讨论。

13.2.1　一个可变能源集群内的相关性

由于风速变化较大、风电场内相互作用机理复杂，目前大多数相关性研究都侧重于风力发电。一些研究调查了同一风电场内各台 WTG 的输出功率与风速变化之间相关性的影响[88-92]。相关程度取决于若干因素，如地理位置、WTG 的间隔距离、风电场中 WTG 所处的地形和数量，以及这些因素对尾流效应和湍流的影响[93-95]。这些相关性也随时间尺度的变化而变化（风速观测频率可以 5min、10min、1h 等为间隔），因此，想要精确地确定同一风电场内单台 WTG 与风速变化之间的相关程度是一项具有挑战性的复杂工作，对大型风电场而言尤其如此[96]。但也有研究报告称，一个风电场内的各台 WTG 近似由相同的风速驱动，随着整个风电场风速的变化，每一台 WTG 的输出功率变化呈现一致性[89-92,97]。因此，相似的 WTG 将产生相似的、具有一定分散性的输出功率，可以用一个聚类来表示，聚类的均值表示这些 WTG 的平均输出功率。本章介绍的模型采用了这一理念。

13.2.2　与其他随机因素的相关性

目前也有研究观察 VER 的输出功率与其他在电力系统分析中考虑的随机因素之间的相关性。例如，参考文献［98］称风电输出和光伏输出之间为负相关，参考文献［99］称风电输出和系统负荷之间可能为正相关、负相关和几乎无关，具体取决于时间尺度、一天中的时间以及季节。一些研究人员构建了负荷相关性模型[100,101]，另一些研究人员则假设这种相关性可以忽略不计[102]。另一方面，参考文献［103］发现光伏输出和负荷之间为正相关。此外，相关性的作用还受到诸如规模差异（风电或光伏安装容量、负荷大小）、地理位置和接入点之间的电气距离等因素的影响。

VER 输出和系统负荷之间相关性建模的另一个挑战是，这些模型大部分都是将 VER 注入功率作为负负荷，其本质是假设了一个 VER 集群产生的所有能量完全被系统消纳。尽管在很多管理机制中都指明“必须接纳”VER 的输出功率，但众所周知，普遍存在的系统状况（如负荷较低或网络阻塞）经常迫使功率外溢，尤其是来自风电的功率。

鉴于上述原因，可将文献中的大多数模型分为两类：考虑负荷相关性的模型[100]和不考虑负荷相关性的模型[104]。

13.3　可变能源建模方法

本节介绍一些用于 VER 集群建模的典型方法。这些方法都假设了输电系统能够将发电量传输到负荷点，即不考虑输电约束。13.4 节从综合系统的层面进行了分析讨论。

13.3.1 方法 I：容量修正法

在这种方法中，整个电力系统被分为若干子系统，其中一个子系统对应所有传统机组的组合，其他子系统对应各类非传统机组[105,106]。为了简单起见，用一个示范系统来阐释该方法，该系统由一个传统子系统和两个非传统子系统组成，非传统子系统分别由基于太阳能运行的机组和基于风能运行的机组组成。但是，对于一个由 n 个非传统子系统组成的系统，其 LOLE 和 EUE 指标计算的一般表达式可参见文献［107］。

对于每个子系统，利用机组添加算法来构建发电系统模型[108]。首先，对非传统机组采用传统方式处理，即采用两状态机组模型和三状态机组模型[9]。另外，非传统机组的每个状态都是满容量。

下一步是生成非传统子系统每小时输出的功率向量，令 $\mathrm{POU}_{l,k}$ 表示第 l 个非传统子系统在研究时段的第 k 小时内输出的功率[105]。然后，将对应某个给定非传统子系统的向量除以其额定输出功率，从而得到权重向量，表示在研究时段内各小时有效产生的非传统总额定功率的占比，可在数学上表示为：

$$\boldsymbol{A}_l=(l/\mathrm{PRU}_l)[\mathrm{POU}_{l,1}\mathrm{POU}_{l,2}\mathrm{POU}_{l,3}\cdots\mathrm{POU}_{l,N_t}] \tag{13.1}$$

在式（13.1）中，$\boldsymbol{A}_l$ 和 PRU_l 分别表示第 l 个非传统子系统对应的权重向量及其额定输出功率，$\mathrm{POU}_{l,k}$是第 l 个非传统子系统在第 k 小时的实际输出功率，N_t 是研究时段内的小时数。

为了考虑能量的波动性，根据非传统子系统的能量输出水平对其发电系统每小时修改一次，实现方式是将某个给定的非传统子系统（如 l）的额定发电容量向量 **CU** 与 $\boldsymbol{A}_{l,k}$相乘，其中 $\boldsymbol{A}_{l,k}$表示第 l 个子系统在研究时段的第 k 小时产生的非传统总额定功率的占比。但需要注意的是，每小时做的这些修改不会影响各个发电系统模型的状态概率向量。然后利用离散状态法将所有子系统对应的模型按小时合并，以便计算 LOLE 和 EUE 指标。

离散状态法

用包含一个传统子系统和两个非传统子系统的示范系统来阐释该方法[105]。现定义三机系统模型的关联向量如下：

CC，$\widehat{\mathbf{PC}}$=传统子系统模型相关联的发电容量和累积概率向量。

$\mathbf{CU}_1$，$\widehat{\mathbf{PU}}_1$=第 l 个非传统子系统模型相关联的发电容量和累积概率向量，其中 $l\in[1,2]$。

由于我们将这些子系统全都视为一个多状态机组，使得研究时段内第 k 小时的发电系统模型组合是完全不同的状态，其容量为[105]：

$$C_{ijn,k}=\mathbf{CC}_i+A_{1,k}\mathbf{CU}_{1,j}+A_{2,k}\mathbf{CU}_{2,n} \tag{13.2}$$

在式（13.2）中，下标 i、j 和 n 分别表示第一、二、三个子系统中的不同状态。该组合的状态空间图可以用一个长方体表示，如图 13.1 所示。

下一步是找到确定某个缺电事件的边界状态，并计算相应的概率和期望缺供电量。从图 13.1 可以看出，当 n 值一定时，不同的 i、j 值构成一个二维状态空间；然后对每个 j 值不断改变 i，就可以在这个状态空间中找到容量不足的边界；此过程一直持续到发现 $C_{ijn,k}$ 小于等于所研究的问题在该小时的负荷值[105]。因此，沿着研究时段内第 k 小时某个 i–j 一定的状态空间计算出来的缺电概率（LOLP）可表示为：

$$\text{LOLP}_{k,n} = \sum_{j=1}^{nu1} \widehat{\mathbf{PC}}_{\text{th}}(\widehat{\mathbf{PU}}_{1,j} - \widehat{\mathbf{PU}}_{1,j+1})(\widehat{\mathbf{PU}}_{2,n} - \widehat{\mathbf{PU}}_{2,n+1}) \tag{13.3}$$

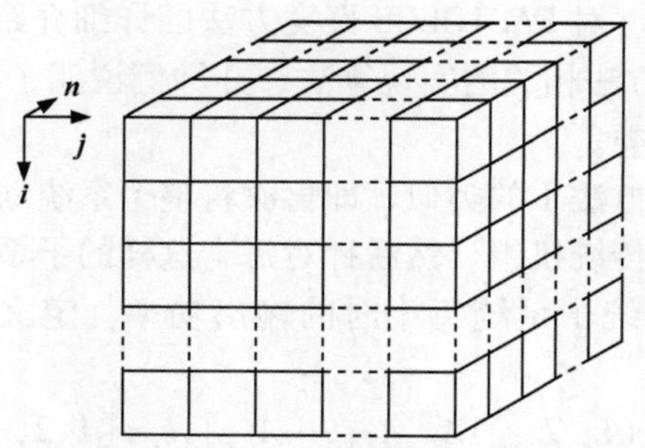

图 13.1　三个子系统组合的状态空间图

在式（13.3）中，下标 th 表示一个阈值，只对一定的 j 值和 n 值有效；它在数值上等于令表达式$(\mathbf{CC}_{\text{th}}+A_{1,k}\mathbf{CU}_{1,j}+A_{2,k}\mathbf{CU}_{2,n})\leqslant L_k$ 在研究时段第 k_{th} 小时成立的 i 的最小值。L_k 是第 k_{th} 小时的系统负荷水平，$nu1$ 表示第一个非传统子系统中的状态总数。然后，令式（13.3）对所有 n 值求和，就得到所研究问题在指定时刻的 LOLP，则

$$\text{LOLP}_k = \sum_{n=1}^{nu2} \text{LOLP}_{k,n} \tag{13.4}$$

式（13.4）中的 $nu2$ 表示第二个非传统子系统中的状态总数。将 LOLP_k 与时步的持续时长相乘，就得到在研究时段第 k 小时的期望缺电量 LOLE_k；如果时步是 1h，则 LOLE_k 在数值上就等于 LOLP_k。最后得到整个研究时段的 LOLE：

$$\text{LOLE} = \sum_{k=1}^{N_t} \text{LOLE}_k \tag{13.5}$$

针对研究时段中的每一小时都构建一个系统负裕度表，同时注意到本案例中 ΔT 等于 1h，则利用式（8.45）和式（8.46）可计算期望缺供电量（EUE）。参考文献［105］给出了所提方法详细的实现算法，以及与光伏电厂和风力发电机每小时输出功率相关的计算等式。

13.3.2　方法Ⅱ：聚类法

13.3.1 节介绍的容量修正法可以给出系统可靠性指标的精确值，但由于每小

时都要计算一次，因此计算效率低下，尤其不适合计算 EUE，因为每小时都要构造一个系统负裕度表，而且后续的计算大大增加了 CPU 时间。因此，参考文献［109］提出了聚类方法，用最小的计算成本来高效地计算可靠性指标。

聚类（或分组）是根据数据点之间的相似性或距离来进行的。所需要的输入是对相似性的度量值或者能据其计算出相似性的数据。参考文献［109］中所进行的研究是基于 FASTCLUS 聚类方法[110]，因为它适用于大规模数据集。FASTCLUS 方法的中心思想是选择数据单元的一些初始划分方式，然后改变聚类成员以获得一种更好的划分方式。设计 FASTCLUS 的目的是基于单变量或多变量的欧氏距离计算来进行一种互不关联的聚类分析。将观测量划分为若干个聚类，使得每个观测量都属于且仅属于一个聚类。对 FASTCLUS 聚类方法的详细介绍参见文献［37］。参考文献［109］给出了该方法相关的实现算法，并举例说明了如何利用该算法将一些随机观测量分为两个聚类。

该方法的前几步与方法Ⅰ的类似，即再次将整个系统划分为若干子系统，分别对应传统机组和各类非传统机组。然后针对每个这样的子系统构建一个发电系统模型。下一步是计算非传统子系统每小时的输出功率，定义 N_t 个不同的向量集合如下：

$$\boldsymbol{d}_k=[\,(L_k/L_{\text{peak}})A_{1,k}A_{2,k},\cdots A_{l,k}\,],k\in[\,1,2,\cdots N_t\,] \tag{13.6}$$

式（13.6）中用到的所有项如 13.3.1 节所述，L_{peak} 为整个研究时段内的峰荷；式（13.6）本质上是对小时负荷与非传统子系统波动的输出功率之间的相关性建模。其次，利用 FASTCLUS 方法将等式（13.6）所定义的向量集合分到不同聚类组。假设第 c 个聚类包含一组 $\boldsymbol{v}$ 向量［定义如（13.6）所示］，定义其“质心”为所有这些向量的平均值，相应记为向量 $\boldsymbol{d}^c$。因此：

$$\boldsymbol{d}^c=[\,(L^cA_1^cA_2^c\cdots A_l^c)\,],c\in[\,1,2,\cdots,N_c\,] \tag{13.7}$$

在式（13.7）中，L^c 指第 c 个聚类中的负荷平均值，以峰荷占比的形式表示；A_l^c 指第 c 个聚类中第 l 个非传统子系统有效产生的总额定功率占比的平均值；N_c 指在给定的模拟过程中选择的聚类总数。因此在模拟的最后，FASTCLUS 例程会为每个聚类输出以下参数：*频率*（属于某个聚类的向量总数 $\boldsymbol{d}_k$）以及聚类质心（该聚类的向量 $\boldsymbol{d}^c$）[109]。

为了考虑能量的波动性，针对每个聚类修改非传统子系统的发电系统模型，实现方式是将各类非传统子系统的额定发电容量向量与相应的 A_l^c（由各聚类推导而来）相乘；其次，针对每个聚类合并各子系统对应的发电系统模型，从而计算出相关的可靠性指标。使用前述示范系统（参见 13.3.1 节）来说明这一概念，为此重新列写对应第 c 个聚类的式（13.2）如下：

$$C_{ijn}^c=\mathbf{CC}_i+A_1^c\cdot\mathbf{CU}_{1,j}+A_2^c\cdot\mathbf{CU}_{2,n} \tag{13.8}$$

参考前述示范系统，利用式（13.3）、式（13.4）可计算第 c 个聚类的缺电概率（LOLP^c）。需要注意的是，这两个方程中表示某个给定时刻的下标 k 在这里被

替换为表示某个给定聚类的上标 c。根据条件概率的概念，可得整个系统的 LOLP：

$$\text{LOLP} = \sum_{c=1}^{N_c} \text{LOLP}^c P(\boldsymbol{d}^c) \tag{13.9}$$

式（13.9）中，$P(\boldsymbol{d}^c)$表示第 c 个聚类出现的概率，通过将聚类的频率除以 N_t 得到，最后得到整个研究时段的 LOLE 为：

$$\text{LOLE} = \text{LOLP} \times N_t \tag{13.10}$$

针对给定聚类构造一个系统负裕度表，同时注意将等式中的下标 k 替换为上标 c，就可以利用式（8.46）来计算第 c 个聚类的期望缺供负荷 U^c，再与 N_t 相乘即可得到第 c 个聚类的期望缺供电量 EUE^c。根据条件概率的概念，最终得到整个系统的 EUE 为：

$$\text{EUE} = \sum_{c=1}^{N_c} \text{EUE}^c P(\boldsymbol{d}^c) \tag{13.11}$$

仔细观察方法Ⅰ和方法Ⅱ可以发现，在方法Ⅰ中，每隔一小时修改一次非传统子系统的发电容量向量、合并一次发电系统模型；在方法Ⅱ中，这些操作是针对一个个聚类进行的。由于聚类数通常比研究时段中的小时数少得多，因此聚类方法更高效。但应该注意的是，使用这种方法计算出的指标不如在参考文献［105］中得到的指标精确，因为对每个聚类执行的计算依赖于 $\boldsymbol{d}_c$ 向量包含的元素，而这些元素是其相应的取值在数小时内的均值，这就导致计算中出现了一些近似。利用此方法所计算的指标的精度是（为某个模拟过程选择的）聚类个数的函数，但可以利用某些技术来选择最佳聚类个数[111,112]。还需要注意的是，如果聚类数等于研究时段内的小时数，即 N_c 等于 N_t，那么方法Ⅰ和Ⅱ完全相同。

13.3.3　方法Ⅲ：引入平均停电容量表

如前所述，使用聚类方法计算可靠性指标会引入一些近似，因为聚类天然具有近似性。此外，由于计算是针对每个聚类进行的，因此无法利用方法Ⅱ得到可靠性指标在每小时所受到的影响。为了高效、准确地计算小时级的 EUE，参考文献［107］提出了*平均停电容量表*的概念。这里需要指出，该方法本质上只是为了简化 EUE 的计算，与 LOLE 相关的计算等式仍然与 13.3.1 节中的公式相同［参考式（13.3）~式（13.5）］。

该方法的前几步也与方法Ⅰ的类似，即将整个系统划分为若干子系统，分别对应传统机组和各类非传统机组。其次，针对每个这样的子系统构建一个发电系统模型。为了考虑能量的波动性，每小时根据非传统子系统的能量输出水平对其发电系统模型进行修正，然后每小时合并所有子系统对应的模型，以计算 LOLE 和 EUE 指标。参考 13.3.1 节中描述的示范系统，除了 13.3.1 节中已给出的向量（$\mathbf{CC}$, $\hat{\mathbf{PC}}$, $\mathbf{CU}_1$, $\hat{\mathbf{PU}}_1$）之外，再额外定义向量如下：

$\mathbf{XC}$ = 与传统子系统发电系统模型相关的停电容量向量。

$\mathbf{XU}_l$ = 与第 l 个非传统子系统发电系统模型相关的停电容量向量，其中$l \in [1,2]$。

现用系统停电容量重写式（13.2）如下：

$$X_{ijn,k} = \mathbf{XC}_i + A_{1,k} \times \mathbf{XU}_{l,j} + A_{2,k} \times \mathbf{XU}_{2,n} \tag{13.12}$$

这里我们仿照式（13.2）为研究时段的第 k 小时也定义一项“临界停电容量”：

$$X_k = \mathbf{CC}_1 + \sum_{l=1}^{2} (A_{l,k} \times \mathbf{CU}_{l,1}) - L_k \tag{13.13}$$

式（13.13）中用到的所有项都如 13.3.1 节所述。值得注意的是式$\left(\mathbf{CC}_1 + \sum_{l=1}^{2} (A_{l,k} \times \mathbf{CU}_{l,1})\right)$表示系统在研究时段第 k 小时内总的有效发电量。对于某个给定时刻（如 k 时），在 i、j 和 n 值一定时，如果 $X_{ijn,k} > X_k$ 就会发生缺电事件，如此即可将研究时段第 k 小时内的期望缺供负荷 U_k 表示如下[107]：

$$U_k = \sum_{X_{ijn,k} > X_k} ((X_{ijn,k} \times P(X_{ijn,k}))) \tag{13.14}$$

在式（13.14）中，$P(X_{ijn,k})$用于表示系统停电容量正好等于 $X_{ijn,k}$ MW 的概率。通过采用平均停电容量表可以避免为计算 U_k 而在每小时都计算一下系统负裕度表，现说明如何实现。研究时段第 k 小时的缺电概率 LOLP_k 可表示为[107]：

$$\mathrm{LOLP}_k = \sum_{X_{ijn,k} > X_k} P(X_{ijn,k}) \tag{13.15}$$

令 H_k 表示在 k 小时内所有可能导致容量不足的系统停电容量的期望（平均）值[107]，因此：

$$H_k = \sum_{X_{ijn,k} > X_k} (X_{ijn,k} \times P(X_{ijn,k})) \tag{13.16}$$

利用式（13.15）和式（13.16），可重写式（13.14）为[107]：

$$U_k = H_k - X_k \times \mathrm{LOLP}_k \tag{13.17}$$

在式（13.17）中，在给定 k 时的 X_k 可用式（13.13）来计算，而 LOLP_k 可利用式（13.3）和式（13.4）来计算。现利用式（13.3）、式（13.4）和式（13.12）中的相关项来展开式（13.16）：

$$H_k = \sum_{n=1}^{nu2} \sum_{j=1}^{nu1} \sum_{i=th}^{nc} [(\mathbf{XC}_i + A_{1,k} \times \mathbf{XU}_{1,j} + A_{2,k} \times \mathbf{XU}_{2,n}) \times PC_i \times PU_{1,j} \times PU_{2,n})] \tag{13.18}$$

需要注意的是，式（13.18）中的 PC 和 PU 指的是各自的状态概率，而不是如式（13.3）那种情形中的累积概率。nc 表示传统子系统中的状态总数。现可以对式（13.18）中的 th 项用系统停电容量重新定义为：在 j 值和 n 值一定的情况下，令表达式$(\mathbf{XC}_i + A_{1,k} \times \mathbf{XU}_{1,j} + A_{2,k} \times \mathbf{XU}_{2,n}) > X_k$ 成立的 i 的最小值。利用与累积概率相关的表示符号［参见式（13.3）］，可以重写式（13.18）为：

$$H_k = \sum_{n=1}^{nu2}\sum_{j=1}^{nu1}\left\{PU_{1,j} \times PU_{2,n} \times \left[A_{1,k} \times \mathbf{XU}_{1,j} \times \widehat{\mathbf{PC}}_{th} + A_{2,k} \times \mathbf{XU}_{2,n} \times \widehat{\mathbf{PC}}_{th} + \sum_{i=th}^{nc}(\mathbf{XC}_i \times PC_i)\right]\right\} \tag{13.19}$$

为了简化式（13.19），定义[107]：

$$\widehat{\mathbf{HC}(q)} = \sum_{i=q}^{nc}(\mathbf{XC}_i \times PC_i) \tag{13.20}$$

将式（13.20）带入式（13.19），并令 $q=th$，可得：

$$H_k = \sum_{n=1}^{nu2}\sum_{j=1}^{nu1}\{PU_{1,j} \times PU_{2,n} \times [A_{1,k} \times \mathbf{XU}_{1,j} \times \widehat{\mathbf{PC}}_{th} + A_{2,k} \times \mathbf{XU}_{2,n} \times \widehat{\mathbf{PC}}_{th} + \widehat{\mathbf{HC}}_{th}]\} \tag{13.21}$$

将$\widehat{\mathbf{HC}(q)}(q=1,2,3,\cdots,nc)$称为传统子系统的平均停电容量表，它是参考文献［107］为高效计算 EUE 所提出的关键概念。一旦计算出了与传统子系统的发电系统模型相关的累积概率向量$\widehat{\mathbf{PC}}$，由于可以利用简单的递归关系[113]，构建平均停电容量表$\widehat{\mathbf{HC}(q)}$额外需要的计算量很小。然后，就可以利用式（13.3）、式（13.4）、式（13.13）和式（13.21）计算第 k 小时内的期望缺供负荷 $k(U_k)$［如式（13.17）所示］；最后，计算所有时刻的 U_k 之和即可得到整个研究时段内的 EUE。

我们可以发现，利用平均停电容量表本质上排除了每小时都要计算一次系统裕度表的必要性，从而节省了大量模拟时间，这体现在计算 U_k 时用式（13.17）比用式（8.46）更具优势。所提方法的相关实现算法以及如何利用该算法针对某系统计算其 EUE 的一个案例示范可参见文献[106，107]。

13.4　在综合系统层面集成可再生能源

在 13.3 节中，可变能源被分为几大类，其中传统发电全部归为一组，然后计算不能满足总负荷需求的指标，因而是我们假设了输电系统能够将可用的发电量输送到负荷点。这是典型的发电规划模型。如第 11 章所述，在综合系统层面要考虑输电线路容量、输电线路故障所施加的约束。在此模型中，发电（传统的和非传统的）和负荷分布在由输电线路连在一起的多个节点上。需要进行某种潮流计算来确定在给定的发电、输电状态下是否能满足负荷需求。虽然有一些解析法可以处理综合系统的可靠性，但普遍认为蒙特卡洛是处理复杂、大规模系统的首选方法。

蒙特卡洛模拟法（也称为采样法）大致可分为序贯、非序贯两种，13.4.1 节和 13.4.2 节介绍如何在这两种方法中考虑可再生资源。

13.4.1　考虑可再生资源的序贯蒙特卡洛法

在 11.4 节中介绍了综合电力系统的序贯模拟过程及其收敛性，通过对核心算法做一些修改，就可以用于集成可再生能源的情形。本节复述做了一些修改的核心算法如下：

1）输入系统数据（元件状态容量和转移率、依赖性、互联信息、维护检修计划、小时负荷曲线、每小时的风光数据）。定义指标的收敛判据。

2）对序号为 $i=1$ 的样本路径进行初始化。

3）对第 $j=1$ 小时的元件状态进行初始化。

4）对于第 j 小时元件当前的状态执行以下操作：对每个元件抽取一个随机数，用 6.3.1 节中概述的方法之一来确定转移到下一个状态的时间。选取这些时间中的最小值，$t_{\min}(k_m)$；相应的时间和状态转移表征即刻要发生的事件，即过了 $t_{\min}$ 之后元件 k 将转移到状态 m。

5）在第 j 小时执行以下操作：

a）将 $t_{\min}$ 减去 1 小时，指向由第 4 步确定的下一个事件。

ⅰ）若 $t_{\min}>0$，则系统状态未发生变化；转至步骤 5b。

ⅱ）若 $t_{\min}=0$，则将元件 k 在第 j 小时的状态更新为 m。若此转移触发了其他相关事件，则相应地更新那些状态。对于第 j 小时元件当前的状态执行以下操作：对每个元件抽取一个随机数，确定转移到下一个状态的时间。选取这些时间中的最小值，$t_{\min}(k_m)$，换言之，只要发生了一次状态转移就确定一个新的 $t_{\min}$。

ⅲ）在第 j 小时判断是否有任何元件需要检修而退出运行或者检修后重新投入使用？如果是，则相应地改变该元件的状态。

b）针对由步骤 5a 确定的元件当前的状态，执行以下操作：

ⅰ）更新第 j 小时的负荷；

ⅱ）利用此情形下可能的有效风速或光照条件修正可再生发电容量；

ⅲ）确定系统是否发生缺电。如果是，按 6.4.2 节所述方法更新指标评估值；否则转至步骤 6。

6）j 是否为研究时段内的最后一小时？如果是，则转至步骤 7；否则，j 增加 1 小时并跳转到步骤 5。

7）指标评估值是否满足在步骤 1 中指定的收敛判据？若是，则结束模拟并报告结果（指标评估值以及收敛相关信息、计算时间等可选输出项）；否则，样本路径序号 i 加 1 并跳转到步骤 3。

其余过程与第 11 章相同。在步骤 5bⅲ中还涉及一个系统性能测试。11.6 节讨论了不同的系统状态测试方法，但通常使用 DC 最优潮流。

13.4.2　考虑可再生资源的非序贯蒙特卡洛法

在采用 11.5.1 节中介绍的非序贯蒙特卡洛法时可以计入可再生能源，算法描述如下：

1）输入系统数据（元件状态容量和概率、互联信息、维护检修计划、小时节点负荷、不同节点处每小时的风速和光照）。定义指标的收敛判据。

2）根据维护检修计划，将分析周期划分为若干时段，使得一个或多个元件退出运行进行检修、或者退出检修恢复运行只有在某个时段开始或结束时才会发生。

换言之，在一个时段内发生的停电只能是强制性停电，而不会是计划性停电。根据检修时段的相对持续时间，针对所有检修时段构造一个离散概率分布函数。

3）明确每个检修时段每小时的负荷和风速。

4）对每个系统元件可能处于的容量状态构建一个离散概率分布。

5）初始化样本计数 $i=1$，样本数量 $N=1$。

6）对于第 i 个样本，按如下步骤抽取一个系统状态 x_i：

a）生成一个随机数，用它抽取一个检修时段。

b）生成一个随机数，用它抽取一个在步骤 6a 中所抽取的检修时段内每个节点处的一个负荷等级。在采样过程中，抽到任意时刻的机会均等，在分析中使用该时刻的节点负荷和该时刻的节点风速，后者用于确定风电场或光伏电场的输出功率。

c）对于每个在步骤 6a 中所抽取时段内未进行检修的元件都取一个随机数，用它来确定该元件的容量。

在步骤 6b 和 6c 中采样的元件容量、负荷等级和风速或光照组合描述了系统状态 x_i。注意，这种采样方式保证了抽取 x_i 的概率与假设物理系统处于相应状态下的实际概率相等。

7）确定系统在状态 x_i 下是否发生缺电。如果是，则按照 6.4.1 节所述方法更新指标的估计值并测试收敛性。如果各个指标已经收敛到指定的误差阈值，则结束模拟并报告结果；否则，增加样本计数 i 和样本数量 N，转至步骤 6。

该算法传达了非序贯模拟方法的机理思想。在采样中也可以用聚类，而不是小时负荷数据[114]。首先，利用 k-means 算法对系统负荷和可变能源的输出功率进行聚类。其次，对其中一个聚类代理进行采样以明确负荷和可再生能源的状态，而并非从时段中选择某一小时作为样本。在此方法中，对聚类代理的选择依据是它们的概率；每个聚类的概率是在[0,1]范围内的一个数。因此，可用一种轮盘赌的方法来选择聚类代理。由于系统负荷和可再生能源的输出功率是从一个较小的集合中采样，而不是从所有的数据单元中采样，因此这种方法可以加速蒙特卡洛模拟的收敛。

第14章

总结思考

在应用于电网分析和规划的可靠性模型和方法这一话题结束之际，有必要讨论一些需要读者了解的事项。本章在进行总结时会触及很多此类事项，尽管它们千差万别，但都旨在为电力系统可靠性相关研究以及该领域的未来提供一个更广阔的视角。

本书的主旨就是探讨电网可靠性这一主题。从结构上来看，发电厂向电网供电，配电系统向终端用户送电。需要注意的是，讨论如下主题的文献非常多：为确定发电机组的可用性如何收集和处理停运数据或故障数据[115]；配电系统的可靠性分析方法[21,116,117]；工商业电力系统的可靠性分析方法和实践[26]；工商业系统应急和备用供电的方法和实践[118]。尽管本书介绍的可靠性原则和模型都是普适的，但电力工业的每个部门也开发了各自具体的（有时是独一无二的）方法和指标。

目前，很多专业组织和监管实体已推荐并授权了一些行业实践惯例，而且会一直这样做下去。美国电气电子工程师学会（Institute of Electrical and Electronics Engineers，IEEE）致力于形成标准和推荐上述行业实践惯例。这些标准和其他各类文档由来自工业界和学术界的专家合力制订，将数学原理和工业实践集成为一体，已经被工业界和监管机构广泛采纳。北美电力可靠性公司（NERC）是北美洲监管电网可靠性和制订电力可靠性标准的公认监管机构。NERC 于 1968 年（1965 年东北部大停电之后）首次成立，于 2006 年（2003 年东北部大停电之后）被联邦能源监管委员会（Federal Energy Regulatory Commission，FERC）任命为电力可靠性组织（Electric Reliability Organization，ERO），继续制订北美电力基础设施的可靠性和安全性标准㊀。NERC 的职责包括调查停电事件（从而通过这些事件汲取教训）和提出可能有助于预防或规避未来停电事件的措施。IEEE 和 NERC 出版的印刷材料和在其网站上发布的材料，对电力系统可靠性相关的行业实践都是一笔信息财富。为了资源的有效性，NERC 还维护了数据收集系统和数据库，如发电可用性数据系统

㊀ 该实体在最初形成时名为“北美电力可靠性理事会”，其大多数标准和建议都被美国、加拿大和墨西哥的公共事业单位自愿采纳。2007 年，NERC 在美国被任命为 ERO 之后，名称中的“理事会”被改为“公司”。自 2006 年以来，所有 NERC 的标准都已在美国实施，并被加拿大和墨西哥的很多地区采纳。

(GADS)、输电可用性数据系统(TADS)以及需求响应可用性数据系统(DADS)。

在预测该领域前景和未来研究与发展道路之前，有必要讨论促进近些年再度重视电网可靠性的影响因素，这些因素也正在塑造未来的电力系统。20世纪90年代末期目睹了全球性的电力工业重组行动。美国很多州的重组过程和政策产生了一些意想不到的后果，最显著的包括①对于那些有助于提升系统可靠性的运行方式，在市场参与者之间没有明确的分配方案；②新的运行方式（如转供），对已经老化的基础设施造成了前所未有的压力；③系统运营商对市场以及新的监管政策、公司政策缺乏经验。监管机构和独立系统运营商的应对措施是形成新政策和开发新产品(辅助服务)。2003年8月的大停电是很多因素共同导致的[119]，但NERC响应此事件而采取的重要措施之一是形成可靠性功能模型[120]，该文档针对上述三个问题中的第一项，清晰、全面地定义了“功能实体”，包括标准制订者、可靠性服务供应商、系统规划人员和运行人员，并为每个功能实体分配了具体的职能，从而保证系统的可靠性。对违规行为的处罚轻则巨额罚款，重则吊销某实体执行其职能的资格。

伴随公用事业重组的还有另外两项行动。一是“清洁能源”行动，即利用“可再生资源”（主要是风和光）来替代和扩充传统电源。另一个是“智能电网”行动，即通过部署通信、计算和控制新技术来显著提升和增强传统SCADA（监控和数据采集）系统的功能。过去20年来，这三大行业发展趋势对电网可靠性产生了前所未有的影响，并将可靠性问题推向最前沿。了解上述情况将帮助读者预测电网可靠性方面会出现的挑战以及该领域接下来的研究方向，以下列举其中一部分。

输配电系统与通信和控制元件交互引发的可靠性问题。也称为网络—物理系统可靠性，这是一个复杂的新兴课题。物理系统、网络系统之间的交互会在两者之间带来相互依赖性，通常在可靠性模型中难以处理。参考文献[121-124]是该领域的一些早期研究案例。

可再生资源动态行为对可靠性的影响。大多数可再生资源几乎没有惯量，随着这些资源的普及和传统发电被其替代，系统的动态特性受到影响，进而影响系统的可靠性。参考文献[125-129]报道了该领域的研究进展。

新兴运行模式的影响。在传统方式中，发电资源的运行是基于负荷跟踪，即调度发电以跟踪系统负荷；但随着可再生且不可调度的发电资源日益扩增，以及需求响应和柔性负荷的日益普及，电力行业似乎正朝向采用发电跟踪模式，即通过控制负荷跟踪可用的发电资源。这就需要开发更成熟的负荷模型或“灵活性资源”模型。随着高级计量设施中集成双向通信，用户的参与越来越成为可能。参考文献[130]是该领域的一个早期研究案例。

储能技术的建模与集成。因为储能资源有助于提高可再生资源的渗透，因此变得越来越重要。通过对储能设备合理定容和控制，能够使可变资源变为可调度的，或者反过来使负荷变得更加灵活。在本书撰写之际，推动实用规模储能技术的

发展势头强劲。出现切实可行的技术就要求开发合适的模型和集成方法，参考文献[44,131-134]报道了该领域的早期研究工作。

这个行业偶尔也会有突破性的发展，但更常见的是为响应在发电组合、运行新策略等方面出现的变化而不断递进式的发展。以下用一个例子说明这种递进式发展。在风力发电早期，当总的风电输出较低时，电网能够接纳所产生的全部风电，彼时可简单地将风电表示为负负荷。但随着渗透率增加以及变桨控制涡轮叶片的实现，就有可能发生风电输出功率“溢出”，此时必须开发合适的（如第 13 章中介绍的）模型。

无论电网如何演进，有一点是明确的，即电网可靠性方法和模型必须了解所采纳的新技术、运行策略、规划和运行决策带来的影响。我们相信，未来电网的各个环节之间会越来越复杂、越来越相互依赖。本书介绍的一些模型还会被继续使用，但为了适应不断变化的场景，有些模型可能需要修改或完善。本书非常强调基本概念，从而使读者能够获得进行这些修改和完善的能力，至少作者希望如此！

参考文献

1 Environmental Energy Technologies Division, Energy Analysis Department, Ernest Orlando Lawrence Berkeley National Laboratory, "Updated value of service reliability for electric utility customers in the United States," Ernest Orlando Lawrence Berkeley National Laboratory, Tech. Rep., January 2015.

2 C. Singh and A. D. Patton, "Concepts for calculating frequency of system failure," *IEEE Trans. Reliab.*, vol. 29, no. 4, pp. 336–338, 1980.

3 J. D. Hall, R. J. Ringlee, and A. J. Wood, "Frequency and duration methods for power system reliability calculations: I—generation system model," *IEEE Trans. Power App. Syst.*, vol. PAS-87, no. 9, pp. 1787–1796, 1968.

4 R. Billinton and C. Singh, "Generating capacity reliability evaluation in interconnected systems using a frequency and duration approach Part I. Mathematical analysis," *IEEE Trans. Power App. Syst.*, vol. PAS-90, no. 4, pp. 1646–1654, 1971.

5 R. Billinton and C. Singh, "System Load Representation in Generating Capacity Reliability Studies Part II. Applications and Extensions," *IEEE Trans. Power App. Syst.*, vol. PAS-91, no. 5, pp. 2133–2143, 1972.

6 A. K. Ayoub and A. D. Patton, "A frequency and duration method for generating system reliability evaluation," *IEEE Trans. Power App. Syst.*, vol. PAS-95, no. 6, pp. 1929–1933, 1976.

7 C. Singh, "Forced frequency-balancing technique for discrete capacity systems," *IEEE Trans. Reliab.*, vol. 32, no. 4, pp. 350–353, 1983.

8 A. C. G. Melo, M. V. F. Pereira, and A. M. L. da Silva, "A conditional probability approach to the calculation of frequency and duration indices in composite reliability evaluation," *IEEE Trans. Power Syst.*, vol. 8, no. 3, pp. 1118–1125, 1993.

9 J. Mitra and C. Singh, "Pruning and simulation for determination of frequency and duration indices of composite power systems," *IEEE Trans. Power Syst.*, vol. 14, no. 3, pp. 899–905, 1999.

10 A. D. Patton, C. Singh, and M. Sahinoglu, "Operating considerations in generation reliability modeling—an analytical approach," *IEEE Trans. Power App. Syst.*, vol. PAS-100, no. 5, pp. 2656–2663, 1981.

11 R. Billinton and C. L. Wee, "A frequency amd duration approach for interconnected system reliability evaluation," *IEEE Trans. Power App. Syst.*, vol. PAS-101, no. 5, pp. 1030–1039, 1982.

12 C. Singh and R. Billinton, *System Reliability, Modelling and Evaluation.* Hutchinson, 1977.

13 C. Singh, "On the behaviour of failure frequency bounds," *IEEE Trans. Reliab.*, vol. 26, no. 1, pp. 63–66, 1977.

14 J. C. Helton and F. J. Davis, "Latin hypercube sampling and the propagation of uncertainty in analyses of complex systems," *Reliab. Eng. Syst. Safety*, vol. 81, no. 1, pp. 23–67, 2003.

15 M. D. McKay, R. J. Beckman, and W. J. Conover, "A comparison of three methods for selecting values of input variables in the analysis of output from a computer code," *Technometrics*, vol. 21, no. 2, pp. 239–245, 1979.

16 D. P. Kroese, R. Y. Rubinstein, and P. W. Glynn, "The cross-entropy method for estimation," *Handbook of Statistics: Machine Learning: Theory and Applications*, North Holland, vol. 31, pp. 19–34, 2013.
17 A. M. L. da Silva, R. A. Fernandez, and C. Singh, "Generating capacity reliability evaluation based on Monte Carlo simulation and cross-entropy methods," *IEEE Trans. Power Syst.*, vol. 25, no. 1, pp. 129–137, 2010.
18 J. T. Linderoth, A. Shapiro, and S. J. Wright, "The empirical behavior of sampling methods for stochastic programming," *Ann. Oper. Res.*, vol. 142, no. 1, pp. 215–241, 2006.
19 B. Verweij, S. Ahmed, A. J. Kleywegt, G. Nemhauser, and A. Shapiro, "The sample average approximation method applied to stochastic routing problems: A computational study," *Comput. Optim. Appl.*, vol. 24, no. 2–3, pp. 289–333, February 2003.
20 M. Liefvendahl and R. Stocki, "A study on algorithms for optimization of Latin hypercubes," *J. Stat. Plan. Inference*, vol. 136, no. 9, pp. 3231–3247, 2006.
21 "IEEE guide for electric power distribution reliability indices," *IEEE Std 1366-2003 (Revision of IEEE Std 1366-1998)*, 2004.
22 System Protection and Controls Committee, "Reliability fundamentals of system protection," NERC, Tech. Rep., 2010.
23 System Protection and Controls Committee, "Protection system maintenance," NERC, Tech. Rep., 2007.
24 C. Singh and A. D. Patton, "Models and concepts for power system reliability evaluation including protection-system failures," *Int. J. Elec. Power Energy Sys.*, vol. 2, no. 4, pp. 161–168, 1980.
25 J. D. Grimes, "On determining the reliability of protective relay systems," *IEEE Trans. Reliab.*, vol. 19, no. 3, pp. 82–85, 1970.
26 "IEEE recommended practice for the design of reliable industrial and commercial power systems (IEEE Gold Book)," *IEEE Std 493-1997*, Aug 1998.
27 M. P. Bhavaraju, R. Billinton, G. L. Landgren, M. F. McCoy, and N. D. Reppen, "Proposed definitions of terms for reporting and analyzing outages of electrical transmission and distribution facilities and interruptions," *IEEE Trans. Power App. Syst.*, vol. PAS-87, no. 5, pp. 1318–1323, 1968.
28 J. Endrenyi, *Reliability Modeling in Electric Power Systems*. John Wiley & Sons, 1978.
29 N. S. Rau, C. Necsulescu, K. F. Schenk, and R. B. Misra, "Reliability of interconnected power systems with correlated demands," *IEEE Trans. Power App. Syst.*, vol. PAS-101, no. 9, pp. 3421–3430, 1982.
30 D. J. Levy and E. P. Kahn, "Accuracy of the Edgeworth approximation for LOLP calculations in small power systems," *IEEE Trans. Power App. Syst.*, vol. PAS-101, no. 4, pp. 986–996, 1982.
31 G. Gross, N. V. Garapic, and B. McNutt, "The mixture of normals approximation technique for equivalent load duration curves," *IEEE Trans. Power Syst.*, vol. 3, no. 2, pp. 368–374, 1988.
32 W. Tian, D. Sutanto, Y. Lee, and H. Outhred, "Cumulant based probabilistic power system simulation using Laguerre polynomials," *IEEE Trans. Energy*

Convers., vol. 4, no. 4, pp. 567–574, 1989.

33 P. Jorgensen, "A new method for performing probabilistic production simulations by means of moments and Legendre series," *IEEE Trans. Power Syst.*, vol. 6, no. 2, pp. 567–575, 1991.

34 C. Singh and J. Kim, "A continuous, distribution approach for production costing," *IEEE Trans. Power Syst.*, vol. 9, no. 3, pp. 1471–1477, 1994.

35 Reliability Test System Task Force of the Application of Probability Methods Subcommittee, "IEEE reliability test system," *IEEE Trans. Power App. Syst.*, vol. PAS-98, no. 6, pp. 2047–2054, 1979.

36 C. Singh, A. D. Patton, A. Lago-Gonzalez, A. R. Vojdani, G. Gross, F. F. Wu, and N. J. Balu, "Operating considerations in reliability evaluation of interconnected systems—an analytical approach," *IEEE Trans. Power Syst.*, vol. 3, pp. 123–129, 1988.

37 M. R. Anderberg, *Cluster Analysis for Applications: Probability and Mathematical Statistics*. Academic Press, 2014.

38 C. Singh and Q. Chen, "Generation system reliability evaluation using a cluster based load model," *IEEE Trans. Power Syst.*, vol. 4, no. 1, pp. 102–107, 1989.

39 A. Lago-Gonzalez and C. Singh, "The extended decomposition-simulation approach for multi-area reliability calculations," *IEEE Trans. Power Syst.*, vol. 5, no. 3, pp. 1024–1031, 1990.

40 W. F. Tinney and W. L. Powell, "The REI approach to power network equivalents," in *Proceedings of Power Industry Computer Applications Conference*, May 1977, pp. 314–320.

41 S. C. Savulescu, "Equivalents for security analysis of power systems," *IEEE Trans. Power App. Syst.*, vol. PAS-100, no. 5, pp. 2672–2682, 1981.

42 A. Patton and S. Sung, "A transmission network model for multi-area reliability studies," *IEEE Trans. Power Syst.*, vol. 8, no. 2, pp. 459–465, 1993.

43 J. Mitra and C. Singh, "Incorporating the DC load flow model in the decomposition-simulation method of multi-area reliability evaluation," *IEEE Trans. Power Syst.*, vol. 11, no. 3, pp. 1245–1254, 1996.

44 J. Mitra and M. R. Vallem, "Determination of storage required to meet reliability guarantees on island-capable microgrids with intermittent sources," *IEEE Trans. Power Syst.*, vol. 27, no. 4, pp. 2360–2367, 2012.

45 R. Billinton and W. Li, *Reliability Assessment of Electric Power Systems Using Monte Carlo Methods*. Springer, 2013.

46 R. Billinton and M. P. Bhavaraju, "Transmission planning using a reliability criterion, Part I: A reliability criterion," *IEEE Trans. Power App. Syst.*, vol. PAS-89, no. 1, pp. 28–34, 1970.

47 M. V. F. Pereira, L. M. V. G. Pinto, G. C. Oliveira, and S. H. F. Cunha, "Composite system reliability evaluation methods," *Final Report on Research Project 2473-10, EPRI EL-51*, no. 1, pp. 28–34, 1987.

48 T. A. Mikolinnas and B. F. Wollenberg, "An advanced contingency selection algorithm," *IEEE Trans. Power App. Syst.*, vol. PAS-100, no. 2, pp. 608–617, 1981.

49 C. Singh and G. Chintaluri, “Reliability evaluation of interconnected power systems using a multi-parameter gamma distribution,” *Int. J. Elec. Power Energy Syst.*, vol. 17, no. 2, pp. 151–160, 1995.

50 J. Mitra and C. Singh, “Capacity assistance distributions for arbitrarily configured multi-area networks,” *IEEE Trans. Power Syst.*, vol. 12, no. 4, pp. 1530–1535, 1997.

51 A. Meliopoulos, A. Bakirtzis, and R. Kovacs, “Power system reliability evaluation using stochastic load flows,” *IEEE Trans. Power App. Syst.*, vol. PAS-103, no. 5, pp. 1084–1091, 1984.

52 T. Karakatsanis and N. Hatziargyriou, “Probabilistic constrained load flow based on sensitivity analysis,” *IEEE Trans. Power Syst.*, vol. 9, no. 4, pp. 1853–1860, 1994.

53 K. Moslehi and F. Wu, “A method for bulk power system reliability evaluation based on local coherency,” *Elec. Power Syst. Res.*, vol. 7, no. 4, pp. 307–319, 1984.

54 P. Doulliez and E. Jamoulle, “Transportation networks with random arc capacities,” *Rev. Fr. Inform. Rech. O*, vol. 6, no. 3, pp. 45–59, 1972.

55 D. P. Clancy, G. Gross, and F. F. Wu, “Probabilitic flows for reliability evaluation of multiarea power system interconnections,” *Int. J. Elec. Power Energy Syst.*, vol. 5, no. 2, pp. 101–114, 1983.

56 C. Singh and Z. Deng, “A new algorithm for multi-area reliability evaluation simultaneous decomposition-simulation approach,” *Elec. Power Syst. Res.*, vol. 21, no. 2, pp. 129–136, 1991.

57 C. Singh and J. Mitra, “Composite system reliability evaluation using state space pruning,” *IEEE Trans. Power Syst.*, vol. 12, no. 1, pp. 471–479, 1997.

58 K. Clements, B. Lam, D. Lawrence, T. Mikolinnas, N. Reppen, R. Ringlee, and B. Wollenberg, “Transmission-system reliability methods. Volume 1. Mathematical models, computing methods, and results. Final report,” Power Technologies, Inc., Tech. Rep., July 1982.

59 C. Singh and J. Mitra, “Reliability analysis of emergency and standby power systems,” *IEEE Ind. Appl. Mag.*, vol. 3, no. 5, pp. 41–47, 1997.

60 X. Luo, C. Singh, and A. D. Patton, “Power system reliability evaluation using learning vector quantization and Monte Carlo simulation,” *Elec. Power Syst. Res.*, vol. 66, no. 2, pp. 163–169, Aug. 2003.

61 G. J. Anders, *Probability Concepts in Electric Power Systems*. John Wiley & Sons, 1990.

62 S. Huang, “Effectiveness of optimum stratified sampling and estimation in Monte Carlo production simulation,” *IEEE Trans. Power Syst.*, vol. 12, no. 2, pp. 566–572, 1997.

63 M. Mazumdar, “Importance sampling in reliability estimation,” in *Conference on Reliability and Fault Tree Analysis*, Berkeley, California, 3 Sep 1974, pp. 153–163; 1975.

64 R. A. Gonzalez-Fernndez, A. M. L. da Silva, L. C. Resende, and M. T. Schilling, “Composite systems reliability evaluation based on Monte Carlo

simulation and cross-entropy methods," *IEEE Trans. Power Syst.*, vol. 28, no. 4, pp. 4598–4606, 2013.

65 J. Mitra, "Models for reliability evaluation of multi-area and composite systems," Ph.D. dissertation, Texas A&M University, 1997.

66 A. C. G. Melo, M. V. F. Pereira, and A. M. L. da Silva, "Frequency and duration calculations in composite generation and transmission reliability evaluation," *IEEE Trans. Power Syst.*, vol. 7, no. 2, pp. 469–476, 1992.

67 L. Wang and C. Singh, "Population-based intelligent search in reliability evaluation of generation systems with wind power penetration," *IEEE Trans. Power Syst.*, vol. 23, no. 3, pp. 1336–1345, 2008.

68 N. Samaan and C. Singh, "Adequacy assessment of power system generation using a modified simple genetic algorithm," *IEEE Trans. Power Syst.*, vol. 17, no. 4, pp. 974–981, 2002.

69 N. Samaan and C. Singh, "Assessment of the annual frequency and duration indices in composite system reliability using genetic algorithms," in *Power Engineering Society General Meeting, 2003, IEEE*, vol. 2, 2003, pp. 692–697.

70 J. Kennedy, "Particle swarm optimization," in *Encyclopedia of Machine Learning*, 2011, pp. 760–766.

71 S. B. Patra, J. Mitra, and R. Earla, "A new intelligent search method for composite system reliability analysis," in *IEEE PES Transmission and Distribution Conference and Exhibition*, 2006, pp. 803–807.

72 M. T. Schilling, J. C. S. Souza, A. P. A. da Silva, and M. B. Do Coutto Filho, "Power systems reliability evaluation using neural networks," *Int. J. Eng. Intell. Syst.*, vol. 4, no. 4, pp. 219–226, 2001.

73 C. Singh, X. Luo, and H. Kim, "Power system adequacy and security calculations using Monte Carlo simulation incorporating intelligent system methodology," in *Proceedings of International Conference on Probabilistic Methods Applied to Power Systems, 2006*, pp. 1–9.

74 X. Luo, C. Singh, and A. Patton, "Power system reliability evaluation using self-organizing map," in *Power Engineering Society Winter Meeting, 2000, IEEE*, vol. 2, 2000, pp. 1103–1108.

75 P. Yuanidis, M. A. Styblinski, D. R. Smith, and C. Singh, "Reliability modeling of flexible manufacturing systems," *Microelectron. Reliab.*, vol. 34, no. 7, pp. 1203–1220, 1994.

76 M. Benidris and J. Mitra, "Reliability and sensitivity analysis of composite power systems under emission constraints," *IEEE Trans. Power Syst.*, vol. 29, no. 1, pp. 404–412, 2014.

77 J. Zhu and M. Chow, "A review of emerging techniques on generation expansion planning," *IEEE Trans. Power Syst.*, vol. 12, no. 4, pp. 1722–1728, 1997.

78 G. Infanger, *Planning Under Uncertainty: Solving Large-Scale Stochastic Linear Programs*. Boyd & Fraser, 1993.

79 P. Jirutitijaroen and C. Singh, "Reliability constrained multi-area adequacy planning using stochastic programming with sample-average approximations," *IEEE Trans. Power Syst.*, vol. 23, no. 2, pp. 504–513, 2008.

80 P. Jirutitijaroen and C. Singh, "Composite-system generation adequacy

planning using stochastic programming with sample-average approximation," *Proc. of 16th Power Syst. Comput. Conf.*, Glasgow, Scotland, UK, July 14–18, 2008.
81 P. Jirutitijaroen and C. Singh, "Unit availability considerations in composite-system generation planning," *Proc. of 10th Int. Conf. on Prob. Method Appl. to Power Syst.*, Glasgow, Scotland, UK, July 14–18, 2008.
82 J. R. Birge and F. Louveaux, *Introduction to Stochastic Programming*. Duxbury Press, 1997.
83 J. L. Higle and S. Sen, *Stochastic Decomposition: A Statistical Method for Large Scale Stochastic Linear Programming*. Kluwer Academic Publishers, 1996.
84 P. Jirutitijaroen and C. Singh, "Comparative study of system-wide reliability-constrained generation expansion problem," *Proc. of 3rd Int. Conference on Electric Utility Deregulation and Restructuring and Power Technologies*, 2008.
85 L. Lawton, M. Sullivan, K. V. Liere, A. Katz, and J. Eto, "A framework and review of customer outage costs: Integration and analysis of electric utility outage cost surveys," *Lawrence Berkeley National Laboratory. Paper LBNL-54365.*, 2003.
86 W. K. Mak, D. P. Morton, and R. K. Wood, "Monte Carlo bounding techniques for determining solution quality in stochastic programs," *Oper. Res. Lett.*, vol. 24, no. 1-2, pp. 47–56, 1999.
87 P. Tavner, C. Edwards, A. Brinkman, and F. Spinato, "Influence of wind speed on wind turbine reliability," *Wind Eng.*, vol. 30, no. 1, pp. 55–72, 2006.
88 J. Ge, M. Du, and C. Zhang, "A Study on Correlation of Wind Farms Output in the Large-Scale Wind Power Base," in *Proc. of the 4th International Conference on Electric Utility Deregulation and Restructuring and Power Technologies*, Weihai, Shandong, 2011, pp. 1316–1319.
89 B. Hasche, "General statistics of geographically dispersed wind power," *Wind Energy*, vol. 13, no. 8, pp. 773–784, Nov. 2010.
90 B. Ernst, Y.-H. Wan, and B. Kirby, "Short-Term Power Fluctuation of Wind Turbines: Analyzing Data from the German 250-MW Measurement Program from the Ancillary Services Viewpoint," in *Proc. of the Wind Power '99 Conference*, Burlington, Vermont, June 20–23, 1999, pp. 1–10.
91 Y. Wan, M. Milligan, and B. Parsons, "Output power correlation between adjacent wind power plants," *J. Solar Energy Eng.*, vol. 125, no. 4, pp. 551–555, 2003.
92 H. Louie, "Correlation and statistical characteristics of aggregate wind power in large transcontinental systems," *Wind Energy*, vol. 17, no. 6, pp. 793–810, 2014.
93 P. Kádár, "Evaluation of correlation the wind speed measurements and wind turbine characteristics," in *Proc. of the 8th International Symposium of Hungarian Researchers on Computational Intelligence and Informatics*, Budapest, Hungary, Nov. 15–17, 2007, pp. 15–17.
94 J. R. Ubeda and M. A. R. Rodriguez Garcia, "Reliability and production assessment of wind energy production connected to the electric network

supply," *IEE Proc. Generat. Transm. Distrib.*, vol. 146, no. 2, pp. 169–175, 1999.

95 H. Sipeng, Z. Yangfei, L. Xianyun, and Y. Yue, "Equivalent wind speed model in wind farm dynamic analysis," in *4th International Conference on Electric Utility Deregulation and Restructuring and Power Technologies*, Weihai, Shandong, July 6–9, 2011, pp. 1751–1755.

96 S. Tanneeru, "Reliability Modeling of DG Clusters," Master's Thesis, New Mexico State University, 2008.

97 T. Nanahara, M. Asari, T. Maejima, T. Sato, K. Yamaguchi, and M. Shibata, "Smoothing effects of distributed wind turbines. Part 2. Coherence among power output of distant wind turbines," *Wind Energy*, vol. 7, no. 2, pp. 75–85, 2004.

98 S. Venkatraman et al, "Integration of Renewable Resources," California ISO, Folsom, CA, Tech. Rep., August 2010.

99 K. Coughlin and J. H. K. Eto, "Analysis of wind power and load data at multiple time scales," Technical Report LBNL-4147E, U.S. Department of Energy, Tech. Rep., 2010.

100 H. Kim, C. Singh, and A. Sprintson, "Simulation and estimation of reliability in a wind farm considering the wake effect," *IEEE Trans. Sustain. Energy*, vol. 3, no. 2, pp. 274–282, 2012.

101 W. Wangdee and R. Billinton, "Considering load-carrying capability and wind speed correlation of WECS in generation adequacy assessment," *IEEE Trans. Energy Convers.*, vol. 21, no. 3, pp. 734–741, 2006.

102 B. Martin and J. Carlin, "Wind-load correlation and estimates of the capacity credit of wind power: An empirical investigation," *Wind Eng.*, vol. 7, no. 2, p. 79, 1983.

103 R. Perez, R. Seals, and R. Stewart, "Matching utility peak loads with photovoltaics," in *RENEW94 Conference, Stamford, CT, Northeast Sustainable Solar Energy Association*, Greenfield, MA, April 11–13, 1994.

104 S. Sulaeman, M. Benidris, J. Mitra, and C. Singh, "A wind farm reliability model considering both wind variability and turbine forced outages," *IEEE Trans. Sustain. Energy*, vol. 8, no. 2, pp. 629–637, 2017.

105 C. Singh and A. Lago-Gonzalez, "Reliability modeling of generation systems including unconventional energy sources," *IEEE Trans. Power App. Syst.*, vol. PAS-104, no. 5, pp. 1049–1056, 1985.

106 C. Singh and A. Bagchi, "Reliability analysis of power systems incorporating renewable energy sources," in *16th National Power Systems Conference*, Hyderabad, India, December 15th–17th, 2010.

107 S. Fockens, A. J. M. Van Wijk, W. C. Turkenburg, and C. Singh, "Reliability analysis of generating systems including intermittent sources," *Int. J. Elec. Power Energy Syst.*, vol. 14, no. 1, pp. 2–8, 1992.

108 A. D. Patton, A. K. Ayoub, C. Singh, G. L. Hogg, and J. W. Foster, "Modeling of unit operating considerations in generating-capacity reliability evaluation. Volume 1. Mathematical models, computing methods, and results." Electric Power Research Institute Report EPRI EL-2519, Vol 1, July 1982.

109 C. Singh and Y. Kim, "An efficient technique for reliability analysis of power systems including time dependent sources," *IEEE Trans. Power Syst.*, vol. 3, no. 3, pp. 1090–1096, 1988.

110 SAS Institute, "SAS user's guide: statistics," *5th Edition. SAS Institue Inc., Cary, NC*, 1985.

111 W. Sarle, "SAS technical report A-108," *The Cubic Clustering Criterion. Cary, NC: SAS Institute*, 1983.

112 H. Kim and C. Singh, "Three dimensional clustering in wind farms with storage for reliability analysis," in *PowerTech (POWERTECH), 2013 IEEE Grenoble*. IEEE, Grenoble, France, Jun 16–20, 2013, pp. 1–6.

113 S. Fockens, A. J. M. Van Wijk, W. C. Turkenburg, and C. Singh, "A concise method for calculating expected unserved energy in generating system reliability analysis," *IEEE Trans. Power Syst.*, vol. 6, no. 3, pp. 1085–1091, 1991.

114 M. Ramezani, C. Singh, and M. R. Haghifam, "Role of clustering in the probabilistic evaluation of ttc in power systems including wind power generation," *IEEE Trans. Power Syst.*, vol. 24, no. 2, pp. 849–858, 2009.

115 "IEEE standard definitions for use in reporting electric generating unit reliability, availability, and productivity," *IEEE Std. 762-2006 (Revision of IEEE Std 762-1987)*, 2007.

116 A. A. Chowdhury and D. Koval, *Power Distribution System Reliability: Practical Methods and Applications*. Vol. 48. John Wiley & Sons, 2011.

117 R. E. Brown, *Electric Power Distribution Reliability*, 2nd ed. CRC Press, 2009.

118 "IEEE recommended practice for power system analysis (IEEE Brown Book)," *ANSI/IEEE Std 399-1980*, 1980.

119 US-Canada Power System Outage Task Force, *Final Report on the August 14, 2003 Blackout in the United States and Canada: Causes and Recommendations*. US-Canada Power System Outage Task Force, 2004.

120 Functional Model Working Group, *Reliability Functional Model Technical Document—Version 5*. NERC, Dec 2009.

121 B. Falahati, Y. Fu, and L. Wu, "Reliability assessment of smart grid considering direct cyber-power interdependencies," *IEEE Trans. Smart Grid*, vol. 3, no. 3, pp. 1515–1524, 2012.

122 H. Lei, C. Singh, and A. Sprintson, "Reliability modeling and analysis of IEC 61850 based substation protection systems," *IEEE Trans. Smart Grid*, vol. 5, no. 5, pp. 2194–2202, 2014.

123 H. Lei and C. Singh, "Power system reliability evaluation considering cyber-malfunctions in substations," *Elec. Power Syst. Res.*, vol. 129, pp. 160–169, 2015.

124 H. Lei and C. Singh, "Non-sequential monte carlo simulation for cyber-induced dependent failures in composite power system reliability evaluation," *IEEE Trans. Power Syst.*, vol. 32, no. 2, pp. 1064–1072, 2017.

125 D. Gautam, V. Vittal, and T. Harbour, "Impact of increased penetration of dfig-based wind turbine generators on transient and small signal stability of power systems," *Trans. Power Syst.*, vol. 24, no. 3, pp. 1426–1434, 2009.

126 E. Vittal, M. O'Malley, and A. Keane, "A steady-state voltage stability analysis of power systems with high penetrations of wind," *IEEE Trans. Power Syst.*, vol. 25, no. 1, pp. 433–442, 2010.

127 S. Eftekharnejad, V. Vittal, G. T. Heydt, B. Keel, and J. Loehr, "Impact of increased penetration of photovoltaic generation on power systems," *IEEE Trans. Power Syst.*, vol. 28, no. 2, pp. 893–901, 2013.

128 N. Nguyen and J. Mitra, "An analysis of the effects and dependency of wind power penetration on system frequency regulation," *IEEE Trans. Sustain. Energy*, vol. 7, no. 1, pp. 354–363, 2016.

129 N. Nguyen and J. Mitra, "Reliability of power system with high wind penetration under frequency stability constraint," *IEEE Trans. Power Syst.*, vol. 33, no. 1, pp. 985–994, 2018.

130 M. S. Modarresi, L. Xie, and C. Singh, "Reserves from controllable swimming pool pumps: Reliability assessment and operational planning," in *51st Hawaii International Conference on System Sciences (HICSS)*, Waikoloa Village, HI, January 3–6, 2018, pp. 1–10.

131 S. Sulaeman, Y. Tian, M. Benidris, and J. Mitra, "Quantification of storage necessary to firm up wind generation," *IEEE Trans. Ind. Appl.*, vol. 53, no. 4, pp. 3228–3236, 2017.

132 P. Xiong and C. Singh, "Optimal planning of storage in power systems integrated with wind power generation," *IEEE Trans. Sustain. Energy*, vol. 7, no. 1, pp. 232–240, 2016.

133 F. Alismail, P. Xiong, and C. Singh, "Optimal wind farm allocation in multi-area power systems using distributionally robust optimization approach," *IEEE Trans. Power Syst.*, vol. 33, no. 1, pp. 536–544, 2018.

134 Y. Xu and C. Singh, "Power system reliability impact of energy storage integration with intelligent operation strategy," *IEEE Trans. Smart Grid*, vol. 5, no. 2, pp. 1129–1137, 2014.

135 C. Singh and N. V. Gubbala, "An alternative approach to rounding off generation models in power system reliability evaluation," *Elec. Power Syst. Res.*, vol. 36, no. 1, pp. 37–44, 1996.

136 J. Mitra, "Reliability-based sizing of backup storage," *IEEE Trans. Power Syst.*, vol. 25, no. 2, pp. 1198–1199, 2010.

137 J. Mitra and C. Singh, "A hybrid approach to addressing the problem of noncoherency in multi-area reliability models," in *Proc. Power System Computation Conference*, Dresden, Aug. 20–23, 1996, pp. 1011–1017.

138 R. Ramakumar, *Engineering Reliability: Fundamentals and Applications.* Prentice Hall, 1996.

139 R. Billinton and R. N. Allan, *Reliability Evaluation of Engineering Systems: Concepts and Techniques.* Springer, 1983.

140 R. Billinton and R. N. Allan, *Reliability Evaluation of Power Systems*, 2nd ed. Springer, 1996.

141 R. Billinton and R. N. Allan, *Reliability Assessment of Large Electric Power Systems.* Kluwer Academic Publishers, 1988.

142 J. F. Manwell, J. G. McGowan, and A. L. Rogers, *Wind Energy Explained: Theory, Design and Application.* John Wiley & Sons, 2010.

143 D. Elmakias, *New Computational Methods in Power System Reliability.*

Springer, 2008.

144 A. Patton, A. Ayoub, C. Singh, G. Hogg, and J. Foster, Vol 2: Computer Program Documentation, EPRI EL- 2519, Vol 2, July 1982.

145 B. S. Dhillon and C. Singh, *Engineering Reliability: New Techniques and Applications*, John Wiley & Sons Ltd. 1981.

146 M. T. Schilling and A. M. L. da Silva, "Conceptual investigation on probabilistic adequacy protocols: Brazilian experience," *IEEE Trans. Power Syst.*, vol. 29, no. 3, pp. 1270–1278, 2014.

147 M. T. Schilling, J. C. S. de Souza, and M. B. Do Coutto Filho, "Power system probabilistic reliability assessment: Current procedures in Brazil," *IEEE Trans. Power Syst.*, vol. 23, no. 3, pp. 868–876, 2008.

148 X. Liang, H. E. Mazin, and S. E. Reza, "Probabilistic generation and transmission planning with renewable energy integration," in *2017 IEEE/IAS 53rd Industrial and Commercial Power Systems Technical Conference (I&CPS)*, Niagara FAlls, ON Canada, May 7–11, 2017, pp. 1–9.

149 R. N. F. Filho, M. T. Schilling, J. C. O. Mello, and J. L. R. Pereira, "Topological reduction considering uncertainties," *IEEE Trans. Power Syst.*, vol. 10, no. 2, pp. 739–744, 1995.

150 M. T. Schilling, J. C. G. Praca, J. F. de Queiroz, C. Singh, and H. Ascher, "Detection of ageing in the reliability analysis of thermal generators," *IEEE Trans. Power Syst.*, vol. 3, no. 2, pp. 490–499, 1988.

151 M. Benidris, J. Mitra, and C. Singh, "Integrated evaluation of reliability and stability of power systems," *IEEE Trans. Power Syst.*, vol. 32, no. 5, pp. 4131–4139, 2017.

152 Y. Zhang, A. A. Chowdhury, and D. O. Koval, "Probabilistic wind energy modeling in electric generation system reliability assessment," *IEEE Trans. Ind. Appl.*, vol. 47, no. 3, pp. 1507–1514, 2011.